陈 庆 王海波 张天阳 等编著

YALI RONGQI JISHU WENDA

压力容器技术问答

化学工业出版社
·北京·

本书以问答的形式对压力容器的知识和技术做了系统介绍。前三章介绍了压力容器常用的条例和规程、压力容器基本理论知识和设备设计知识以及压力容器的材料知识。在此基础上介绍了一般容器、高压容器、低温容器、钢制管壳式换热器、钢制球形储罐、钢制塔式容器、钛制压力容器、铝制焊接容器、钢制管壳式废热锅炉等各类压力容器的设计、制造、检验、安装、使用和维护、设计管理和安全防护等内容。

本书可作为石化、化工等行业从事过程设备设计、制造、安装和管理的工程技术人员的指导性资料，也可作为压力容器设计校核人员的培训教材，亦可作为中高职、高等院校过程装备与控制工程专业师生的教学参考书。

图书在版编目（CIP）数据

压力容器技术问答/陈庆，王海波，张天阳等编著. —北京：化学工业出版社，2014.12（2023.7重印）

ISBN 978-7-122-21857-5

Ⅰ.①压… Ⅱ.①陈…②王…③张… Ⅲ.①压力容器-问题解答 Ⅳ.①TH49-44

中国版本图书馆CIP数据核字（2014）第215643号

责任编辑：傅聪智　路金辉　　文字编辑：向　东
责任校对：王素芹　　装帧设计：刘丽华

出版发行：化学工业出版社
（北京市东城区青年湖南街13号　邮政编码100011）
印　　装：北京科印技术咨询服务有限公司数码印刷分部
850mm×1168mm　1/32　印张10¼　字数262千字
2023年7月北京第1版第5次印刷

购书咨询：010-64518888　　售后服务：010-64518899
网　　址：http://www.cip.com.cn
凡购买本书，如有缺损质量问题，本社销售中心负责调换。

定　　价：39.00元

前言

压力容器是石油、化工、冶金、发电、轻工、纺织、食品、医药、航空航天、核能等部门广泛应用的承压设备，大多设备都属于特种设备。其中盛装的介质和使用工况常具有高温、低温、高压、真空、易燃易爆、强腐蚀、有毒有害等特点。很多压力容器是在极其苛刻的条件下运行的，潜藏着一些不安全因素。如果方案不可行、设计不科学、监督检验不到位、制造质量差、管理不善、使用不当以及缺陷扩展、违章操作，均有产生事故的危险。一旦发生事故，将会造成严重后果，甚至灾难性后果，危及人民的生命和财产安全，影响生产的正常进行。

为提高压力容器设计、制造、检验等水平和质量，加强管理，规范操作，准确地理解和贯彻执行法律、法规、规章、规范和标准，确保设备的安全可靠、经济地运行，保障人民生命财产的安全，特编写本书。本书由吉林化工学院陈庆教授统领，组织一些长期从事过程设备课程教学、科学研究和工程设计的人员参与编著。本书主要以近些年最新研究成果和最新制定的法律法规及标准等为依据，力求新颖。内容包含压力容器设计常用的法律法规、规章规范、标准和管理制度以及压力容器基础理论知识、设备基本设计知识，过程设备设计、制造、检验与验收、安装和使用、安全技术管理等方面的知识。本书可作为石油、化工等行业从事压力容器设计、制造、安装和管理等工程技术人员的指导性资料，也可作为压力容器设计校核人员的培训教材，亦可供中高职、高等院校师生教学过程设备的应用和参考。

本书以一一对应问答的方式，就相关内容从理论到实践，分别做了比较详细的阐述和准确的解答。本书共分十三章，包括有关条例、规程和标准；基本理论知识；材料；压力容器（一般容器、高压容器、低温容器）；钢制设备（钢制管壳式换热器，钢制球形容器，钢制塔式容器）；钛制压力容器；铝制焊接容器；钢制压力容器制造、检验与验收；钢制管壳式废热锅炉，设计管理及安全防护等共计 648 个具体问题。其中，第一章、第二章、第四章由吉林化工学院陈庆教授编写；第三章、第五章～第八章（1～31 题）由吉林化工学院王海波教授编写；第八章（32～90 题）、第九章由吉林化工学院张天阳博士编写；第十章、第十一章由吉林市特种设备检测中心车帅编写；第十二章、十三章由中国石油集团东北炼化工程有限公司吉林设计院庞法拥工程师编写。全书由刘勃安组织编写，王海波教授统稿，陈庆教授审定。

鉴于编著者的水平有限和经验不足，书中不当、疏漏之处在所难免，敬请专家、读者批评指正，多提宝贵意见，谢谢！

编著者

2014 年 6 月

目录

第一章 条例和规程 1

第五章 热交换器

第六章 球形储罐 124

第七章 钢制塔式容器 134

第八章 钢制压力容器制造、检验和验收 145

第九章 钛制压力容器 173

第十一章 钢制管壳式余热锅炉 229

第一章 条例和规程

1 《特种设备安全监察条例》（以下简称《条例》）的适用范围是什么？

本条例所称特种设备是指涉及生命安全、危险性较大的锅炉、压力容器（含气瓶，下同）、压力管道、电梯、起重机械、客运索道、大型游乐设施。特种设备的生产（含设计、制造、安装、改造、维修，下同）、使用、检验检测及其监督检查，应当遵守本条例，但本条例另有规定的除外。

2 我国特种设备安全监察机构是如何设置的？

国务院特种设备安全监督管理部门负责全国特种设备的安全监察工作，县以上地方负责特种设备安全监督管理的部门对本行政区域内特种设备实施安全监察（以下统称特种设备安全监督管理部门）。

3 特种设备安全监督管理部门主要职权是什么？

特种设备安全监督管理部门依照本条例规定，对特种设备生产、使用单位和检验检测机构实施安全监察。未经许可，擅自从事压力容器设计活动的，由特种设备安全监督管理部门予以取缔，处 5 万元以上 20 万元以下罚款；有违法所得的，没收违法所得；触犯刑律的，对负有责任的主管人员和其他直接责任人员依照刑法关于非法经营罪或者其他罪的规定，依法追究刑事责任。

4 监察员有哪些权限？

监察员凭其证件，在所管辖的范围内，有权随时进入制造、使用特种设备的单位进行监督检查；有权要求这些单位呈报贯彻执行有关规程、技术标准的情况，提供有关技术资料；有权向有关人员调查询问，有关人员应如实反映情况，不得以任何形式进行阻拦。

5 压力容器法规标准体系由几个层次构成？

我国正在建立的包括压力容器在内的特种设备法规标准体系由“法律—行政法规—部门规章—安全技术规范—技术标准”五个层次构成。

法律是由全国人民代表大会或省人民代表大会通过和批准的。行政法规包括国务院颁布的和国务院各部委以令的形式颁布的与特种设备相关的部门规章。部门规章是指以国家质检总局局长令形式发布的办法、规定、规则。安全技术规范是以总局领导签署或授权签署，以总局名义公布的技术规范。技术标准是指由技术行业或技术团体提出，经有关管理部门批准的技术文件，有国家标准、行业标准和企业标准之分。

6 编制《固定式压力容器安全技术监察规程》（以下简称《固容规》）的目的和依据是什么？

编制《固容规》旨在加强压力容器的安全监察，保证安全运行，保护人民生命和财产的安全，促进社会主义建设事业的发展。依据《特种设备安全监察条例》的有关规定制定。

7 《固容规》对压力容器的哪七个环节进行监督？

《固容规》对压力容器的设计、制造、安装、使用、检验、修理和改造等单位进行监督，上述单位必须遵守《锅炉压力容器安全监察暂行条例》的有关规定，并满足《固容规》的要求。

8 《固容规》适用于具备哪些条件的压力容器？

《固容规》适用于同时具备下列条件的压力容器：

① 最高工作压力大于或等于 0.1MPa（不含液体静压力）；

② 内直径（非圆形截面指断面最大尺寸）大于或等于 0.15m，且容积大于或等于 0.025m³；

③ 介质为气体、液化气体或最高工作温度高于或等于标准沸点的液体。上述压力容器所用的安全附件，亦属于《固容规》管辖范围。

9 《固容规》不适用于哪些压力容器？

《固容规》不适用于下列压力容器：

① 移动式压力容器、气瓶、氧舱；

② 锅炉安全技术监察规程适用范围内的余热锅炉；

③ 正常运行最高工作压力小于 0.1MPa 的容器（包括在进料或者出料过程中需要瞬时承受压力大于或者等于 0.1MPa 的容器）；

④ 旋转或者往复运动的机械设备中自成整体或者作为部件的受压器室（如泵壳、压缩机外壳、涡轮机外壳、液压缸等）；

⑤ 可拆卸垫片式板式热交换器（包括板焊式板式热交换器）、空冷式热交换器、冷却排管。

10 压力容器的容积含义是什么？

压力容器的容积即压力容器的几何容积，由设计图样标注的尺寸计算（不考虑制造公差）并予圆整，且不扣除内部附件体积的容积。

11 压力容器按设计压力分为哪四个压力等级？怎样具体划分？

按压力容器的设计压力（p）分为低压、中压、高压、超高压四个压力等级，具体划分如下：

① 低压（代号 L）　$0.1\text{MPa} \leqslant p < 1.6\text{MPa}$；

② 中压（代号 M）　$1.6\text{MPa} \leqslant p < 10\text{MPa}$；

③ 高压（代号 H）　$10\text{MPa} \leqslant p < 100\text{MPa}$；

④ 超高压（代号 U）　$p \geqslant 100\text{MPa}$。

12 压力容器的介质分为哪两组？

(1) 第一组介质　毒性程度为极度危害、高度危害的化学介质，易爆介质，液化气体。

（2）第二组介质　除第一组以外的介质。

13 适用于《固容规》范围内的压力容器分为哪三类？

压力容器类别的划分应当根据介质特性，按照以下要求选择类别划分图，再根据设计压力 p（单位 MPa）和容积 V（单位 L），标出坐标点，确定压力容器类别（图 1-1、图 1-2）。

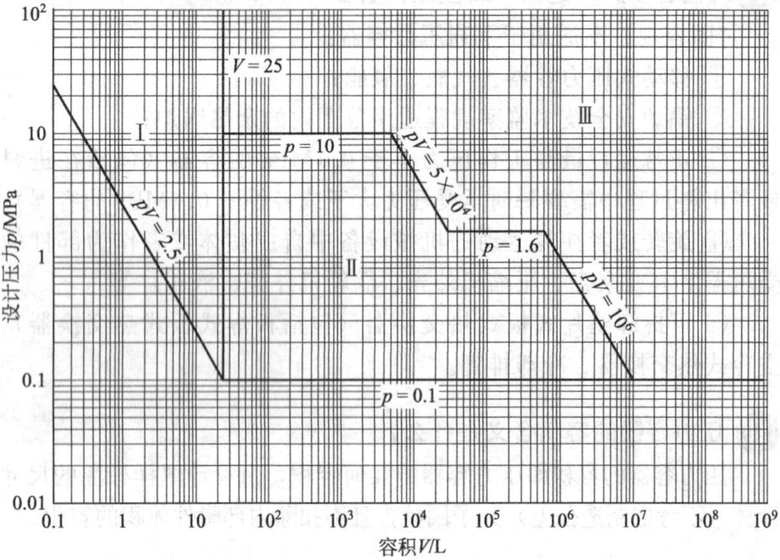

图 1-1　压力容器类别划分图——第一组介质

14 《固容规》将压力容器分类、分品种、分压力等级的目的是什么？

其目的是便于分级进行安全技术管理和监察；按照不同类别，对压力容器的材料选用、设计、制造、使用管理分别提出不同要求；便于统计上报主管部门，并为微机管理打下基础。

15 按压力容器在生产工艺过程中的作用原理容器分哪几种？代号是什么？

按压力容器在生产工艺过程中的作用原理，容器可分为四种：

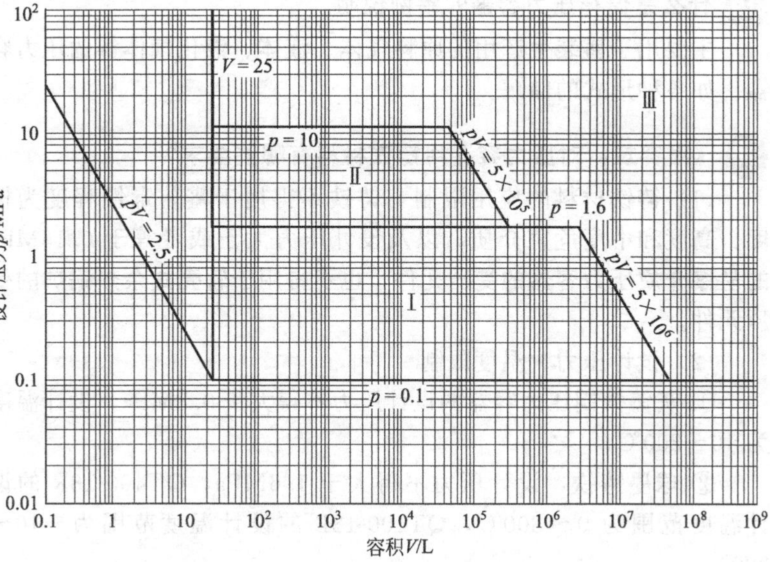

图 1-2 压力容器类别划分图——第二组介质

反应压力容器，代号为 R；换热压力容器，代号为 E；分离压力容器，代号为 S；储存压力容器，代号为 C，其中球罐代号为 B。

16 什么是反应压力容器？举例说明。

主要用于完成介质的物理、化学反应的压力容器。如反应器、反应釜、分解锅、分解聚合釜、高压釜、超高压釜、合成塔、变换炉、蒸煮锅、蒸球、蒸压釜、煤气发生炉等。

17 什么是换热压力容器？举例说明。

主要用于完成介质的热量交换的压力容器。例如各种热交换器、管壳式余热锅炉、冷却器、冷凝器、蒸发器等。

18 什么是分离压力容器？举例说明。

主要用于完成介质的流体压力平衡和气体净化分离等的压力容器。如分离器、过滤器、集油器、缓冲器、洗涤器、吸收塔、铜洗塔、干燥塔、汽提塔、分汽缸、除氧器等。

19 什么是储存压力容器？举例说明。

主要用于盛装生产用的原料气体、液体、液化气体等的压力容器。如各种形式的储罐。

20 《固容规》对压力容器用铸铁材料有哪些要求？

(1) 铸铁材料的应用限制　铸铁不得用于盛装毒性程度为极度、高度和中度危害介质，以及设计压力大于或者等于0.15MPa的易爆介质压力容器的受压元件，也不得用于管壳式余热锅炉的受压元件。

(2) 设计压力、温度限制

① 灰铸铁制压力容器的设计压力不得大于0.8MPa，设计温度为10～200℃；

② 球墨铸铁，设计压力不得大于1.6MPa，QT400-18R的设计温度范围为0～300℃，QT400-18L的设计温度范围为－10～300℃。

21 铸铁制压力容器的强度设计许用应力如何确定？

铸铁压力容器受压元件的强度设计许用应力：灰铸铁为设计温度下抗拉强度除以安全系数10.0；球墨铸铁为设计温度下抗拉强度除以安全系数8.0。

22 《固容规》指出的压力容器本体中的主要受压元件有哪些？

主要受压元件是指压力容器受压元件中的筒体、封头（端盖）、膨胀节、设备法兰、球罐的球壳板、换热器管板和换热管、M36以上（含M36）的设备主螺栓及直径大于250mm的接管和管法兰。

23 压力容器出厂时的通用要求有哪些？

压力容器出厂时，制造单位应当向使用单位至少提供以下技术文件和资料：

① 竣工图样，竣工图样上应当有设计单位许可印章（复印章无效），并且加盖竣工图章；

② 压力容器产品合格证、产品质量证明文件、产品铭牌的拓印件或者复印件；

③ 特种设备制造监督检验证书（适用于实施监督检验的产品）；

④ 设计单位提供的压力容器设计文件。

24 《固容规》对铸铁制压力容器有哪些要求？

《固容规》对铸铁制压力容器有以下要求：

① 铸铁受压元件加工后的表面不得有裂纹，如缩孔、砂眼、气孔、缩松等铸造缺陷，不应当超过设计图样的要求，在凸出的边缘和凹角部位，应具有足够的圆角半径，避免表面形状和交接处壁厚的突变；

② 首次试制的产品，应当进行液压破坏试验，以验证设计的合理性，如果试验不合格，则不得转入批量制造，试验应当有完整的方案和可靠的安全措施。

25 《固容规》对无损检测人员有什么要求？

无损检测人员应当按照相关技术规范进行考核取得相应资格证书后，方能承担与资格证书种类和技术等级相对应的无损检测工作。

26 压力容器投入使用前应办理什么手续？

压力容器的使用单位，在压力容器投入使用前或者投入使用后30日内，应当按照要求到直辖市或者设区的市的质量技术监督部门逐台办理使用登记手续。登记标志的放置位置应当符合有关规定。

27 在压力容器定期检验中，使用单位、检验机构和技术监督部门各自的责任是什么？

使用单位应当于压力容器定期检验有效期届满前1个月向特种设备检验机构提出定期检验要求。检验机构接到定期检验要求后，应当及时进行检验，并对压力容器定期检验结论的正确性负责。同时接受技术监督部门的监督检查。

28 压力容器定期检验周期如何？

定期检验是指在压力容器停机时进行的检验和安全状况等级评定。压力容器一般应当于投用后3年内进行首次定期检验。下次的检验周期，由检验机构根据压力容器的安全状况等级确定。安全状况等级共分为5级，数字越小，安全等级越高，检验周期越长。

29 压力容器定期检验的内容有哪些？

检验机构应当根据压力容器的使用情况、失效模式制定检验方案。定期检验的方法以宏观检查、壁厚测定、表面无损检测为主，必要时可以采用超声检测、射线检测、硬度测定、金相检验、材质分析、电池检测、强度校核或者应力测定、耐压试验、声发射检测、泄漏试验等。

30 压力容器定期检验有几种情况？

压力容器一般于投用后3年内进行首次定期检验。以后的检验周期由检验机构根据压力容器的安全状况等级，按照以下要求确定。压力容器定期检验情况分为以下几种情况。

（1）外部检查　指专业人员在压力容器运行中定期在线检查，每年至少一次。

（2）内外部检验　指专业检验人员在压力容器停机时的检验，其期限分为：

① 安全状况等级为1、2级的，一般每6年检验一次；

② 安全状况等级为3级的，一般每3～6年检验一次；

③ 安全状况等级为4级的，监控使用，其检验周期由检验机构确定，累计监控使用时间不得超过3年；

④ 安全状况等级为5级的，应当对缺陷进行处理，否则不得继续使用。

31 压力容器定期检验的项目包括哪些？

以宏观检验、壁厚测定、表面缺陷检测、安全附件检验为主，必要时增加埋藏缺陷检测、材料分析、密封紧固件检验、强度校核、耐压试验、泄漏试验等项目。

32 定期检验在什么情况下应当进行耐压试验?

定期检验过程中，使用单位或者检验机构对压力容器的安全状况有怀疑时，应当进行耐压试验。耐压试验的试验参数［试验压力、温度等以本次定期检验确定的允许（监控）使用参数为基础计算］、准备工作、安全防护、试验介质、试验过程、合格要求等按照有关安全技术规范的规定进行。

第二章 基本理论知识

1 什么是压力容器的失效？其表现形式有哪几种？

压力容器由于载荷或温度过高而失去正常工作能力称为失效，其表现形式一般有四种情况：

一是强度失效，因材料屈服或断裂引起的压力容器的失效；

二是刚度失效，由于压力容器的变形大到足以影响其正常工作而引起的失效；

三是失稳失效，在压应力作用下，压力容器突然失去原有的规则几何形状而引起的失效；

四是泄漏失效，由于泄漏而引起的失效。

2 什么是压力容器的常规设计法和分析设计法？

目前容器设计有常规设计和分析设计两种方法。

常规设计又称“按规则进行设计”，以区别于分析设计，设计主要思想如下。

① 常规设计法将容器承受的“最大载荷”按一次施加的静载荷处理，不涉及疲劳问题，不考虑热应力。

② 以薄膜应力（平均应力）为基础，只要将此值限定在以弹性失效为准则所确定的许用应力范围内，则认为筒体和部件是安全的。对于边缘应力和峰值应力等局部应力，一般不作定量计算或仅以应力增强系数引入强度计算公式，并取与薄膜应力相同的强度数据。此设计方法简明，但不及分析设计法合理，且偏保守。

③ 常规设计中规定了具体的容器结构形式。

分析设计的主要思想如下。

为克服常规设计方法的局限性，1965 年美国颁布了首部分析设计标准。经过 40 多年的发展，分析设计的内涵不断得到扩充和调整。分析设计是指以塑性失效准则为基础、采用精细的力学分析手段的压力容器设计方法。目前，应力分析设计法主要包括应力分类法和基于失效模式的直接法。

常规设计和分析设计之间既有独立性又有互补性。两者的独立性表现为：常规设计能独立完成的设计，可以直接应用，而不必再做分析设计；分析设计所完成的设计，也不受常规设计能否通过的影响。两者互补性表现为：常规设计不能独立完成的设计（如疲劳分析、复杂几何形状和载荷情况），可以用分析设计补充完成；反之，分析设计也常借助常规设计的公式来确定部件的初步设计方案，然后再做详细分析。

3 什么是极限分析法？

极限分析法基本思想是：

① 假定结构材料为理想弹塑性材料；

② 按照塑性失效观点，在某一载荷下，结构进入整体或局部区域的全域屈服后，变形将无限制地增大，结构达到了它的极限承载能力，这种状态即为塑性失效的极限状态，这一载荷即为塑性失效时的极限载荷。

4 什么是安定性？

安定性状态是指结构件中的某一微小区域，在载荷、温度变化过程中，仅在第一次变化时出现一定量的塑性变形，而在以后的循环变化过程中，不再出现新的塑性变形，其应力-应变将保持在新的弹性循环中，此时即认为结构处于安定状态。按照安定性理论，当按弹性关系算得的虚拟应力（或称名义应力）σ 不超过 $2\sigma_s$（$\sigma_s<\sigma\leqslant2\sigma_s$，$\sigma_s$ 为屈服极限）时，第一次加载的应力-应变关系按图 2-1 (a) 中的 OAB 线变化，卸载时沿 BC 线下降（平行于 OA）直至 D 点。此后的加卸过程就会始终沿着扩大了弹性范围的 DB 线进

行，呈完全弹性状态，而不会出现新的塑性变形。此时的结构即处于安定性状态。而当虚拟应力 $\sigma > 2\sigma_s$ 时，第一次加载的应力-应变沿图 2-1(b) 中的 *OABC* 线变化，卸载时沿 *CDE* 线进行。由于卸载时出现了反向屈服，此后的加载循环将沿着 *EBCDE* 线进行，从而造成结构的反复拉、压塑性变形，这时的结构是不安定的。这种不安定性会引发疲劳裂纹而导致疲劳破坏。因此，保持结构处于安定性状态的界限应力值为 $2\sigma_s$。将其折算为许用应力表达式，由 $[\sigma] = \sigma_s / n_s$，$\sigma_s = n_s[\sigma] = 1.5[\sigma]$（按 ASME 规范取值，$n_s = 1.5$）得 $2\sigma_s = 3[\sigma]$，因此结构处于安定性状态的强度条件为 $\sigma \leqslant 3[\sigma]$，安定性概念主要用于确定二次应力的许用应力值。

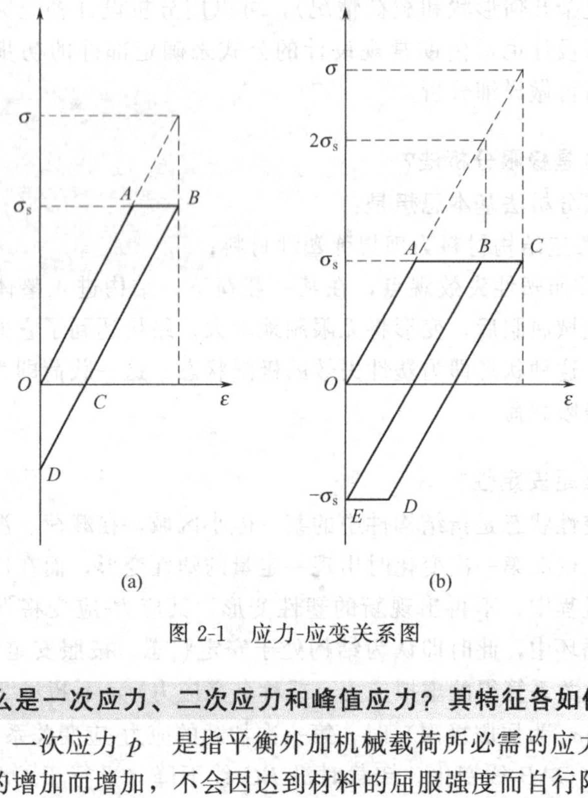

图 2-1 应力-应变关系图

5 什么是一次应力、二次应力和峰值应力？其特征各如何？

（1）一次应力 p 是指平衡外加机械载荷所必需的应力。它随外载荷的增加而增加，不会因达到材料的屈服强度而自行限制，所以，其特征是“非自限性”。一次应力分为三种，即一次总体薄膜应力、一次弯曲应力和一次局部薄膜应力。

（2）二次应力 Q 是指由相邻部件的自身约束所引起的正应力或切应力。二次应力不是由外载荷直接产生的，其作用不是为平衡外载荷，而是使结构在受载时变形协调，其基本特征是具有“自限性”，也就是当局部范围内的材料发生屈服或小量的塑性流动时，相邻部分之间的变形约束得到缓解而不再继续发展，应力就自动地限制在一定范围内。

（3）峰值应力 F 是由于局部结构的不连续（如开孔、小圆角半径、焊缝咬边等）引起的应力集中而叠加到一次或二次应力上的增量，其值等于该处总应力减去一、二次应力后的差值。峰值应力的特点是应力峰值高，但作用区域小，其周围被广大弹性应力区所包围，局部区域的屈服不会引起整体结构的变形，因而常规设计中一般不作定量计算。但峰值应力是疲劳破坏或脆性断裂的可能根源，必要时应按应力分析进行疲劳设计。

6 应力分类设计方法中对各类应力是如何限制的?

根据美国《ASME 锅炉及压力容器规范》第Ⅷ篇第二分篇中的规定，采用应力分类方法进行压力容器的强度设计时，应按照第三强度理论来计算应力强度 S_m：

$$S_m=\sigma_1-\sigma_3$$

式中，σ_1 及 σ_3 分别为三向应力中的最大和最小主应力。

各类应力的应力强度的限制应同时满足下列 5 个强度条件，这就是：

① 一次应力中的总体薄膜应力 p_m 的应力强度 $S_Ⅰ$ 应小于许用应力 KS_m；

② 一次应力中的局部薄膜应力 p_l 的应力强度 $S_Ⅱ$ 应小于 $1.5KS_m$；

③ 一次薄膜（p_m 或 p_l）和弯曲应力 p_b 之和的应力强度 $S_Ⅲ$ 应小于 $1.5KS_m$；

④ 一次应力中的总体薄膜应力 p_m 或局部薄膜应力 p_l 和弯曲应力 p_b 与二次应力 Q 之和的应力强度 $S_Ⅳ$ 应小于 $3KS_m$；

⑤ 一次应力（包括总体薄膜应力或局部薄膜应力与弯曲应力）与二次应力 Q 及峰值应力 F 之和的应力强度不能超过由疲劳曲线所确定的 2 倍许用应力 $2S_a$。

7 什么是金属的蠕变？其影响因素有哪些？

金属长时间在高温和应力同时作用下，应力保持不变，其塑性变形随时间的延长而缓慢增长的现象称为金属的蠕变。高温、应力和时间是蠕变发生的三要素。应力越大，温度越高，且在高温下停留时间越长，蠕变越甚。

8 压力容器在什么情况下需考虑蠕变问题？如何进行蠕变设计？

蠕变产生的必要条件是高温。故设计中是否考虑蠕变问题，首先取决于金属温度的高低。通常，碳钢在 400℃、低合金在 450℃、耐热合金在 600℃ 以上时应考虑蠕变问题。在压力容器蠕变设计中，各国规范均采用了简单处理方法，即借助于普通温度下压力容器的设计公式来确定壁内的相当应力，而其许用应力则取材料在高温下的蠕变极限和持久极限分别除以相应安全系数后的较小者。

9 金属构件高温下应力松弛与蠕变有何异同？

在高温下工作的金属构件，其弹性变形随时间增长不断转变成塑性变形而引起的弹性应力下降的现象，称为应力松弛。应力松弛与蠕变两种现象的实质是相同的，都是高温下随时间发生的塑性变形的积累过程。所不同的是应力松弛是在总变形量一定的特定条件下发生的弹性变形转化为塑性变形的过程；而蠕变所产生的塑性变形，随着时间的增加而增加。

10 什么是有限单元法？在压力容器设计中有何意义？

有限单元法亦称有限元素法或有限元法。它是由结构力学分析中发展引申出来的一种力学分析方法。系将连续的弹性体假想成（离散或分割成）由有限个单元组成的单元组合体结构，将连续弹性体问题转化为适合于数值解法的结构形问题，按结构分析方法求解，用离散的组合体结构的力学分析结果来逼近连续的真实弹性体的力学特性。

有限单元法可以用来解决固体力学中的大部分问题。例如，杆系结构、平板、薄壳、二维和三维体等的静态应力、热应力、振动和稳定性等问题，以及弹塑性、蠕变等材料非线性问题和大挠度等几何非线性问题。在结构形状、载荷方式特别复杂的情况下，这种方法的优越性是任何其他经典方法所不及的。此外，有限单元法还可以应用于流体力学、传热学等领域。

在压力容器设计中，尤其是按应力分析的方法进行设计时，有限单元法得到了广泛应用。对于容器接管部位、支座部位等难于精确计算的高应力集中部件，以及受复杂载荷作用，包括压力载荷、温度载荷、重力载荷及其他机械外载荷等的受压元件，都可以应用有限单元法获得较精确的应力分析结果。

11 薄壁容器和厚壁容器如何划分？其强度设计的理论基础是什么？有何区别？

壁厚与内径之比 $\delta/D_i \leqslant 0.1$，亦即外径与内径之比 $K=D_o/D_i \leqslant 1.2$ 者为薄壁容器，反之为厚壁容器。

薄壁容器强度设计的理论基础是旋转薄壳的无力矩理论及由此导出的薄膜应力公式。由此算得的应力是两向应力，且沿壁厚均布，是一种近似计算结果。厚壁容器强度设计的理论基础是由弹性应力分析所导出的拉美公式。由此算得的应力是三向应力，且沿壁厚为非均布，内壁绝对值最大，外壁最小，可较为精确地表征壁内应力的实际分布规律，既适用于厚壁容器，也适用于薄壁容器。

12 为什么圆筒中径公式可以适用到径比 $K\leqslant 1.5$？

按照形状改变比能屈服失效判据计算出的内压厚壁圆筒初始屈服应力与实测值较为吻合，因而与形状改变比能准则相对应的应力强度 σ_{eq4} 能较好地反映厚壁圆筒的实际应力水平。$\sigma_{eq4}=\sqrt{3}K^2p_c/(K^2-1)$，与中径公式相对应的应力强度 $\sigma_{eqm}=(K+1)p_c/2(K-1)$ $\sigma_{eq4}/\sigma_{eqm}$ 随径比 K 值的增大而增大。当 $K=1.5$ 时，比值 $\sigma_{eq4}/\sigma_{eqm}\approx 1.25$，这表明内壁实际应力强度是按中径公式计算的应力强度的1.25倍。中国《固定式压力容器安全技术监察规程》规定，常规设计方法的$n_s \geqslant 1.5$、$n_b \geqslant 2.7$。考虑到厚壁压力容器用钢的屈强比大于0.58，许用应力主要取决于钢材的抗拉强度，相对于屈服强度的安全系数$n_s \geqslant 0.58 \times 1.5 = 0.87$。在这种情况下，若圆筒径比不超过1.5，仍可按中径公式计算圆筒厚度。因为在液压试验（$p_T = 1.25p$）时，圆筒内表面的实际应力强度最大为许用应力的$1.25 \times 1.25 = 1.56$倍，即$1.56[\sigma] = 1.56R_{eL}/1.57 < R_{eL}$，说明圆筒内表面金属仍未达到屈服强度，处于弹性状态。对应这个条件下的$p_c \leqslant 0.4[\sigma]^t\Phi$。

13 什么是无力矩理论？其适用范围有何限制？

理论可以证明，在薄壳内，弯曲应力与拉（压）应力的比值数量级仅为δ/R。因此，弯曲应力影响甚小，即使忽略不计，仍能满足工程要求。通常把忽略弯矩影响，而仅计拉（压）应力的应力分析方法称为旋转薄壳的无力矩理论或薄膜理论，由此求得的应力称为薄膜应力。反之，把不忽略弯矩影响而对薄壳进行应力分析的方法称为有力矩理论。

薄膜理论是对旋转薄壳而言，其应用必须同时符合以下条件：

① 壳体曲面必须连续，不存在曲率或厚度突变；

② 外载荷必须连续，不存在外力矩或集中载荷；

③ 壳体边界必须自由，不存在支撑或约束。

以上如有一条不满足，壳体相应部分的内力矩将起显著作用，而不能忽略，此时就应按有力矩理论进行应力分析。

14 在仅受气压时，圆锥壳与圆筒壳中的薄膜应力有何异同？为什么半顶角不宜大于60°？

相同处是圆锥壳和圆筒壳中的环向应力均为径向应力的2倍，且沿壁厚均布。区别是：在同样条件下，锥壳中的应力为圆筒壳中应力的$1/\cos\alpha$倍，因此，半顶角越大，锥壳中的应力水平越高；圆筒壳中各应力沿径（纵）向是均布的，而锥壳中的各应力沿径（纵）向则是线性分布，距锥顶愈远，应力愈大，大端有最大值，锥顶处为零。

当半顶角 $\alpha>60°$时，锥壳受力接近于薄板弯曲，壁内将产生较大的弯曲应力，而基于无力矩理论的薄膜应力将与此存在过大的偏差。故规定锥壳半顶角不宜大于 60°，否则应按平盖计算。

15 圆筒壳、圆锥壳和球壳在仅受液压时或仅受气压时的薄膜应力分布及大小有何区别?

在仅受气压时，壳内各处压力是均布恒定的；而在仅受液压时，壳内各处压力是随液体深度不同而变化的。故两种情况下的薄膜应力大小与分布亦不同。

对于圆筒壳，在仅受气压时，其环向应力 σ_t 为径向应力 σ_Φ 的 2 倍，且沿壳体均布。但在仅受液压时，其径（轴）向应力与支承点有关，在支点以上轴向应力 σ_1 为零，支点以下恒为常数；其环向应力则与支承点无关，但与液体深度成正比；仅在最下端有$\sigma_t=2\sigma_1$，其余各处均不像仅受气压时那样有 2 倍关系。

对于圆锥壳，在仅受气压时，$\sigma_t=2\sigma_1$，且沿壳径线呈线性分布，大端最大，锥顶为零。但在仅受液压时，其最大环向应力 σ_t 位于 1/2 锥高处，最大径向应力位于距锥顶 3/4 锥高处，且各处两向应力不一定为 2 倍关系。

对于球壳，在仅受气压时，其 $\sigma_t=\sigma_1$，且沿整个壳体均布。但在仅受液压时，其应力大小及分布与支座位置有关。一般情况下，支座上侧有最大环向拉应力，但上顶点处应力恒为零，下顶点处环向和径向应力相等，其余各处两向应力均不相等。当支座位置 $\varphi_0>120°$时，支座下部出现径向压应力，使该处具有失稳倾向。另外，支座反力 G 产生的水平分力 p，对支座会产生压应力，但若支座位于赤道处即 $\varphi_0=\pi/2$ 时，则 $p=0$，压应力消失，失稳倾向可以消除。

16 在均布内压作用下，碟形壳、椭圆壳和球壳中的薄膜应力各有何特点?

根据无力矩理论公式计算的各种壳体中的薄膜应力的大小，均随其曲率半径而改变。

对于球壳，各处均具有相同的曲率半径，故其薄膜应力沿整个球壳均布且大小相等，受力情况最好，但壳的深度大，不利于整体成型。碟形壳，就由半径 R 较大的球面部分和半径 r 小得多的过渡弧面组成。由于 R 和 r 弧面连接点处曲率发生大的突变，故其薄膜应力在此处也发生显著突变，且环向应力在 r 过渡弧内为压应力。

椭圆壳，沿径向各处曲率均不等，但其变化是连续的，相邻任意点间的曲率差别甚小，故其薄膜应力的变化是连续的，渐变的，没有碟形壳那样的应力突变点。但壳的深度及薄膜应力的大小和分布与其长短半轴之比 a/b 有关。

① a/b 愈大，壳深愈小，应力分布愈不均，尤其环向应力。当 $a/b>\sqrt{2}$ 时，在赤道及其附近会产生环向压应力，且随 a/b 的增加，压应力值显著上升，作用范围向顶点方向扩展；当 $a/b=2$ 时，在顶点和赤道处，分别具有等值的最大环向拉应力和压应力，且其值恰好与同样条件下圆筒中的环向应力绝对值相等。

② 在壳顶点处，具有等值的最大环向拉应力和径向拉应力，且其值随 a/b 的增加而增大。

③ 不论 a/b 大小，径向应力均为拉应力，且在赤道处有与相同条件下圆筒中轴向应力相等的最小值 $pa/(2\delta)$。

17 什么是薄壳的“不连续效应”或“边缘效应”？解决边缘问题的理论基础是什么？

工程中用的压力容器多为非单一壳体，例如圆筒上具有封头、接管和支座等。在不同壳体的连接点及其附近均不满足无力矩理论的适用条件。在均布载荷作用下，连接点两侧的不同壳体理论上应产生的位移和变形是不同的，但实际上是连在一起的，连接点处不可能分离，因此必将因变形协调而产生相互约束和附加弯矩。但由于壁较薄，抗弯能力弱，故引起的弯曲应力会很大，其值往往远超过薄膜应力，此时弯矩的影响就不能忽略。由于这种总体结构不连续，组合壳在连接处附近的局部区域出现衰减很快的应力增大现象，称为“不连续效应”或“边缘效应”。由此引起的局部应力称为“不连续应力”或“边缘应力”。边缘应力包括局部弯曲应力和沿壁厚均布的局部薄膜应力等，但弯曲应力占主导。故边缘问题的求解必须采用有力矩理论。分析组合壳不连续应力的方法，在工程上称为“不连续分析”。

18 边缘应力有何特点？GB 150 中如何对待？

边缘应力有如下特点。

（1）局部性　通常边缘应力中以径向弯曲应力为最大，且在连接处具有较高的峰值，但其作用范围不大，随离开边缘的距离增加而迅速衰减。例如圆筒，在距连接点 $2.5\sqrt{R\delta}$ 处，附加弯曲应力已降至应力峰值的5%。

（2）自限性　边缘应力是由于边界两侧彼此弹性约束而产生的，当其峰值达材料的屈服极限时，若材料塑性较好，连接的局部处会发生屈服而使弹性约束缓解，边缘应力不再上升，且这种局部屈服不会立即使容器发生整体失效。由此可见，边缘应力对容器安全的影响不及薄膜应力严重。所以在 GB 150 等常规设计中，对边缘应力不作定量计算，而是采用合理的连接结构、局部加强或在薄膜应力强度计算式中引入应力增强系数来体现边缘应力的影响。但对于塑性较差的高强度钢制容器，或因操作而使材料有脆化倾向及以疲劳破坏为主的容器，则要求按应力分类设计法对边缘应力进行计算。此时，是将边缘应力划为二次应力，并取较大的许用应力值进行限制。

19 降低局部应力的措施有哪些？

降低局部应力的措施有以下几点。

（1）合理的结构设计　减少两连接件的刚度差；尽量采用圆弧过度；局部区域补强；选择合适的开孔方位。

（2）减少部件传递的局部载荷　例如，对管道、阀门等设备附件设置支撑或支架，可降低这些附件的重量对壳体的影响。对接管等附件加设热补偿元件可降低因热胀冷缩所产生的热载荷。

(3) 尽量减少结构中的缺陷　在压力容器制造过程中，由于制造工艺和操作等原因，可能在容器中留下气孔、夹渣、未焊透等缺陷，这些缺陷会造成较高的局部应力，应尽量避免。

20 椭圆封头和碟形封头的结构尺寸有何限制规定？

椭圆封头和碟形封头分别是由椭圆壳和碟形壳与高为 h 的圆筒直边构成。其中椭圆壳与直边圆筒壳的连接点，碟形壳中大 R 球面壳和直边圆筒壳与小 r 过渡弧面的连接点，均属不同曲率壳体的连接，形成了几何尺寸的突变，故这些连接点及其附近均会产生边缘应力。在内压作用下，连接点及其附近不仅仅存在总体薄膜应力，而且还有边缘应力。故封头中的实际应力不可能是单纯的薄膜应力，而应是总体薄膜应力、局部边缘薄膜应力和边缘弯曲应力之和 $\sum\sigma$，此称为综合应力。

碟形封头较椭圆封头多了大 R 和小 r 不同壳的连接点，且曲率突变大，故边缘应力作用范围大，综合应力值较高。在受内压时其最大综合应力为以弯曲应力为主的径向拉应力 $\sum\sigma_1$，位于球面部分与过渡弧交界处的内表面，因此该处易产生环向裂纹。所以 GB 150 中规定过渡弧半径不小于 $10\%D_i$（D_i 为封头内直径），且不小于 3 倍的名义厚度；球面半径 $R\leqslant D_i$；并以 $R=0.9D_i$，$r=0.17D_i$ 为标准碟形封头。

在碟形封头的过渡弧面内，存在有较高的环向综合压应力。计算表明，当 $r/D_i\geqslant 0.10$ 时，封头壁厚小于内径的 0.25%就会引起失稳而产生局部皱折。为此，GB 150 中对于 $R_i/r\leqslant 5.5$ 的碟形封头，其有效厚度应不小于内直径的 0.15%，其他碟形封头的有效厚度应不小于封头内直径的 0.30%。由于同样原因，对椭圆封头的壁厚也规定了上述限制，即 $D_i/2h_i\leqslant 2$（D_i 为封头内直径，h_i 为内表面深度）的椭圆封头的有效厚度应不小于封头内直径的 0.15%，$D_i/2h_i>2$ 的椭圆封头的有效厚度不小于封头内直径的 0.30%。但当确定封头厚度时已考虑了内压下的弹性失稳问题，可不受此限制。

不论从单纯的薄膜应力还是包括边缘应力在内的综合应力来看，碟形封头的受力状态均不如标准椭圆封头好，故目前设计中很少采用碟形封头。但其深度较椭圆封头小，便于加工成型，尤其适于手工锻打加工，所以在某些情况下仍有采用。

21 在什么情况下两种壳的连接边缘会产生横推力？有何危害？如何控制或防止？

两种不同壳体在经线方向以非公切线相连时，其相连边缘就要产生横推力。以无折边锥形封头和球面封头与圆筒的连接最为典型。例如图 2-2 中，T 是锥壳径向薄膜应力对圆筒的作用，其水平分量 N 即为横推力。可见，此处横推力是锥壳径向薄膜应力的水平分量对圆筒壳连接边缘的横向作用力，分布于连接处整个圆周，方向指向轴心，对连接环焊缝极为不利，是引起焊缝开裂的重要原因。在圆筒壳壁薄且连接环焊缝强度足够时，甚至有时可使连接点处的圆筒被拉瘪。为此，可采取使连接边缘局部加厚或增设加强圈来提高连接刚性。加强圈以设于圆筒连接边缘为佳。若使锥形封头带有如图 2-3 所示的过渡圆弧或折边而变为公切线连接，则锥形封

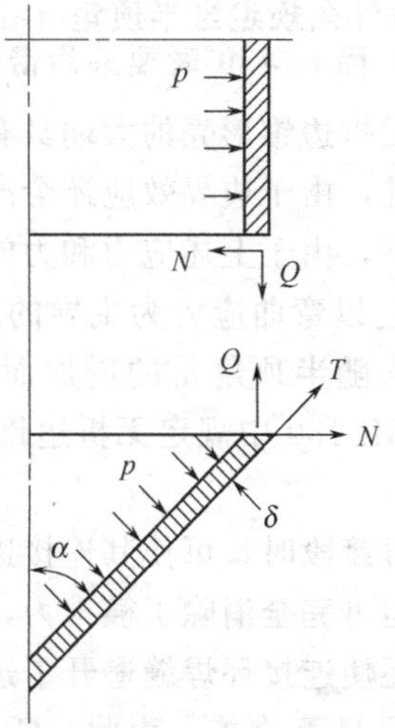

图 2-2 无公切线时有横推力 N

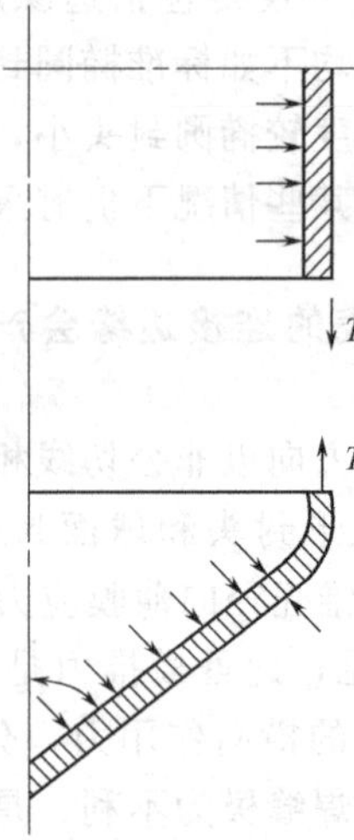

图 2-3 有公切线时无横推力

头在连接处的径向薄膜应力就与圆筒壳中的轴向薄膜应力作用于同一直线上，因而使横推力完全消除。

22 在 GB 150 中，为什么规定当半顶角 $\alpha \leqslant 30°$ 时，锥形封头大端可用无折边结构？而 $\alpha > 30°$ 时要采用带过渡段的折边结构？

应力分析表明，无折边锥形壳的大端具有最大的薄膜应力；同时在与圆筒壳的连接处，由于边界效应还会产生很大的边缘应力和横推力。在内压作用下，由于上述应力和力的共同作用，在大端连接边缘的内表面将产生以弯曲应力为主导的最大综合径向拉应力。且综合应力和横推力均随半顶角 α 的增加而增大，当 $\alpha > 30°$ 时增大尤为显著。因此，GB 150 中规定无折边锥形封头限用于 $\alpha \leqslant 30°$ 场合。

当锥形封头设有过渡段时，可使其连接边缘由非公切线连接变为公切线连接。这不但可完全消除了横推力，同时也使边缘应力得以减小或消除，而且还使连接环焊缝避开了边缘应力峰值区，从而使连接边缘的受力状况显著改善。为此，GB 150 中规定，当 $\alpha >$ 30°时，锥形封头要设过渡段折边，过渡段转角的半径不小于封头大端内直径的10%，否则应按应力分类法进行设计。

23 设计内压无折边锥形封头时，大端和小端主要控制应力的性质及其强度限制条件有何区别？对大端的连接结构有何要求？

第22题已指出，内压作用的无折边锥形封头，在其大端连接边缘处的内表面具有以弯曲应力为主导的最大综合径向拉应力。GB 150中即以该应力为确定壁厚的基础，并按应力分类设计原则控制该最大综合径向拉应力强度$\leqslant 3[\sigma]^t$，若此条件不能满足，则要求对大端连接边缘进行局部补强。同时，由于连接环焊缝的内壁承受最大综合径向拉应力而处于锥形封头的最危险区，故还要求焊缝必须采用全焊透结构，且尽可能为圆滑过渡。

在锥体的小端，由于直径减小，主要控制应力变为局部环向边缘薄膜应力与总环向薄膜应力之和。按照应力分类原则，应限制其应力强度$\leqslant 1.5[\sigma]^t$。但在GB 150中，为安全计，控制小端环向应力强度$\leqslant 1.1[\sigma]^t$。

24 内压无折边球面封头与半球形封头的结构和应力有何区别？

通常半球形封头是半个球壳或带圆筒直边的半个球壳。半球壳与直边或圆筒的连接均为切线连接，故无横推力，且边缘应力较小，可不予考虑。而无折边球面封头是部分球壳直接焊到圆筒壳或法兰上，是交错的非公切线连接。在连接点沿球壳切线方向对圆筒壳有一圈拉力。为此，GB 150中按应力分类设计原则，以控制连接边缘最大径向综合拉应力强度$\leqslant 3[\sigma]^t$来确定无折边球面封头的壁厚。

对于半球形封头，圆筒在连接边缘处的外表面具有最大环向综合拉应力，其值仅为$1.031pR/\delta$；而半球形封头在连接边缘的内外表面均具有最大环向拉应力，其值更小，仅为$0.75pR/\delta$。可见，当采用与筒体等厚的半球封头时，边界效应的影响甚小，此时可仅按薄膜应力进行设计，而不必考虑边缘应力的影响。

25 椭圆和碟形等封头，为什么均带有直边？

是为了防止封头与筒体连接环焊缝与边缘应力作用区重合。若封头无直边，其与筒体间的连接环焊缝就成为不同几何形状壳体间的连接点，不但产生焊接残余应力和各种焊接缺陷，同时还产生边缘应力，使受力状况恶化。若封头带有直边，则连接焊缝处就变成了曲率相同的封头直边圆筒与圆筒壳间的连接。在壁厚相同时，连接焊缝处就不产生边缘应力，而仅存在焊接残余应力。若壁厚不等，则可将厚者在连接处局部削薄至等厚，这既可消除边缘应力，也可变为等厚对接焊，利于保证焊接质量。而在封头直边圆筒与封头弧面的连接点，则是无焊缝的切线交界点，不但无横推力，且边缘效应相对也小些。

26 高压容器是否一定是厚壁容器？

不一定，高压容器是指设计压力 $p \geqslant 10\mathrm{MPa}$ 的压力容器；而厚壁容器则通常是指容器的外内径之比 $K=D_o/D_i \geqslant 1.2$ 或容器的壁厚与内径之比 $\delta/D_i \geqslant 0.1$ 的压力容器。使用中的容器，有不少情况是 $p>10\mathrm{MPa}$，但 $K<1.2$。

27 厚壁筒体的应力状况与薄壁筒体有何不同？其沿壁厚方向的应力分布有什么特征？

薄壁筒体承受较低的压力作用，在器壁内所产生的沿半径方向的应力 σ_r 很小，可以忽略不计，因此薄壁筒体内的应力可视为两向应力状态。同时，薄壁筒体由于壁厚较薄，内外壁面的应力差别不大，可以视为应力沿壁厚方向均匀分布。而厚壁筒体承受环向应力 σ_θ、轴向应力 σ_z 和径向应力 σ_r 的三向应力作用，且 σ_θ 和 σ_r 沿壁厚不均匀分布。仅受内压作用的厚壁筒体的应力分布曲线如图 2-4 所示。

① 轴向应力 σ_z 为拉应力，且沿壁厚均布，其值为：

$$\sigma_\theta = p/(K^2-1)$$

式中，p 为操作压力，MPa；K 为筒体的外、内径之比。

② 径向应力 σ_r 为压应力，沿壁厚不均匀分布，外壁面为零，内壁面为 $-p$。

③ 环向应力 σ_θ 为拉应力，沿壁厚亦为不均匀分布，内壁大，

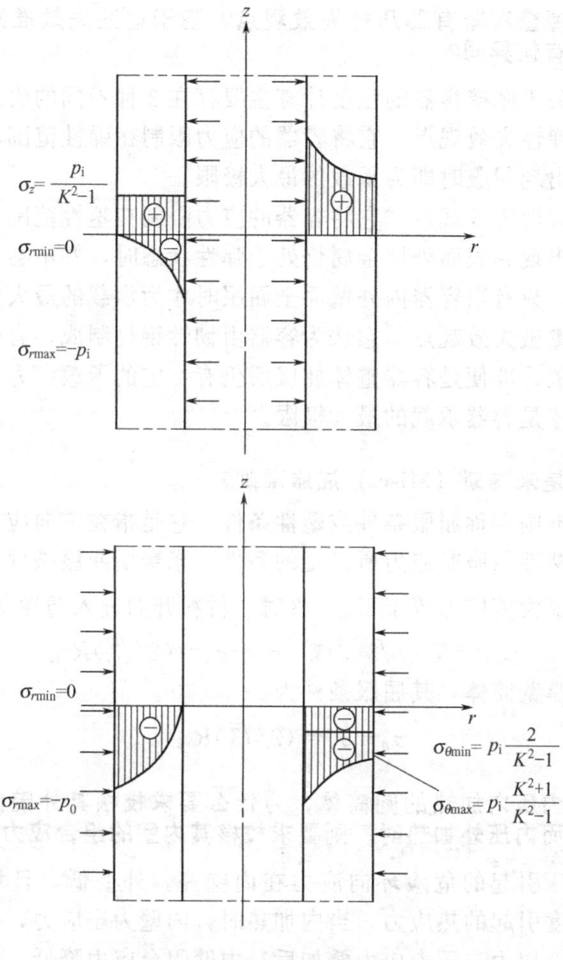

图 2-4 厚壁筒体中的应力分布

外壁小。由理论关系式$\sigma_z=(\sigma_\theta+\sigma_r)/2$，可见$\sigma_z$与$\sigma_r$的分布对称于$\sigma_z$，故此，内壁面的应力值$\sigma_{\theta i}=2\sigma_z+p$，外壁面为$\sigma_{\theta 0}=2\sigma_z$。

由上可见，不均布应力σ_r、σ_t都是内壁大，外壁小，内、外壁的应力差值均为p。因此，对于压力不太高的薄壁筒体，可以近似认为应力沿壁厚均匀分布，且可忽略径向应力σ_r，视为两向应力状态。

28 关于厚壁容器有哪几种失效观点？基于这些失效准则的强度设计有何异同？

目前关于厚壁容器的强度计算主要存在 3 种不同的失效观点。

（1）弹性失效观点　它将容器的应力限制在弹性范围，认为筒体内壁面出现屈服时即为承载的最大极限。

（2）塑性失效观点　它将容器的应力限制在塑性范围，认为容器内壁面出现屈服而外层金属仍处于弹性状态时，并不会导致容器发生破坏，只有当容器内外壁面全屈服时才为承载的最大极限。

（3）爆破失效观点　它认为容器由韧性钢材制成，有明显的应变硬化现象，即便是容器整体屈服后仍有一定的承载潜力，只有达到爆破时才是容器承载的最大极限。

29 什么是米赛斯（Mises）屈服准则？

屈服准则亦称屈服条件或塑性条件。它是指在三向应力状态下材料发生塑性屈服时应力所满足的条件。米赛斯屈服条件认为材料承载时的最大剪应力等于 $R_{eL}/\sqrt{3}$ 时，材料开始进入塑性状态，即：

$$\tau_{max}=R_{eL}/\sqrt{3} \quad 或 \quad \sigma_1-\sigma_3=(2/\sqrt{3})R_{eL}$$

对于厚壁筒体，其屈服条件为：

$$\sigma_\theta-\sigma_r=(2/\sqrt{3})R_{eL}$$

30 对于内压内加热的圆筒体，为什么要求校核其外壁的组合应力？而内压外加热时，则要求校核其内壁的组合应力？

由内压引起的危险环向应力在内壁高，外壁低，且均为拉应力。由温度引起的热应力，当内加热时，内壁为压应力，外壁为拉应力。温度应力与压力应力叠加后，内壁组合应力降低，外壁组合应力增加，因而需要校核外壁组合应力。而当外加热时，内壁温度应力为拉应力，外壁的温度应力为压应力，温度应力与压力应力叠加后，外壁的应力得到改善，而内壁的应力更加恶化，因而需要校核内壁的组合应力。

31 超高压容器是否可以采用弹性失效准则确定壁厚？

将厚壁筒体的内壁应力（拉美公式）代入米赛斯屈服条

件，有：

$$\sigma_\theta-\sigma_r=p\frac{K^2+1}{K^2-1}+p=2p\frac{K^2}{K^2-1}=\frac{2}{\sqrt{3}}R_{eL}$$

由此可见，由于 $K^2/(K^2-1)>1$，当 p 接近或大于 $R_{eL}/\sqrt{3}$（或者 $R_{eL}/n_s/\sqrt{3}$）时，无论壁厚取多厚，筒体内壁总处于塑性状态，因此不可能再采用弹性准则来确定壁厚。

32 什么是厚壁筒体的“自增强”？

厚壁筒体在内压作用下，壁内呈现内壁大外壁小的不均布应力。为了改善筒体中这种应力分布的不均匀性，可在厚壁筒体投入使用前，预先进行超压处理，在严格控制的超载压力下，使筒体内层部分产生塑性变形，形成塑性区，而外层材料仍处于弹性状态。保持此压力一段时间后卸压，筒体内层发生塑性变形的部分因有残余变形而不可能恢复到初始的位置，仍处于弹性阶段的外层材料则趋于恢复到原来的状态，但它受到不能恢复到原状的内层材料的阻挡而不能完全复原。因而在筒体壁内形成内层受压外层受拉的预应力状态。当筒体投入运行，承受操作压力后，因操作压力引起的内大外小的拉应力与预处理形成内压外拉的预应力相叠加，使得原水平较高的内壁应力有所降低，而原水平较低的外壁应力则适当增大，应力沿壁厚分布趋向于均匀，从而提高了筒体的屈服承载能力。这种通过有控制的超压处理，仅使内层屈服而外层仍保持弹性，并利用其自身的弹性收缩来产生预应力，从而达到提高筒体承载能力的处理方法称为厚壁筒体的自增强。

33 热套式筒体的“最佳过盈量”是根据什么原则取定的？

热套式筒体利用内筒外径与外筒内径间的过盈量来形成内压外拉的预应力，使得与内压引起的环向拉应力叠加后，内层筒体应力降低，外层筒体应力增加，从而改善了筒体的应力分布。预应力的大小取决于过盈量的大小。理想的设计，应使操作应力与预应力叠加后，使得各层筒体综合应力相等，即所谓等强度设计原则。满足这一要求的套合过盈量称为最佳过盈量。

34 承受均布载荷薄圆平板的应力分布有什么特点？为什么平板盖比相同条件下的凸形封头的厚度要大得多？

承受均布载荷薄圆平板的应力分布特点有以下几点。

① 板内为环向应力 σ_θ 和径向应力 σ_r 二向应力。

② 二向应力沿厚度均呈线性分布，在板的上下表面有最大值，是纯弯曲应力。

③ 应力沿半径方向的分布及最大应力点的位置与周边的支承方式有关。周边简支时，最大应力位于板中心；周边固支时，最大应力位于板边缘。

④ 板中的最大弯曲应力 $\sigma_{\max}$ 与半径和厚度之比的平方（$R/\delta)^2$ 成正比，而薄壳中的最大薄膜应力 $\sigma_{\max}$ 与（R/δ）成正比。因此在相同的载荷与几何参数条件下，薄板所需的厚度要比薄壳的厚度大得多。

35 对于厚平板盖为什么要校核其危险环断面的组合应力？

以常见的双锥密封盖为例。平盖的厚度计算公式是基于板中最大弯曲应力公式导出的。而事实上双锥密封盖中除了螺栓力矩和均布压力造成的弯曲应力外，在平盖的环断面，尤其是垫圈反力处的环断面还承受较大的剪切力的作用。因此，按最大弯曲应力算得板厚后，还应对最大剪力处的剪应力与该点处的弯曲应力之综合当量应力加以校核。

36 受均载矩形平板的应力是如何分布的？

矩形平板受垂直于板面的均匀载荷作用后，将产生两向（x 向和 y 向）弯曲变形，因而也产生两向弯曲应力 σ_x、σ_y。应力沿板厚方向呈线性分布，为纯弯曲应力。上下板面处分别有最大拉、压应力。应力沿板面方向的分布与矩形板的长宽比值 a/b 及板周边的支承形式有关。简支时，最大应力出现在板中心处平行于长边的截面上。固支时，最大应力则出现在板长边中点处。

37 什么是外压容器的稳定性和临界压力？内压容器是否存在稳定性问题？

承受外压载荷的壳体，当外压载荷增大到某一值时，壳体会突然失去原来的形状，或出现波纹，载荷卸去后，壳体不能恢复原状，这种现象称为外压壳体的屈曲或失稳。其实质是壁内压应力由失稳前单纯的压应力状态突然跃变为失稳时主要是弯曲应力状态。容器失去稳定性时的最小外压力称为临界压力 p_{cr}，其值越大，表明容器抗失稳能力越强。对于薄壁容器，只要壁内存在压应力，就有失稳的可能。稳定问题不仅仅限于外压容器，内压容器有时也有稳定问题。例如受重量载荷和风弯矩作用产生轴向压应力的直立内压设备及有局部压应力产生的内压封头，以及内压卧式容器的鞍座处等，均有稳定性问题存在。

38 容器失稳有哪些类型？各有何特点？

按照受力方向和失稳时的变形特征，有周向失稳和径（轴）向失稳。前者由周向压应力引起，失稳后其横断面由原来的圆形变为波形；后者由经（轴）向压应力引起，失稳后其经线由原来的直线变为波形线，而横断面仍为圆形。

按照压应力作用的范围，有整体失稳和局部失稳。前者压应力均布于全部周向或经向，失稳后整个容器被压瘪，外压容器即属此；后者压应力作用于某局部处，失稳后局部被压瘪或皱折，如内压封头的局部失稳等。按照失稳前薄膜应力与材料屈服极限间的关系，有弹性失稳和非弹性失稳。

39 什么是弹性失稳和非弹性失稳？用高强度钢代替低强度钢可否提高容器的弹性稳定性？

失稳时壁内压应力小于材料的比例极限，应力与应变符合虎克定律时，称为弹性失稳。此时失稳临界压力与材料屈服极限无关，仅与弹性模数 E 及泊松比 μ 有关。由于各种钢的 E、μ 差别甚小，故用高强度钢代替低强度钢来提高容器的弹性稳定几乎无效。若失稳前壁内应力大于材料比例极限，应力与应变呈非线性关系，则称非弹性失稳。非弹性失稳时临界压力与材料屈服极限 σ_s 有关，此时采用高强度钢代替低强度钢即可提高容器的稳定性。

40 外压长圆筒和外压短圆筒有何区别？在设计外压圆筒时，为什么广泛采用加强圈结构？

长圆筒的计算长度大于临界长度，其相对长度 L/D 足够大，两端边界或封头对筒体中间部分无加强作用，故其临界压力与筒体长度无关，且失稳时，凹陷波数 $n=2$。短圆筒的计算长度小于临界长度，两端边界或封头对筒体中间部分有加强作用，其临界压力与长度成反比，失稳时，其凹陷波数 $n>2$。在直径和壁厚相同时，短圆筒的临界压力高于长圆筒，且长度 L 愈小，临界压力愈高。在外压圆筒上增设加强圈，是为了减小短圆筒的计算长度或使长圆筒变为 L 适当的短圆筒，提高抗失稳能力。此法较增加壁厚节省材料，并可减轻重量约 1/3。若是不锈钢圆筒，在外部增设碳钢加强圈则更为经济。此外，加强圈还可减少大直径薄壁圆筒形状缺陷的影响，提高结构可靠性。

41 外压圆筒设计为什么要用图算法？说明 GB 150 外压算图中 *A* 和 *B* 的意义及算图的由来和应用范围。

按外压圆筒临界压力的弹性理论公式计算壁厚较为麻烦，且还要反复试算；若为非弹性失稳，弹性理论公式还不适用。采用图算法，可使设计变得较为简便，而且不论长圆筒和短圆筒、弹性失稳和非弹性失稳、薄壁圆筒与厚壁圆筒，均可由图算法进行设计。

GB 150 中的算图来源于受均布外压圆筒，是以米赛斯公式为基础的长、短圆筒的简化临界压力公式进行计算和绘制而成。图中 A 等于圆筒在临界压力时的周向应变，亦可称周向临界应变；B 等于圆筒在临界压力下的周向许用压应力的 2 倍。故外压圆筒的许用压力 $[p]=B\delta_e/D_o$，而不是 $[p]=2B\delta_e/D_o$。GB 150.3 中图 4-2 表示周向临界应变 A 与圆筒几何参数 L/D_o、D_o/δ_e 的关系，与材料无关，可适用于各种钢制的长、短圆筒。GB 150.3 中图 4-3 等表示 A 与材料 2 倍许用压应力 B 之间的关系，仅限于图中规定的材料。该图除用于径向外压圆筒外，还可用于轴向压缩圆筒和外压球壳等的计算。但因图中许用压应力 B 值是按径向外压圆筒安全系数 $m=3$ 确定的，所以后者在使用算图时，必须由 GB 150 规定的 A 值换算公式，求出与径向外压中相当的 A 值，再去查 B 值。由此查得的 B 值就符合轴向压缩圆筒或球壳的安全系数了。

42 GB 150 中，为什么在外压圆筒设计计算时将 $D_o/\delta_e \geqslant 20$ 与 $D_o/\delta_e < 20$ 两种情况区别对待？

$D_o/\delta_e \geqslant 20$ 相当于 $D_o/D_i \leqslant 1.1 \sim 1.2$，基本属于外压薄壁圆筒。薄壁圆筒在失稳时，其薄膜应力往往低于材料的比例极限，因而属于弹性失稳。其破坏以失稳为主，设计时仅进行稳定性计算即可。而 $D_o/\delta_e < 20$ 相当于 $D_o/D_i > 1.1 \sim 1.2$，属于外压厚壁圆筒。又称刚性圆筒。计算表明，厚壁圆筒达临界压力时，其周向应力均往往已超过材料屈服极限，因而属于非弹性失稳。其破坏既有强度问题，也有失稳问题，但以强度破坏为主。不过，工程中很少发现有刚性圆筒失稳的。

43 GB 150 中，对于 $D_o/\delta_e < 20$ 的圆筒，为什么对其中 $D_o/\delta_e < 4.0$ 者又区别对待？

计算表明，对于 $D_o/\delta_e < 4$ 的长圆筒达到临界压力时，其周向应变为 6.875%，因而周向应力早已达材料屈服极限。对于 $D_o/\delta_e < 4$ 的短圆筒，由于其临界压力较同样壁厚的长圆筒要高，故其周向应力早已达材料屈服极限。亦即此时短圆筒和长圆筒应具有相同的许用压应力（B 值）。因此，对于 $D_o/\delta_e < 4$ 的外压厚壁圆筒，均按长圆筒计算其周向临界应变 A 值就行了。而对于其他厚壁圆筒的 A 值，则按短圆筒由 GB 150.3—2011 中图 4-2 查取。

44 仅受轴向压缩或弯曲的圆筒与仅受径向外压的圆筒和复合载荷同时作用的圆筒壳，其稳定性有何区别？设计时有何要求？

对于薄壁容器，在直径和壁厚相同时，按线性小挠度理论，仅受轴向压缩圆筒的临界压力为仅受均布径向外压长圆筒临界压力的 $2.2D/\delta$ 倍；而外压球壳的临界应力则与仅受轴向压缩圆筒相同；

纯轴向弯曲的临界应力为轴向压缩临界应力的1.3倍。显然，受均布径向外压圆筒的稳定性最差，故其许用压应力限制较严，其值为$[\gamma]_{cr}^{t}=(1/2)B$。而对于轴向压缩与弯曲，或二者同时作用的圆筒，其许用压应力则放宽，均取 $[\gamma]_{cr}^{t}=B$。

若圆筒同时受有轴向压缩、弯曲载荷及均布外压，其周向和轴向临界应力将因其互相影响而下降，如只分别计算在均布外压和轴向压缩时的稳定性，则不能保证安全。此时应按轴向压缩和外压对圆筒失稳相互影响曲线进行稳定性设计，且轴向压应力应为轴向压缩、弯曲和均布外压三者产生的轴向压应力之和。但对于径向和轴向同时受均布外压的圆筒，因其周向失稳的临界压力较轴向要小得多，故可不计轴向压应力的影响，按仅受径向外压进行计算即可。

45 为什么外压凸形封头均规定按外压球壳进行稳定性设计？

椭圆、碟形等凸形封头受内压时，在其曲率半径小的过渡区产生周向压应力，在封头；顶部曲率半径大的球面部分产生拉应力。但受外压时则相反，过渡区变成了拉应力，而球面部分则产生了压应力，如同外压球壳。所以规定外压凸形封头按外压球壳计算。但椭圆封头的计算半径应折算成球壳的当量半径。

46 GB 150 中，对外压圆筒和球壳等进行稳定性设计时，为什么要取不同的安全系数？

GB 150 中，对均布径向外压圆筒取稳定安全系数 $m=3$；对外压球壳取 $m=14.52$。这是因为按小挠度理论导出的相应临界压力或临界应力公式的精确度不同。均布径向外压圆筒临界压力公式误差最小，后者则较大。例如球壳，其实测临界压力仅为理论计算值的1/6～1/4。同时，后者临界压力受其初始不圆度影响较大，也要求取较高的安全系数。

47 容器开孔后，为什么需要补强？

通常所用的压力容器，由于各种工艺和结构的要求，需要在容器上开孔和安装接管。由于开孔去掉了部分承压金属，不但会削弱容器器壁的强度，而且还会因结构连续性受到破坏在开孔附近造成较高的局部应力集中。这个局部应力峰值很高，达到基本薄膜应力的 3 倍甚至 5～6 倍。再加上开孔接管处有时还会受到各种外载荷、温度等影响，并且由于材质不同，制造上的一些缺陷、检验上的不便等原因的综合作用，很多失效就会在开孔边缘开始。主要表现为疲劳破坏和脆性裂纹，所以必须进行必要的补强设计计算，适当补强。

48 容器开孔接管处的应力集中系数有哪些影响因素?

孔边及开孔接管处的应力集中程度均用应力集中系数 K 来表征。K 是开孔处的最大应力值与不开孔时最大薄膜应力之比。开孔接管处的应力集中系数主要受到下列因素影响。

(1) 容器的形状和应力状态　圆筒壳开孔应力集中系数大于球壳，而圆锥壳又大于同样条件的圆筒壳。这是因为孔边最大应力随薄膜应力的增加而上升，而圆筒中的环向应力为同样条件球壳的 2 倍，锥壳又为圆筒壳的 $1/\cos\alpha$ 倍。

(2) 开孔的形状、大小及接管壁厚　开圆孔应力集中系数最小，椭圆孔较大，方孔更大。接管轴线与壳体法线不一致时，开孔将变为椭圆而使应力集中系数增大。开孔直径越大，接管壁厚越小，应力集中系数越大，故减小孔径或增加接管壁厚均可降低应力集中系数。插入式接管的应力集中系数小于平齐接管。

49 容器开孔接管处的应力集中有何特点? 对补强有什么要求?

实际容器壳体开孔后，均需焊上接管或凸缘，而接管处的应力集中与壳体开光小圆孔时的应力集中不相同。在操作压力作用下，壳体与开孔接管在连接处各自的薄膜位移不相等，但最终的位移结果又必须协调一致。因此，在连接点处将产生相互约束力和弯矩，故开孔接管处就不仅仅是孔边集中应力和薄膜应力，而且还有边缘应力和焊接应力。另外，压力容器的结构形状、承载状态及工作环境等，对接管处应力集中的影响均较开光孔复杂。所以壳体接管处的应力集中较光孔更为严重，应力集中系数可达 3～6。但其衰减迅速，具有明显的局部性，不会使壳体引起任何显著变形，故可允许应力峰值超过材料的平均屈服应力。容器开孔补强的目的在于使孔边的应力峰值降低至允许值。为此，补强应符合下列基本要求：

① 根据容器的操作工况和材料性能选择适当的补强方法和结构；

② 具有足够的补强金属，并确保直接补在开孔周围应力峰值区内，并尽量具有一定的过渡圆角，以防产生新的应力集中。

50 容器大开孔与小开孔有何异同?

不论开孔大小，孔边均存在应力集中。但容器孔边应力集中的理论分析是借助无限大平板上开小圆孔为基础的。在孔径与容器直径之比 $d/D_i<0.1\sqrt{D_i/2\delta}$，壳体曲率变化可以不计，可视作平板开小孔，此时孔边应力均为拉（压）应力。但大开孔时，除有拉（压）应力外，还有很大的弯曲应力，且其应力集中范围超出了开小孔时的局部范围，在较大范围内破坏了壳体的薄膜应力状态。因此，小开孔的理论分析就不适用了。

51 为什么各国规范对容器上不作另行补强的最大孔径均有限制?

孔边应力集中的大小和作用范围随开孔直径的增加而增大。当孔径小到一定值时，孔边应力集中并不严重；加之孔边应力集中具有局部性，作用范围小，不会引起壳体整体屈服。因此，允许应力峰值超过壳体材料整体屈服的平均应力。当单个开孔直径 $d\leqslant 0.14\sqrt{D_i\delta}$时，应力集中系数较小且趋于稳定，可不予补强。GB 150 中考虑到容器壁厚往往超过实际强度需要和接管壁厚的补强作用，将不另行补强的开孔直径还作了适当放宽。

52 在 GB 150 的等面积补强法中，为什么外压容器和平板的开孔补强面积公式中均需乘以 0.5 系数，而将补强面积减半?

等面积补强法，实际上补强的是壳体开孔丧失的薄膜应力抗拉强度断面积。但对于受压的平板，其内产生的是弯曲应力，因此应按补强开孔所丧失的抗弯强度来确定补强面积，使补强前后在补强范围内的抗弯模量相同。由此导出的补强面积为开孔挖去面积的

0.5倍，故平板开孔时，另加开孔的面积的一半就可以满足需要了。

外压容器除强度外，还需满足稳定条件。由于按外压计算的壁厚较承受同样内压时大，且局部补强的目的主要是为解决应力集中，故外压容器局部补强所需补强的面积可少些。GB 150 及美国、日本等国规范认为，所补强面积为挖去金属面积的一半即可满足。

53 法兰的设计分析方法所依据的理论基础有哪几类？GB 150—2011 中的法兰设计方法采用哪一类？

法兰的设计、分析方法已不下十余种，但就其所依据的理论基础概括地分为如下三类。

（1）基于材料力学的简单方法　例如巴赫法和前苏联的 TY 8100 法。

（2）以弹性分析为基础的方法　例如铁摩辛柯法、沃特斯（Waters）法、默瑞-斯屈特法、龟田法。

（3）以塑性分析为基础的方法　例如德国的 DIN 2505 方法，AD 规范方法，英国的 BS 1500—58 法及前苏联的 PTM 42—62 法。我国制定的 GB 150—2011，其法兰设计采用的是沃特斯（Waters）法。

54 根据 Waters 法说明高颈法兰中作用的应力及其许用应力的差异。

Waters 运用弹性理论分析方法，在一定假设的基础上，导出了高颈法兰的应力解析表达式。其应力分布如图 2-5 所示。Waters 结论为：

① 法兰的最大轴向应力 σ_H 位于锥颈的大端或小端，视结构尺寸的不同而异，为纯弯曲应力；

② 法兰的最大径向应力 σ_R 位于环板内边缘与锥颈的连接处，为弯曲应力和拉伸应力；

③ 法兰的最大环向应力 σ_T 位于环板内边缘靠密封面处，为弯曲应力和拉伸应力。

考虑到 σ_H 为纯弯曲应力，且锥颈的部分屈服对密封面的影响

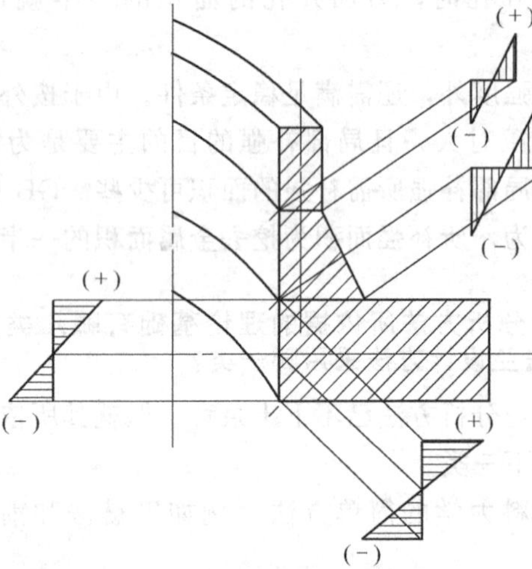

图 2-5　带颈整体法兰应力分布

较小，因此按照极限设计法，其许用应力取为 $1.5[\sigma]_f^t$。而 σ_R、σ_T 为拉弯组合应力，且法兰环板的变形对密封面影响较大，故其许用应力均取为 $[\sigma]_f^t$。此外，考虑到一旦锥颈部分屈服后便丧失承载能力，一部分载荷转由法兰环板承担。为了不致使法兰环板因此而超载，还必须限制锥颈与法兰环板的平均应力不超过 $[\sigma]_f^t$，即 $(\sigma_H+\sigma_R)/2\leqslant[\sigma]_f^t$，$(\sigma_H+\sigma_T)/2\leqslant[\sigma]_f^t$。

55 设计整体法兰时，若强度不能满足要求，应如何调整？

首先应检验垫片尺寸和螺栓、螺栓圆直径是否尽可能小，以最大限度地降低作用于法兰的弯矩。在此条件满足的前提下，若是轴向应力不能满足要求，则可增加锥颈厚度和锥颈高度；若是径向应力 σ_R 或环向应力 σ_T 不能满足要求，则可增加法兰盘厚度。

56 垫片性能参数 *y* 和 *m* 是如何定义的？其物理意义是什么？

为形成初始密封条件而必须施加在垫片单位面积上最小的压紧力称为预紧密封比压 *y*。在操作条件下，临界泄漏时单位密封面上所具有的密封压紧力称为工作密封比压 σ_g。工作密封比压 σ_g 与介

质操作压力 p 的比值就称为垫片系数 m，即 $m=\sigma_g/p$。预紧密封比压 y 和垫片系数 m 是反映垫片密封性能的两个基本参数，其物理意义就是实现密封的难易程度，其值仅与垫片类型和材料有关。m 和 y 值大，表明垫片实现密封较难，反之则较容易实现密封。

57 什么是垫片的有效密封宽度和基本密封宽度?

螺栓力通过法兰密封面压紧垫片时，由于法兰盘在螺栓力矩的作用下会发生一定程度的偏转，因此作用于垫片接触宽度上的压紧力不是均匀的，即外紧内松，压力介质可能渗透到垫片的某一宽度。设计中取实际起有效密封作用的垫片宽度进行计算，此即为有效密封宽度 b。垫片实际起密封作用的宽度与压紧面形状，即垫片与密封面的接触形状有关。对于不同的压紧面形状，定义一个与接触宽度有关的基本密封宽度 b_0。当垫片宽度较窄时，此基本密封宽度即为有效密封宽度，此时 $b=b_0$。而当垫片宽度较宽时，考虑到压紧面上压紧力的不均匀程度更甚，实际起有效密封作用的宽度比基本密封宽度还要小，此时 $b<b_0$。

58 双锥环的密封压紧力由哪两部分组成?

双锥环的密封压紧力是由双锥环在压缩状态下的回弹力和在介质压力作用下的径向扩张力两部分所组成。

59 在双锥密封设计中，其端盖的支承圆柱面与双锥环内圆柱面之间为什么要控制一定的径向间隙？此间隙大小的控制依据是什么?

双锥密封的密封压紧力来源之一是双锥环在预紧状态下形成的弹性回弹力。此回弹力的大小与环的半径压缩量成正比。从获得较大回弹力来讲，压缩量愈大愈好。但压缩量超过一定限度后会造成环的失稳或反向屈服而完全丧失回弹力。因此要控制适量的半径压缩量。半径压缩量的控制本可以通过螺栓预紧力来实现。但螺栓预紧力要同时满足锥面上金属软垫片的初始预紧密封比压的要求，而满足这一要求的螺栓预紧力所造成的环的半径自由压缩量往往已超过限度。因此，需要设置一支承柱面来防止环的过度压缩。双锥环在预紧时的压缩程度可以通过预紧前环的内表面与支承柱面之间的间隙来控制。此间隙的大小以能获得最大回弹力而不导致环的失稳或反向屈服为控制依据。

60 高压筒体端部受到哪些力的作用？为什么要校核其直径断面的弯曲应力？

高压筒体端部受到如图 2-6 所示 5 个力的作用：螺栓力 F_b；垫片反力 F_G；筒体轴向力 F_D；作用于密封面直径范围内的环向端面上的力 F_T；由内压 p 作用于内腔壁面上的力 F_H。上述 5 个力对端部的直径断面产生了较大的弯矩作用，它是端部强度的主要威胁，因此要校核由此引起的最大弯曲应力。

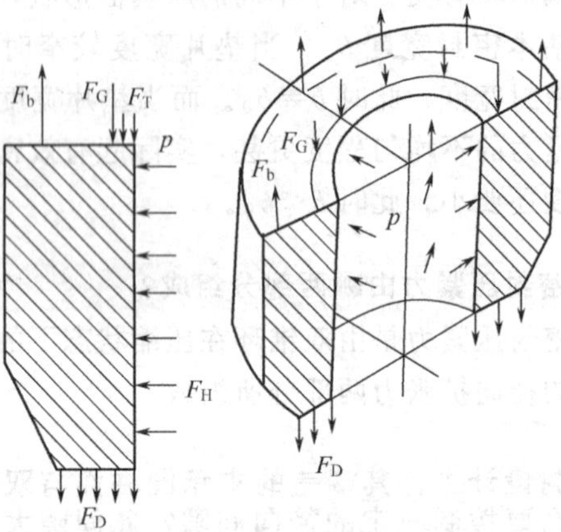

图 2-6　筒体端部受力

61 法兰连接用双头螺栓的中部光杆为什么往往取略小于螺纹根径的细光杆？

取细光杆可以降低螺栓的刚度（即抵抗弹性变形的能力），从而减小螺栓的温差载荷。螺栓与法兰之间存在温差时，二者之间就会有热变形差。热变形差的大小仅与温差、材料有关。这种热变形差要由附加载荷，即所谓温差载荷引起的载荷变形差予以补偿。螺栓与法兰之间的刚度差异愈大，要产生一定的载荷变形差所需的附加载荷亦即温差载荷就愈小。

62 法兰螺栓许用应力的安全系数为什么取得比容器的大？

法兰螺栓常常不是单纯受拉力作用，在使用过程中还受弯、扭以及冲击的作用，预紧时也容易形成过载，所以其材料的安全系数要取大一些，以碳素钢为例，在 GB 150 中，屈服强度对应的安全系数：容器为 1.5，≤M22 的螺栓为 2.7。

第三章 材料

1 压力容器用钢的基本要求有哪些？选择钢材应遵循哪些原则？

基本要求：化学成分，钢材的化学成分对其性能和热处理有较大的影响；力学性能，指材料在不同环境下，承受各种外加载荷时所表现的力学行为；制造工艺性，材料的制造工艺性能的要求与容器的结构形式和使用条件紧密相关。

应遵循以下 6 条原则：压力容器的使用条件（设计温度、设计压力、介质特性及操作特点等）；相容性，一般是指材料必须与其相接触的介质或其他材料相容；零件的功能和制造工艺；材料的使用经验（历史）；综合经济性，主要是指性能价格比及来源；规范标准，和一般的结构钢相比，压力容器用钢有不少特殊要求，应符合相应国家标准和行业标准的规定。

2 压力容器用材的质量、规格、质量证明书及标记有什么规定？

《固定式压力容器安全技术监察规程》（以下简称《固容规》）有如下规定：

① 压力容器用材料的质量及规格，应符合相应的国家标准、行业标准的规定；

② 材料生产单位必须保证质量，并应按相应标准的规定提供质量证明书（原件），质量证明书的内容必须填写齐全，并经生产单位质量检验部门盖章确认；

③ 材料生产单位应按相应标准的规定，在材料的指定部位或其他明显的部位做出清晰、牢固的标识。

3 《固容规》对钢板超声检测的要求是如何规定的？

《固容规》的要求为：厚度大于或者等于12mm的碳素钢和低合金钢钢板（不包括多层压力容器的层板）用于制造压力容器壳体时，凡符合下列条件之一的，应当逐张进行超声检测。

① 盛装介质毒性程度为极度、高度危害的；

② 在湿 H_2S 腐蚀环境中使用的；

③ 设计压力大于或者等于10MPa的；

④ 本规程引用标准中要求逐张进行超声检测的。

4 《固容规》对压力容器主要受压元件材料的复验有哪些要求？

《固容规》的要求为：对于采购的第Ⅲ类压力容器用Ⅳ级锻件，以及不能确定质量证明书的真实性或者对性能和化学成分有怀疑的主要受压元件材料，压力容器制造单位应当进行复验，符合本规程及其相应材料标准的要求后方可投料使用。

5 碳素钢和碳锰钢在高于425℃温度下长期使用时，或奥氏体钢的使用温度高于525℃时，应注意什么问题？

GB 150—2011规定，碳素钢和碳锰钢在高于425℃温度下长期使用时，应考虑钢中碳化物相的石墨化倾向。奥氏体型钢材的使用温度高于525℃时，钢中含碳量应不小于0.04%，这是因为碳素钢和碳锰钢在上述情况下，钢中的渗碳体会产生分解，$Fe_3C \longrightarrow 3Fe+C$（石墨），而这一分解及石墨化最终会使钢中的珠光体部分或全部消失，使材料的强度及塑性均下降，而冲击值下降尤甚，钢材明显变脆，美国ASME规范对此也有同样规定。奥氏体型钢材在使用温度高于500～550℃时，若含碳量太低，强度及抗氧化性会显著下降。因此，一般规定超低碳（C含量≤0.03%）奥氏体不锈钢的使用范围，18-8型材料用到400℃左右，18-12-2型材料用到450℃左右，使用温度超过650℃时，国外对于S30408、S31608型材料一般要求用H级，即含碳量要稍高一些，主要也是考虑耐蚀，而且耐热及有热强性。

6 用境外材料制压力容器有什么要求？

《固容规》规定，压力容器受压元件采用境外材料，应符合以下要求。

① 境外牌号材料应当是境外压力容器现行标准规范允许使用并且境外已经有使用实例的材料，其使用范围应当符合境外相应产品标准的规定，如本规程引用标准列有相近化学成分和力学性能的牌号时，其使用范围还应当符合本规程引用标准的规定。

② 境外牌号材料的技术要求不得低于境内相近牌号材料的技术要求（如磷、硫含量，冲击试样的取样部位、取样方向和冲击功指标，断后伸长率等）。

③ 材料质量证明书和材料标志应当符合本规程 2.1 的规定。

④ 压力容器制造单位应当对进厂材料与材料质量证明书进行审核，并且对材料的化学成分和力学性能进行验证性复验，符合相关要求后才能投料使用。

⑤ 用于焊接结构压力容器受压元件的材料，压力容器制造单位在首次使用前，应当掌握材料的焊接性能并且进行焊接工艺评定。

⑥ 标准抗拉强度下限值大于或者等于 540MPa 的钢材、用于压力容器设计温度低于－40℃的低合金钢钢材，材料制造单位还应当按本规程 1.9 的规定通过技术评审，其材料方可允许使用。

7 GB 150—2011 附录 A 对已列入第 2 章，但尚未列入材料标准的哪些钢材提出了补充要求？

对以下一些材料提出了补充要求。

（1）12Cr2Mo1VR钢板　作为中温用钢板（抗氢钢板），附录 A 对其化学成分和力学性能作了规定。其余未规定事项均按 GB 713 的相关规定。

（2）15MnNiNbDR钢板　常用于制造－40℃级低温球形容器。附录 A 对其化学成分和力学性能作了规定，其余要求按 GB 3531 规定。

（3）08Ni3DR 钢板　低温用钢。附录 A 对其化学成分和力学性能作了规定，其余要求按 GB 3531 规定。

(4) 06Ni9D 钢板　低温用钢。附录 A 对其化学成分和力学性能作了规定，其余要求按 GB 3531 规定。

(5) 12Cr2Mo1 钢管　附录 A 对其化学成分和力学性能作了规定，其余要求按 GB 9948 规定。

(6) 09MnD 钢管　附录 A 对其化学成分和力学性能作了规定，其余要求按 GB 9948 规定。

(7) 09MnNiD 钢管　附录 A 对其化学成分和力学性能作了规定，其余要求按 GB 9948 规定。

(8) 08Cr2A1Mo 钢管　附录 A 对其化学成分和力学性能作了规定，其余要求按 GB 9948 规定。

(9) 09CrCuSb 钢管　附录 A 对其化学成分和力学性能作了规定，其余要求按 GB 9948 规定。

8 铸铁制造压力容器有什么要求和限制？目前用于压力容器的铸铁牌号主要有哪些？

《固容规》规定：铸铁不得用于盛装毒性程度为极高、高度或中度危害介质，以及设计压力大于或等于 0.15MPa 的易爆介质压力容器的受压元件，也不得用于管壳式余热锅炉的受压元件。除上述压力容器之外，允许选用以下铸铁材料。

(1) 灰铸铁　牌号为 HT200、HT250、HT300 和 HT350。设计压力不大于 0.8MPa，设计温度范围为 10～200℃。

(2) 球墨铸铁　牌号为 QT400-18R 和 QT400-18L。设计压力不大于 1.6MPa，QT400-18R 的设计温度范围为 0～300℃，QT400-18L 的设计温度范围为－10～300℃。

9 对压力容器用有色金属有什么要求？

《固容规》规定：压力容器用有色金属（铝、钛、铜、镍及其合金等）应当符合以下要求。

① 用于制造压力容器的有色金属，其技术要求应当符合本规程引用标准的规定，如有特殊要求，需要在设计图样或相应的技术

文件中注明；

② 压力容器制造单位应当建立严格的保管制度，并且设专门场所，与碳钢、低合金钢分开存放。

铝和铝合金用于压力容器受压元件时，应当符合下列要求：

① 设计压力不大于 16MPa；

② 含镁量大于或者等于 3%的铝合金（如 5083、5086），其设计温度范围为－269～65℃，其他牌号的铝和铝合金，其设计温度范围为－269～200℃。

纯铜和黄铜用于压力容器受压元件时，其设计温度不高于 200℃。

钛和钛合金用于压力容器受压元件时，应当符合下列要求：

① 钛和钛合金的设计温度不高于 315℃，钛-钢复合板的设计温度不高于 350℃；

② 用于制造压力容器壳体的钛和钛合金在退火状态下使用。

镍和镍合金用于压力容器受压元件时，应当在退火或者固溶状态下使用。

钽、锆、铌及其合金用于压力容器受压元件时，应当在退火状态下使用。钽和钽合金设计温度不高于 250℃，锆和锆合金设计温度不高于 375℃，铌和铌合金设计温度不高于 220℃。

10 压力容器用中温用钢一般指哪些钢号？作为抗氢钢使用时，应如何选取？

压力容器用中温用钢有 Mo 钢、Cr-Mo 钢及 Cr-Mo-V 钢，使用温度范围 400～600℃；在石油、化工的压力容器中，介质常含有氢，在一定的温度及氢分压条件下，会使钢材产生氢腐蚀。而上述含 Mo、Cr 及 V 的中温用钢均有一定的抗氢腐蚀能力，因此在石油、化工的压力容器中也作为抗氢钢使用。具体选择材料时要依介质温度及氢分压按纳尔逊（Nelson）曲线来决定。中温用钢国外常用的有 0.5Mo、0.5Mo-0.5Cr、0.5Mo-1Cr、0.5Mo-1.25Cr 及 1Mo-2.25Cr 等钢种，是按合金元素含量及抗氢能力划分的。国内对应及相近的钢号主要有以下几种。

(1) 钢板 15CrMoR、14Cr1MoR、12Cr2Mo1R、12Cr1MoVR、12Cr2Mo1VR。

(2) 钢管 12CrMo、15CrMo、12Cr2Mo1、1Cr5Mo、12Cr2MoVG。

(3) 锻件 35CrMo、15CrMo、14Cr1Mo、12Cr2Mo1、12Cr1MoV、12Cr2Mo1V、12Cr3Mo1V、1Cr5Mo。

(4) 螺栓 30CrMoA、35CrMoA、35CrMoVA、25Cr2MoVA、40CrNiMoA、1Cr5Mo（新牌号 S45110）。

11 高合金钢主要有哪几类？各有什么特点？

高合金钢分为奥氏体型、铁素体型、马氏体型及奥氏体-铁素体型和沉淀硬化型，但目前用于压力容器的，主要为奥氏体型［如 S30408(0Cr19Ni9)］和铁素体型［S11306(0Cr13)］，马氏体型仅在螺栓中有使用［S42020(2Cr13)］。铁素体型材料有 475℃脆性、σ相析出及晶粒长大引起的脆性等倾向，冷成型性也不太好，此外，焊前要预热，焊后要进行热处理，主要的焊接困难是接头脆化，若接头刚性大，焊后会产生裂纹，这些原因都限制了铁素体型材料（0Cr13）的使用；马氏体型材料含碳量高，强度高、硬度大，具有强烈的淬硬倾向，可焊性差，故不用作压力容器受压部件；奥氏体型高合金钢韧性、塑性及工艺性能良好，因此广泛用于压力容器，一般的奥氏体型高合金钢不含稳定化元素的钢种，在 450～850℃范围内停留会产生晶间腐蚀倾向，在与腐蚀性介质接触时会因晶间腐蚀而破坏，奥氏体型高合金钢还可用于低温；沉淀硬化型材料属于通过热处理获得强化的 Cr-Ni 高合金钢，热处理后有多种组织类型，GB 4237 列入的 0Cr17Ni7Al，即为半奥氏体型沉淀硬化高合金钢。

12 低温压力容器用材料主要有哪些？

低温压力容器的材料选择主要考虑在整个工作温度区间材料应有足够的韧性。一般讲，面正立方晶格的金属及合金在低温下不易发脆；此外，低温脆性与化学成分有关，提高 Mn/C 比值可以提高韧性；Ni 含量增加，转变温度会降低；为防止受冲击载荷影响，要求材料在低温下有一定的冲击值。目前，列入 GB 150—2011 中的用于低温压力容器的专用低合金材料（以字母 D 表示）主要有低合金钢板 9 种，低合金钢管 4 种（其中包括 GB 6479 中的 16Mn），低合金钢锻件 6 种。用于低温的还有奥氏体型高合金钢；镍钢，如 3.5Ni、9Ni 钢等；铝合金；铜合金；镍合金，如蒙乃尔合金等。

13 什么是低碳、超低碳奥氏体不锈钢？

奥氏体不锈钢可按含碳量多少进行分类，以最常用的 18-8 不锈钢为例：含碳量较高的钢号为 1Cr18Ni9（C 含量≤0.10%）；含碳量较低的钢号为 0Cr19Ni9（C 含量≤0.08%）；含碳量最低的钢号为 0Cr19Ni11（含 C 含量≤0.03%）。通常将含 C 含量≤0.08%的奥氏体不锈钢称为低碳不锈钢；将含 C 含量≤0.03%的奥氏体不锈钢称为超低碳不锈钢。奥氏体不锈钢含碳量越低，耐晶间腐蚀性能越好。由于国内外炉外精炼技术（AOD、VOD）的发展，价廉质高的超低碳奥氏体不锈钢已广泛采用，以往含碳量较高而加有稳定化元素（Ti、Nb）的不锈钢已基本淘汰，与后者相比，超低碳不锈钢还克服了焊件热影响区的刀口腐蚀倾向。

14 现行的冲击试验国家标准有哪几种？

有以下两种：

① GB 229—2007《金属材料夏比摆锤冲击试验方法》；

② GB 4160—2004《钢的应变时效敏感性试验方法（夏比冲击法）》。

15 什么是冲击功？什么是冲击韧性？

在确定金属韧性的冲击试验中（冲击试验应按标准规定的办法进行），具有一定形状和尺寸的金属试样在冲击负荷作用下折断时所吸收的功叫冲击吸收功，简称冲击功；冲击功除以试样缺口底部处横截面面积所得的商叫冲击韧性值。冲击韧性值对金属的组织缺陷十分敏感，是检验材料冶金质量和脆性倾向的有效手段。

16 碳素结构钢的钢号是怎样表示的?

GB 700—2006《碳素结构钢》对钢的牌号的表示分4个部分,即:代表屈服强度的字母、屈服强度值、质量等级符号、脱氧方法符号。

如Q235A·F表示屈服强度值为235MPa、质量等级为A级的沸腾钢;Q235B表示屈服强度值为235MPa、质量等级为B级的镇静钢。钢材均按规定的化学成分和机械性能供货。

17 碳素结构钢板Q235B和Q235C用于压力容器有哪些规定或限制?

GB 150—2011中对GB/T 3274—2007标准中的Q235B和Q235C钢板作为压力容器受压元件使用规定如下。

① 容器的设计压力小于1.6MPa。

② 钢板的使用温度:Q235B钢板的适用范围为20～300℃。Q235C的适用范围为0～300℃。

③ 用于容器壳体的钢板厚度:Q235B和Q235C不大于16mm。用于其他受压元件的钢板厚度:Q235B不大于30mm,Q235C不大于40mm。

④ 不得用于毒性为高度或极度危害介质的压力容器。

18 GB 150—2011对压力容器用碳钢和低合金钢钢板的使用状态有什么要求?为什么?

压力容器用碳钢和低合金钢钢板,符合下面条件,应在正火状态下使用:

① 用于多层容器内筒的Q245R和Q345R;

② 用作壳体的厚度大于36mm的Q245R和Q345R;

③ 用作其他受压元件(法兰、管板、平盖)等的厚度>50mm的Q245R和Q345R。

这主要是考虑国内轧制设备条件限制,较厚板轧制比小,钢板内部致密度及中心组织质量稍差;另外对钢板正火处理可细化晶粒及改善组织,使钢板有较好的韧性、塑性,以及较好的综合机械性能。

19 GB 3531 和 GB 713 对 16MnDR 和 Q345R 在化学成分、低温冲击试验和超声波探伤方面的要求有什么差别?

有以下差别：

① 化学成分，16MnDR P 含量≤0.020%、Si 含量在0.15%～0.50%，Q345R P 含量≤0.025%、Si 含量≤0.55%；

② 16MnDR 的最低冲击试验温度为－40℃，而 Q345R 为－20℃；

③ 16MnDR 的夏比（V 形缺口）低温冲击功不小于 47J，而 Q345R 的低温冲击功不小于 41J；

④ 16MnDR 钢板厚度大于 20mm 时，规定钢板逐张进行超声检测，厚度不大于 20mm 时，超声检测为协议项目，Q345R 钢板的超声检测则不论厚度，均为协议项目。

20 GB 150—2011 对高合金钢板用于压力容器，规定按哪些标准选用？并注意什么问题?

规定一般按 GB 24511 选用，也可选用已列入有关标准的奥氏体钢板和奥氏体-铁素体钢板，但应在图样或相应技术文件中提出有关技术要求，如化学成分、机械性能、使用状态和必须进行的检验项目等。

21 不锈钢-钢复合钢板的使用温度范围是什么?

GB 150—2011 规定：不锈钢-钢复合钢板的使用温度范围应同时符合本标准对基材和覆材使用温度范围的规定。

22 钢板低温冲击试验的试样为什么要取横向?

钢锭浇铸时会形成偏析或含有杂质，在轧制钢板的过程中，这些不均匀部分和杂质会顺着金属延伸方向形成纤维状带状组织，从而使钢板平行于纤维状组织方向（纵向）的机械性能高于垂直方向（横向），尤其韧性和塑性指标更突出。为提高材料的安全使用及压力容器的可靠性，GB 150—2011 规定低温冲击试验要取横向作为最低冲击功的规定值。

23 对用于制造压力容器圆筒体的无缝钢管有什么要求？

HG/T 20581—2011 规定如下。

（1）采用钢管作压力容器壳体时，设备制造部门应按照下表的要求复验力学性能，并符合相应钢管标准的要求。奥氏体不锈钢钢管可免做冲击韧性试验。

（2）用作Ⅱ、Ⅲ类容器壳体的钢管，设备制造厂应逐根按设备液压试验压力进行水压试验。Ⅰ类容器壳体用钢管，如钢厂已做水压试验者，可不再复试。

24 GB 150—2011 规定哪些情况下压力容器用钢锻件选用Ⅲ级或Ⅳ级？

（1）对于碳素钢和低合金钢

① 用作容器筒体和封头的筒形、环形、碗形锻件。

② 公称厚度大于 300mm 的低合金锻件。

③ 标准抗拉强度下限值大于或等于 540MPa 且公称厚度大于 200mm 的低合金钢锻件。

④ 使用温度低于－20℃且公称厚度大于 200mm 的低温用钢锻件。

（2）对于高合金钢 用作容器筒体和封头的筒形、环形、碗形锻件。

25 对于压力容器用大型锻件的质量主要应注意什么问题？

大型锻件生产工艺较复杂，包括冶炼、铸锭、锻造、锻后热处理以及机加工和最终热处理等，由于锻件大，易产生较大程度的偏析，以及有纵向和横向、表面与心部的性能差别，并且还有高的白点敏感性和回火脆性等问题。对于大型锻件，一般来说，应当着重注意的工艺性能有铸造性能、锻造性能、白点敏感性、回火脆性倾向，以及回火温度的范围大小、可焊性和切削加工性等；并且应根据情况，采取相应措施及提出具体要求以保证质量，比如对主截面锻造比的要求，又如钢有白点敏感性，则应要求注意缓冷等。

26 NB/T 47008—2010 中，Ⅲ级以上锻件的检验与Ⅰ、Ⅱ级锻件有什么不同？

Ⅲ级以上锻件的检验内容，与Ⅰ、Ⅱ级锻件相比，增加了超声检测、拉伸和冲击（R_m、R_{eL}、A、KV2）的检查。Ⅲ级锻件与Ⅳ级锻件检验项目相同，但Ⅲ级锻件的拉伸和冲击（R_m、R_{eL}、A、KV2）的检查为同冶炼炉号、同炉热处理的锻件组成一批，每批抽检一件，而Ⅳ级锻件则为逐件检验。

27 NB/T 47008—2010 中，锻件交货时质量证明书的内容有什么规定？

质量证明书应包含下列内容：①锻件制造厂名；②订货合同号；③标准编号、钢号、锻件级别、批号、锻件数量；④各项检验结果，检验单位和检验人员签章；⑤热处理曲线图（复印件）；⑥合同上所规定的特殊要求的检验结果。

28 JB/T 4730.3—2005 对奥氏体不锈钢锻件的超声波检测有哪些要求？

有以下要求：

① 探头的工作频率为0.5～2MHz；

② 对比试块的晶粒大小和声学特性应与被测锻件大致相近；

③ 一般应进行直探头纵波检测，对于环形和筒形锻件必要时还应进行斜探头检测；

④ 锻件原则上应在最终热处理后、粗加工前进行超声检测。

29 锻件的热处理状态主要取决于什么？

锻件的热处理状态主要取决于钢种及锻件的截面尺寸，要求使材料能充分发挥强度的潜力且锻件能有较好的综合机械性能。碳素钢锻件由于淬透性差一些，一般采用正火或正火加回火（中碳钢锻件也可采用调质）；低合金钢锻件16Mn及15MnV为正火或正火加回火处理，其他低合金钢和合金结构钢锻件则一般为调质；奥氏体不锈钢锻件为固溶处理。

30 HG/T 20581—2011 对铸钢件的冲击试验、水压试验、射线探伤及铸造质量系数有什么要求？

HG/T 20581—2011 标准要求：

① 设计压力≥1.6MPa 的铁素体铸钢件应检验铸件的常温冲击功，采用 V 形缺口夏比冲击试样，三个试样的平均值应不低于 20J；

② 空心的承压铸钢件应当在热处理后，逐件进行水压试验，水压试验压力应不低于设计压力的 1.5 倍；

③ 单件质量＞300kg 的承压法兰类铸钢件应按《铸钢件射线照相检测》GB/T 5677 进行射线检测，且不低于 3 级要求；

④ 承压铸钢件的安全系数取值按一般锻轧钢材的规定，但还必须考虑铸造质量系数 ϕ，一般情况下，$\phi \leqslant 0.80$，当符合下列条件之一时，可采用 $\phi \leqslant 0.90$ 的铸造质量系数。

a. 逐件对铸件受力较大部位、截面急剧变化的部位及接合处、冒口部位等按《铸钢件射线照相检测》GB/T 5677 进行射线检测，且不低于 3 级要求；

b. 逐件对铸件表面按《铸钢件磁粉检测》GB/T 9444 或《铸钢件渗透检测》GB/T 9443 进行磁粉或着色检测，不得存在任何裂纹（含热裂纹）；其他线性缺陷应符合表 3-1 要求；圆形缺陷应符合 2 级要求；在缺陷密集区域面积为 $25cm^2$（矩形的一边长度最长为 15cm）的矩形内，分散性缺陷应符合 3 级要求；

表 3-1 铸钢件线性缺陷合格等级

探伤部位厚度/mm	线性缺陷合格等级	磁痕长度/mm
≤20	2 级	≤4
＞20～≤60	3 级	≤8
＞60	4 级	≤16

c. 首批制成的 5 个铸件中抽取 3 个，其后的产品中每 5 个抽取 1 个按本条第①款和第②款的要求进行检查，且符合表 3-1 的要求。

31 螺栓、螺母选用时，从组合上应考虑什么要求？

螺栓的硬度一般应比螺母稍高，方法可通过选用强度级别不同的材料或不同的热处理状态来达到。

32 HG/T 20581—2011 对高压容器主螺栓的无损检测提出什么要求？

HG/T 20581—2011 规定：

① 设计压力≥10.0MPa 的高压紧固件用直径＞50mm 的锻轧钢棒应按《承压设备无损检测》JB/T 4730.3 进行超声波检测，且应符合Ⅲ级或Ⅳ级以上要求；

② 高压紧固件应在热处理和机械加工后，按《承压设备无损检测》JB/T 4730.4 进行磁粉检测，不得存在任何裂纹以及大于 1.5mm 的非轴向线性缺陷以及大于 4mm 的圆形缺陷。

33 HG/T 20581—2011 对受压零部件用商品紧固件的机械性能等级、相应的使用压力范围和配用螺母的机械性能等级是怎样规定的？

有以下规定：

① 螺栓、双头螺柱的力学性能等级应符合《紧固件机械性能》GB/T 3098.1 的 4.6 级或 8.8 级要求；螺母的力学性能等级应符合《紧固件机械性能》GB/T 3098.2 的 5 级或 8 级要求；不锈钢紧固件牌号 0Cr19Ni9 应符合《紧固件机械性能》GB/T 3098.6 的 A2 的要求，牌号 0Cr17Ni12Mo2 应符合《紧固件机械性能》GB/T 3098.6 的 A4 的要求；

② 商品紧固件的产品公差分 A、B、C 三个等级。

34 《固容规》对压力容器用焊接材料有什么要求？

《固容规》规定：

① 用于制造压力容器受压元件的焊接材料，应当保证焊缝金属的力学性能高于或者等于母材规定的限制值，当需要时，其他性能也不得低于母材的相应要求；

② 焊接材料应当满足相应焊材标准和本规程引用标准的要求，并且附有质量证明书和清晰、牢固的标记；

③ 压力容器制造单位应当建立严格执行焊接材料的验收、复验、保管、烘干、发放和回收制度。

35 HG/T 20581—2011 对奥氏体钢之间的焊接材料选用提出了什么要求？

HG/T 20581—2011 要求：

① 选用焊接材料应保证焊缝金属的力学性能高于或等于相应母材标准规定的下限值，且应保证铬、镍、钼或铜等主要合金元素的含量不低于母材标准规定的下限值，并满足图样规定的要求；

② 对于有防止晶间腐蚀要求的焊接接头，应采用熔敷金属中含有稳定化元素钛、铌的焊接材料，或保证熔敷金属 C 含量≤0.04％的焊接材料。

36 金属的机械性能有哪些主要指标？

金属的机械性能是指金属材料在外力作用下表现出来的特性，也有称为力学性能，其主要的特性指标如下。

① 强度极限 σ_b。

② 屈服极限 σ_s；有些材料（如某些合金结构钢）的拉伸曲线并不出现明显的屈服平台，不能明确确定其屈服点，为此在工程上规定，取使试样产生 0.2％残余变形的应力值作为条件屈服极限，用 $\sigma_{0.2}$ 来表示。

③ 延伸率 δ_5 或 δ_{10}。

④ 断面收缩率 ψ。

⑤ 冷弯，冷弯也是一种间接的塑性指标。

⑥ 冲击韧性（冲击功）A_k，由于冲击韧性是材料各项性能指标中对化学成分、冶金质量、组织状态及内部缺陷比较敏感的一个质量指标，而且也是衡量材料脆性转变和断裂特性的重要指标，所以对于压力容器用钢来讲，冲击韧性是一项重要的性能数据。

⑦ 硬度，反映材料对局部塑性变形的抗力及材料的耐磨性。

根据经验，硬度与抗拉强度有如下近似关系：

轧制、正火或退火的低碳钢，$\sigma_b=0.36HB$；

轧制、正火或退火的中碳钢，$\sigma_b=0.35HB$；

硬度≤HB250，经热处理的碳钢和低合金钢，$\sigma_b=0.34HB$；

硬度=250～400HB，经热处理的合金钢，$\sigma_b=0.33HB$。

由于测定硬度方便，对焊接接头，也常有用测定热影响区硬度的方法来确定其淬硬程度。

37 铁碳合金状态图有什么用途？铁碳合金有哪三种主要的晶体相？

铁碳合金状态图是表示不同成分的铁碳合金，在不同温度下所具有的状态或组织的一种图形，通过它能掌握钢的组织随成分和温度变化的规律，正确制定热处理和热加工的工艺。

铁碳合金有以下四种主要的晶体相。

（1）铁素体（F） 它是碳在α-Fe中的固溶体，其溶碳能力较差，室温下仅溶碳0.006%，在723℃时达到最大值0.2%，所以其强度、硬度较低，塑性及韧性很高，它是碳钢在常温时的主体相。

（2）奥氏体（A） 它是碳在γ-Fe中的固溶体，溶碳能力较大，在723℃为0.80%，在1147℃时达到最大值2.06%，它是碳钢在高温时的组织。

（3）渗碳体（Fe_3C） 它是铁和碳的化合物，含碳量为6.69%，性能硬而脆，几乎没有塑性，它是钢中的强化相。

（4）珠光体（P） 它是铁素体和渗碳体相间排列的片状层组织，是一种机械混合物，因此，其机械性能介于纯铁和渗碳体之间，强度较好。

38 什么是沸腾钢？什么是镇静钢？

脱氧不完全的钢称为沸腾钢。由于脱氧不完全及钢液中含氧量多，浇注及凝固时会产生大量CO气泡，造成剧烈的沸腾现象；沸腾钢冷凝后没有集中缩孔，因而成材率高、成本低、表面质量及深冲性能好，但因含氧量高、成分偏析大、内部杂质多、抗腐蚀性和机械性能差，且容易发生时效硬化和钢板的分层，不宜作重要用途。

镇静钢是脱氧完全的钢。浇注时钢液平静，没有沸腾现象，这种钢冷凝后有集中缩孔，所以成材率低、成本高，但镇静钢气体含量低、偏析小、时效倾向低，钢锭中气泡疏松较少，质量较高。

39 钢的热处理方法主要有哪几种？正火与退火有什么不同？

钢的热处理方法主要有以下几种。

（1）退火　又可分为完全退火（重结晶退火）、去应力退火和再结晶退火。退火工艺为把钢加热到临界点（A_{c1} 或 A_{c3}）或再结晶温度以上，保温一段时间，然后缓冷，使组织达到接近平衡状态；完全退火主要用于亚共析钢钢件和热轧型材，目的是细化晶粒、消除内应力和改善钢的性能；去应力退火主要用来消除铸件、锻件、焊接件、热轧件和冷拉件等的残余应力；再结晶退火则主要用来消除形变硬化和残余应力，以降低硬度、提高塑性。

（2）正火　将钢加热到 A_{c3}（或 A_{cm}）以上 30～50℃，保温后在空气中冷却，得到珠光体型的组织的热处理工艺叫正火。正火主要用于碳钢和低合金钢，提高其机械性能，细化晶粒，改善组织；正火与退火的区别是正火的冷却速度稍快，所获得的组织比退火细，机械性能也有所提高。

（3）淬火　将钢加热到 A_{c3}（亚共析钢）或 A_{c1}（过共析钢）以上 30～50℃，保温后以大于临界冷却速率的速率快速冷却的热处理工艺叫淬火。淬火一般是为了得到马氏体组织，使钢得到强化。

（4）回火　钢淬火后为了消除残余应力及获得所需要的组织和性能，把已淬火的钢重新加热到 A_{c1} 以下某一温度，保温后进行冷却的热处理工艺叫回火。按回火温度的不同，回火可分为低温、中温和高温回火。

（5）调质　通常将淬火加高温回火的热处理工艺叫调质。调质后获得回火索氏体组织，可使钢件得到强度与韧性相配合的良好的综合机械性能。

(6) 固溶处理　将合金加热至高温单相区，并经过充分的保温，使过剩相充分溶解到固溶体中后快速冷却，以得到过饱和的固溶体的工艺，称为固溶处理。其目的是为了改善金属的塑性和韧性，并为进一步进行沉淀硬化处理准备条件。

40 钢材有哪些常见缺陷？

钢在冶炼和轧制过程中，由于工艺不当，成型之后钢材中会产生一些缺陷，常见的缺陷有重皮、分层、低熔点夹杂物（非金属夹杂物），皮下气泡、疏松、组织和成分的偏析、裂纹与白点等，这些缺陷不仅严重影响钢材的机械性能和使用性能，而且给钢材加工造成困难。在制造压力容器前，根据情况可对钢材进行必要的检验，常用的有低倍组织检查、断口检查及超声波检查等，但在任何情况下都不能使用有白点的钢材。

41 钢中的气体夹杂有什么坏处？

钢中的气体夹杂主要为氢、氧和氮。钢冶炼时，会吸收微量的氢，凝固后会继续留存在钢中，在缺陷处聚集，以分子状态存在，造成高压，使钢产生开裂，称为白点。白点会显著降低钢材的机械性能，特别是塑性和韧性，因此冶炼时要尽量降低氢含量，大截面钢件锻后应缓冷或进行去氢退火处理。

氧主要存在于钢中的非金属夹杂物中，这些夹杂物常常是应力集中源，会引起局部塑性变形，以及成为冲击破坏和疲劳破坏的起点，导致冲击韧性和疲劳强度的下降，因此，为保证钢的性能，必须严格控制这类夹杂物的数量、形状、大小和分布。

氮也是冶炼时进入钢中的，它在一定条件下是一种有用的合金元素，可细化晶粒，但氮在钢中也有不利影响，会导致低碳钢的应变时效及降低韧性和塑性。炼钢时加入 Al、Ti 进行脱氮处理，可以消除钢的时效倾向。

42 影响钢材韧性主要有哪几种情况？

(1) 应变时效的影响　钢材冷加工变形后，在室温或较高温度

(100～300℃）下停留，内部会产生脱溶沉淀过程（对低碳钢主要是氮化物的析出），而使韧性和塑性下降、强度和硬度提高的现象叫应变时效。锅炉用钢材由于操作温度条件的影响，标准中规定要保证应变时效冲击值不低于常温冲击值的50%，压力容器则是在制造技术条件中对冷成形和中温成形容器钢板的变形量作了限制，并规定超出这一限制要进行热处理，这也是注意避免应变时效的有效措施。

(2) 低温的影响　钢材在低于某一温度时，会产生冲击值明显下降的现象，这种现象称为“冷脆性”。在低温情况下，钢材会由于“冷脆性”而出现脆性断裂，因此一般都认为需找出钢材的“临界脆性转变温度”，当工作温度高于它时，钢材不会出现脆性破坏现象，该温度的定法，目前应用较多的是以吸收能量为检验标准的小型冲击试验法，国内已参照国际上普遍做法，规定低温（≤－20℃）压力容器用材料应做夏比（V形缺口）冲击试验，并提出了规定指标。

(3) 回火脆性　碳钢和合金结构钢在250～350℃范围内回火后，会产生常温冲击韧性下降的“第一类回火脆性”，且为不可逆回火脆性；另外，铬钢、锰钢及铬镍钢等在600℃左右进行回火，若缓慢冷却，常温下也会变脆，称为“第二类回火脆性”。快速冷却，或对钢材重新加热并快冷，以及在钢材中加入适量的Mo（0.2%～1.0%）都可避免或降低，消除回火脆性。

(4) 热脆性　某些钢材长时间在400～500℃范围内工作，冷却下来后，冲击值会明显下降，称为“热脆性”。钢中的Cr、Mn、P、Mo等元素会促使产生热脆性，15MnV、40MnVB等都有这种热脆性的例子，“热脆性”实际上是属于一种“沉淀时效”现象。

43 碳对钢的焊接性能有什么影响？某些合金元素对低合金钢的焊接性能有什么影响？

钢材焊接时，焊缝热影响区被加热至A_{c3}以上，快速冷却后会被淬硬。钢材含碳量越高，热影响区的硬化与脆化倾向越大，在焊接应力作用下容易产生裂纹，钢的化学成分对钢淬硬性的影响通常折算成碳的影响，称为碳当量，用 Ce 表示，单位为%。目前，常用于计算碳钢碳当量的公式如下。

国际焊接协会推荐公式：

$$Ce=C+\frac{Mn}{6}+\frac{Cr}{5}+\frac{Mo}{4}+\frac{Cu}{13}+\frac{V}{5}+\frac{Si}{24}$$

日本推荐的公式：

$$Ce=C+\frac{Mn}{6}+\frac{Si}{24}+\frac{Ni}{4}+\frac{Cr}{5}+\frac{Mo}{4}+\frac{V}{14}$$

一般认为钢可焊性好坏的临界值为 Ce=0.45%，此时最大硬度为 $H_{max}=350HV_{10}$。

目前，对于衡量低合金钢的可焊性，一般倾向于用裂纹敏感性指数 P_{cm}来评价，公式为：

$$P_{cm}=C+\frac{Si}{30}+\frac{Mn}{20}+\frac{Cu}{20}+\frac{Ni}{60}+\frac{Cr}{20}+\frac{Mo}{15}+\frac{V}{10}+5B$$

上式适用范围为 C=0.07%～0.22%、Cr=0～1.2%、Cu=0～0.5%、Si=0～0.6%、Mo=0～0.7%、V=0～1.2%、Mn=0.4%～1.4%、Nb=0～0.4%、Ti=0～0.05%、Ni=0～1.2%、B=0～0.005%；板厚为 19～50mm，焊缝中残余氢含量为 H=1～5mol/N 的钢；P_{cm}的评定指标同 Ce。

焊接时，焊缝区域由于高温作用会引起晶粒长大，从而增加焊后开裂的倾向；钢中加入细化晶粒和阻碍晶粒长大的元素，如 Mo、Ti、V，且以 Al 脱氧时，有利于改善焊接性能，而 C、Ni、Mn 则会增加开裂的危险。

44 什么是金属的腐蚀？它如何分类？

金属与周围介质相接触，产生化学或电化学作用而遭受破坏的过程称为腐蚀。腐蚀的分类方法较多，常用的有以下几种：

（1）按腐蚀介质分　有大气腐蚀、水腐蚀、土壤腐蚀、干燥气体腐蚀及各种酸、碱、盐的腐蚀等；

（2）按遭受腐蚀的材料分　有碳钢的腐蚀、不锈钢的腐蚀、各种有色金属的腐蚀及高分子材料的腐蚀等；

（3）按腐蚀形式分　为普遍腐蚀及局部腐蚀两大类，后者又有晶间腐蚀、点蚀及缝隙腐蚀等；

（4）按腐蚀反应机理分 为化学腐蚀及电化学腐蚀两大类。

45 不锈钢晶间腐蚀试验方法主要有哪几种？怎样选择？

按 GB 4334.1～4334.5《不锈钢晶间腐蚀试验方法》，主要有：10％草酸法、硫酸-硫酸铁法、65％硝酸法（亦称为 Huey 法）；硝酸-氢氟酸法；硫酸-硫酸铜法。

晶间腐蚀试验方法的选择根据经验及需要而定。大致原则为，一般介质采用硫酸-硫酸铜法；65％硝酸法不轻易使用，主要用于60℃到沸点的稀硝酸介质和合成尿素介质；含 Mo 不锈钢一般用硝酸-氢氟酸法；10％草酸法主要用作其他方法筛选之用。

46 固溶处理对奥氏体不锈钢的性能有什么作用？什么是稳定化处理？

固溶处理可消除奥氏体不锈钢晶间腐蚀，一般对非稳定化的不锈钢多加热到 1000～1120℃，保温按每毫米 1～2min 计，然后急冷；对稳定化不锈钢以加热到 950～1050℃为宜。经固溶处理后的钢仍要防止在敏化温度加热，否则碳化铬会重新沿晶界析出。

稳定化处理就是对含 Ti 或 Nb 的稳定化不锈钢进行热处理。在稳定化钢中，尽管 Ti 或 Nb 与 C 化合成了 TiC 或 NbC，但加热到高温时，这些碳化物便分解消熔；在经受如焊接之类加热时会发生敏化，特别是 Ti 稳定化钢这种倾向较大。因此，为了使稳定化元素首先与固溶的 C 结合，要进行稳定化热处理，一般为固溶处理之后，进行 850～930℃加热后水冷、油冷或空冷。

47 什么是应力腐蚀破裂？哪些介质可引起金属的应力腐蚀破裂？

应力腐蚀破裂是金属在拉应力和腐蚀介质的共同作用下（并有一定的温度条件）所引起的破裂。应力腐蚀现象较为复杂，当应力不存在时，腐蚀甚微；当有拉应力（应力达到临界范围值）后，金属会在腐蚀并不严重的情况下发生破裂，由于破裂是脆性的，没有明显预兆，容易造成灾难性事故。

可产生应力腐蚀破坏的金属材料-环境的组合主要有以下几种：

① 碳钢及低合金钢介质为碱液、硝酸盐溶液、无水液氨、湿硫化氢、醋酸等；

② 奥氏体不锈钢氯离子、氯化物＋蒸汽、硫化氢、碱液等；

③ 含钼奥氏体不锈钢碱液、氯化物水溶液、硫酸＋硫酸铜的水溶液等；

④ 黄铜氨气及溶液、氯化铁、湿二氧化硫等；

⑤ 钛含盐酸的甲醇或乙醇、熔融氯化钠等；

⑥ 铝湿硫化氢、含氢硫化氢、海水等。

第四章 压力容器

1 《压力容器》GB 150—2011 的适用范围是什么？

GB 150—2011 适用于：钢制容器设计压力不大于 35MPa、设计温度范围－269～900℃（钢制容器不得超过按 GB 150.2 中列入材料的允许使用温度范围）、结构形式按 GB 150 规定的压力容器的设计、制造、检验与验收。其他金属材料制容器按相应引用标准确定。

2 《压力容器》GB 150—2011 的管辖范围是什么？

《压力容器》GB 150—2011 是容器及与其连为整体的连通受压零部件，且划定在下列规定范围内。

① 容器与外管道连接时：焊接连接的第一道环向接头坡口端面；螺纹连接的第一个螺纹接头端面；法兰连接的第一个法兰密封面；专用连接件或管件连接的第一个密封面；

② 接管、人孔、手孔等的承压封头、平盖及其紧固件；

③ 非受压元件与受压元件连接焊缝；

④ 直接连接在容器上的非受压元件，如支座、支耳、裙座等；

⑤ 直接连在容器上的超压泄放装置应符合 GB 150.1 附录 B 的规定。

3 《压力容器》GB 150—2011 不适用于哪些容器？

《压力容器》GB 150—2011 不适用于下列各类容器：

① 设计压力低于 0.1MPa 且真空度低于 0.02MPa 的容器；

②《移动式压力容器安全技术监察规程》管辖的容器；

③ 旋转或往复机械设备中自成整体或作为组成部件的受压器室（如泵、压缩机、滑轮机或液压缸等）；

④ 核能装置中存在辐射损伤失效风险的容器；

⑤ 直接火焰加热的容器；

⑥ 内直径（对非圆形截面，指截面内边界的最大几何尺寸，如矩形为对角线，椭圆为长轴）小于150mm的容器；

⑦ 经常报运的容器；

⑧ 挡玻璃容器和制冷空调行业中另有国家标准或行业标准的容器。

4 《压力容器》GB 150—2011还允许采用哪些方法设计？

GB 150—2011不可能包括任意结构的容器或元件，尤其是无法用常规方法确定结构尺寸的受压元件，经全国压力容器标准化技术委员会评定认可，允许用以下方法设计：

① 以应力分析为基础的设计（包括有限单元法分析）；

② 验证性试验分析（如应力测定、验证性水压试验）；

③ 用可比的已投入使用的结构进行对比的经验设计。

5 压力、最大工作压力、设计压力是怎样定义和确定的？

压力，除注明者外，系指表压力。

最大工作压力，系指在正常操作情况下，容器顶部可能出现的最高压力。

设计压力，系指在相应设计温度下用以确定容器壳体厚度的压力，亦即标注在铭牌上的容器设计压力，其值不得小于最大工作压力。

当容器各部位或受压元件所承受的液柱静压力达到5%设计压力时，则应取设计压力和液柱静压力之和进行该部位或元件的设计计算。

容器上装有超压泄放装置时，应按GB 150.1附录B的相应规定确定容器的设计压力。

对于盛装液化气体的容器，在规定的装量系数范围内，设计压力应根据工作条件下可能达到的最高金属温度确定。

外压容器的设计压力，应取不小于在正常操作情况下可能出现的最大内外压力差。

真空容器按承受外压设计，当装有安全控制装置（如真空泄放阀）时，设计压力取 1.25 倍的最大内外压力差，或 0.1MPa 两者中的较小值；当没有安全控制装置时，取 0.1MPa。

对于夹套容器，计算带夹套部分的内容器时，应考虑在正常操作情况下可能出现的最大内外压力差。

6 容器的金属温度、设计温度、试验温度是怎样定义和确定的？

金属温度，系指容器受压元件沿截面厚度的平均温度。

在任何情况下，元件金属的表面温度不得超过钢材的允许使用温度。

设计温度，系指容器在正常操作情况，在相应设计压力下，设定的受压元件的金属温度，其值不得低于元件金属可能达到的最高金属温度。对于 0℃以下的金属温度，则设计温度不得高于元件金属可能达到的最低金属温度。

容器的设计温度是指容器壳体的设计温度。

试验温度，系指压力试验时容器壳体的金属温度。

7 设计时应考虑哪些载荷？

设计时应考虑以下载荷：

① 设计压力；

② 液体静压力；

③ 容器的自重（包括内件和填料等）以及正常操作条件下或试验状态下内装物料的重力载荷；

④ 附属设备及隔热材料、衬里、管道、扶梯、平台等的重力载荷；

⑤ 风载荷和地震载荷。

必要时，还应考虑以下载荷的影响：支座的作用反力；连接管道和其他部件引起的作用力；由于热膨胀量不同而引起的作用力；压力和温度变化的影响；容器在运输或吊装时承受的作用力。

8 计算厚度、设计厚度、名义厚度、有效厚度是怎样定义和确定的？

计算厚度系指按 GB 150—2011 各章公式计算得到的厚度，不包括厚度附加量。

设计厚度系指计算厚度与腐蚀裕量之和。

名义厚度是将设计厚度加上钢材厚度负偏差后向上圆整至钢材标准规格的厚度，即是图样上标注的厚度。

有效厚度系指名义厚度减去厚度附加量。

注：①容器制造单位应根据制造工艺条件，并考虑板材的实际厚度自行确定加工裕量，以确保容器产品各部位的实际厚度不小于该部位的名义厚度减去钢材厚度负偏差；②厚度附加量是指腐蚀裕量加钢材厚度负偏差；对于磨损严重的场合，还应考虑磨损量。

9 厚度附加量指什么？如何选取？

厚度附加量指钢板或钢管的厚度负偏差与腐蚀裕量之和。

厚度附加量 C(mm) 按下式确定：

$$C=C_1+C_2$$

式中 C_1——钢板或钢管的厚度负偏差，按相应钢板或钢管标准选取，mm，当钢材的厚度负偏差不大于 0.25mm，且不超过名义厚度的 6%时，可取 $C_1=0$；

C_2——腐蚀裕量，mm，对于碳素钢和低合金钢，取 C_2 不小于 1mm；对于不锈钢，当介质的腐蚀性极微时，取 $C_2=0$。

注：对于有磨损的场合，厚度附加量中还应根据磨损的严重程度和元件使用寿命的需要考虑必要的磨损量；对磨损特别严重的场合，为安全起见，有必要在容器总图中注明允许使用厚度。

10 为什么要规定最小厚度？在设计中是如何确定的？

为满足制造工艺要求以及运输和安装过程中的刚度要求，根据工程实践经验，GB 150—2011 对容器主要壳体元件规定了不包括腐蚀裕量的最小厚度。

① 对于碳素钢和低合金钢容器不小于 3mm；

② 对于不锈钢容器，$\delta_{min}=2mm$。

11 不锈复合钢板的许用应力如何确定？

对于复层与基层完全贴合，且对接焊缝完全熔透的不锈复合钢板，在设计计算中如需计入复层材料的强度时，设计温度下的许用应力 $[\sigma]$（MPa）按下式确定：

$$[\sigma]=\frac{[\sigma]_1\delta_1+[\sigma]_2\delta_2}{\delta_1+\delta_2}$$

式中 δ_1——基层钢板的名义厚度，mm；

δ_2——复层材料的厚度，不计入腐蚀裕量，mm；

$[\sigma]_1$——设计温度下基层钢板的许用应力，MPa；

$[\sigma]_2$——设计温度下复层材料的许用应力，MPa。

12 圆筒和管子的许用轴向压缩应力如何确定？

圆筒和管子的许用轴向压缩应力取下列两值中的较小值。

① 按 GB 150.3 第 2 章，选取设计温度下的材料许用应力。

② 按下列步骤求取的 B 值。

a. 按下式计算系数 A

$$A=0.0940\delta_e/R_i$$

式中 R_i——圆筒或管子的内半径，mm；

δ_e——圆管或管子的有效厚度，mm。

b. 根据材料，查 GB 150—2011 图 4-3～图 4-10。若 A 值落在设计温度下材料线的右方，则过此点垂直上移，与设计温度下材料线相交（中间温度用内插法），再过此交点水平方向右移，得到系数 B；若系数 A 落在设计温度下材料线的左方，则按下式计算 B（MPa）值：

$$B=(2/3)AE$$

式中 E——设计温度下材料的弹性模量，MPa。

13 焊缝系数如何选取？

焊缝系数要根据容器受压部分的焊缝位置和无损探伤检验要求选取。依其位置不同，焊缝分为 A、B、C、D 四类。具体规定详见 GB 150—2011 第 10 章图 10-1 及 GB 150—2011《压力容器》第 2 号修改单条款（17）。

① 双面焊或相当于双面焊的全焊透对接焊缝

100％无损探伤 $\phi=1.0$

局部无损探伤 $\phi=0.85$

② 单面焊的对接焊缝，沿焊缝根部全长具有紧贴基本金属的垫板

100％无损探伤 $\phi=0.90$

局部无损探伤 $\phi=0.80$

③ 无法进行探伤的单面焊环向对接焊缝，无垫板，$\phi=0.60$，此系数仅适用于厚度不超过 16mm，直径不超过 600mm 的壳体环向焊缝。

14 压力试验时圆筒应力校核如何进行？有哪些特殊要求？

压力试验时，圆筒的薄膜应力 σ_T(MPa) 按下式进行校核：

$$\sigma_T=\frac{p_T(D_i+\delta_e)}{2\delta_e\phi}$$

式中 D_i——圆筒的内直径，mm；

p_T——试验压力，MPa；

δ_e——圆筒的有效厚度，mm；

ϕ——圆筒的焊缝系数。

在液压试验时，$\sigma_T\leqslant 0.9R_{eL}\phi$（对于立式容器采用卧置进行液压试验时，试验压力应计入立置试验时的液注静压力）；在气压试验或气液组合试验时，$\sigma_T\leqslant 0.8R_{eL}\phi$。

15 确定容器直径时需考虑哪些因素？

确定容器直径时需考虑如下因素：

① 工艺过程对容器直径的要求；

② 在满足一定容积要求的前提下，尽量选择比较适宜的长径比，以降低制造成本、减少布置空间；

③ 尽量选用标准直径，以便采用标准封头和（或）标准法兰；

④ 满足容器内件安装、方便制造、检验和运输等方面的要求。

16 GB 150—2011《压力容器》标准中，内压圆筒强度计算的基本公式及理论基础和适用范围是什么？

内压圆筒强度计算的基本公式为：

$$\delta=\frac{pD_{\mathrm{i}}}{2[\sigma]^{t}\phi-p}$$

式中　δ——圆筒的计算厚度，mm；

p——设计压力，MPa；

D_{i}——圆筒的内直径，mm；

$[\sigma]^{t}$——设计温度下圆筒材料的许用应力，MPa；

ϕ——焊缝系数。

其理论基础是：第一强度理论计算周向应力的中径公式，并考虑圆筒焊缝（主要是纵焊缝）对强度的削弱影响。

此公式的适用范围为：$p\leqslant 0.4\,[\sigma]^{t}\phi$。

17 试述外压圆筒的计算步骤。

外压圆筒的计算方法按 GB 150—2011《压力容器》4.2 的规定。其计算步骤如表 4-1 所示。

18 容器的封头有哪几种形式？各有何优缺点？

容器的封头有半球形、碟形、椭圆形、锥形、平板形等多种形式。由于它们具有自身的特点，均在容器设计中得到较多的应用。就其受力状况而言，半球形最好，依次为椭圆形、碟形、锥形，平板形最差。从制造的难易程度考虑，则平板盖最易，其次为锥形、碟形、椭圆形、半球形。锥形封头受力虽然不佳，但有利于物料的均匀分布和排料，因此设计时应根据各种因素综合进行考虑，以决定其形式。

表 4-1 外压圆筒图算法计算步骤汇总

$D_o/\delta_e \geqslant 20$ 的圆筒和管子	$D_o/\delta_e < 20$ 的圆筒和管子
①假设 δ_n，令 $\delta_e=\delta_n-C$ 定出 L/D_o 和 D_o/δ_e； ②在几何参数计算图的左方找到 L/D_o 值，过此点沿水平方向右移与 D_o/δ_e 线相交（遇中间值用内插法）；若 L/D_o 值大于 50，则用 $L/D_o=50$ 查 GB 150—2011 图 4-2，若 L/D_o 值小于 0.05 则用 $L/D_o=0.05$ 查 GB 150—2011 图 4-2； ③过此交点沿垂直方向下移，在图的下方得到系数 A； ④按所用材料选用 GB 150—2011 图 4-3～图 4-12，在图的下方找到系数 A。若 A 值落在设计温度下材料线的右方，则过此点垂直上移，用设计温度下的材料线相交（遇中间温度值用内插法），再过此交点水平方向右移，在图的右方得到系数 B，并按下式计算许用外压力 $[p]$，即： $$[p]_2=\frac{2\sigma_0}{D_o/\delta_e}\left(1-\frac{1}{D_o/\delta_e}\right)p_c$$ 若所得 A 值落在设计温度下材料线的左方，则用下式计算许用应力 $[p]$，即： $$[p]=\frac{2AE}{3D_o/\delta_e}$$ ⑤$[p]$应大于或等于 p_c，否则需再假设名义厚度 δ_n，重复上述计算直到$[p]$大于且接近 p_c 为止	①用与 $D_o/\delta_e \geqslant 20$ 相同的步骤得到系数 B 值。但对 $D_o/\delta_e < 4.0$ 的圆筒和管子应按下式计算系数 A 值，即： $$A=\frac{1.1}{(D_o/\delta_e)^2}$$ 系数 $A>0.1$ 时，取 $A=0.1$； ②按下式计算$[p]_1$ 和$[p]_2$，取$[p]_1$ 和$[p]_2$ 中的较小值为许用外压力$[p]$： $$[p]_1=\left(\frac{2.25}{D_o/\delta_e}-0.0625\right)B$$ $$[p]_2=\frac{2\sigma_0}{D_o/\delta_e}\left(1-\frac{1}{D_o/\delta_e}\right)$$ 式中　σ_0——应力，取以下两值的较小值。 $$\sigma_0=2[\sigma]^t$$ $$\sigma_0=0.9\sigma_{0.2}^t \text{或} 0.9\sigma_s^t$$ $[p]$应大于或等于 p_c，否则需再假设名义厚度 δ_n，重复上述计算直到$[p]$大于且接近 p_c 为止

注：表中符号意义见 GB 150《压力容器》中的规定。

19 试述球壳厚度的计算公式及适用范围。

球壳的计算公式如下：

$$\delta=\frac{pD_i}{4[\sigma]^t\phi-p}$$

式中　δ——球壳的计算厚度，mm；

p——球壳的设计压力，MPa；

D_i——球壳的内直径，mm；
$[\sigma]^t$——设计温度下球壳材料的许用应力，MPa；
ϕ——焊缝系数。

本公式适用于 $p \leqslant 0.6[\sigma]^t \phi$。

20 试述内压（凹面受压）椭圆形封头厚度的计算公式及设计要求。

椭圆形封头厚度的计算公式如下：

$$\delta = \frac{KpD_i}{2[\sigma]^t \phi - 0.5p}$$

$$K = \frac{1}{6}\left[2 + \left(\frac{D_i}{2h_i}\right)^2\right]$$

式中　δ——椭圆形封头的计算厚度，mm；
K——椭圆形封头形状系数；
p——椭圆形封头的设计压力，MPa；
D_i——椭圆形封头的内直径，mm；
$[\sigma]^t$——设计温度下椭圆形封头材料的许用应力，MPa；
h_i——封头曲面深度，mm；
ϕ——焊缝系数。

对于 $D_i/2h_i \leqslant 2$ 的标准椭圆形封头的有效厚度应不小于封头内径的0.15%，其他椭圆形封头的有效厚度应不小于0.3%。但当确定封头厚度时已考虑了内压下的弹性失稳问题，可不受此限制。

21 试述内压（凹面受压）碟形封头的计算公式及设计要求。

碟形封头的计算公式如下：

$$\delta = \frac{MpR_i}{2[\sigma]^t - 0.5p}$$

$$M = \frac{3}{4}\left(3 + \sqrt{R_i/r}\right)$$

式中　M——碟形封头的形状系数，其中 r 为碟形封头过渡段转角内半径，mm；
δ——碟形封头的计算厚度，mm；

p——碟形封头的设计压力，MPa；

R_i——碟形封头球面部分内半径，mm；

$[\sigma]^t$——设计温度下碟形封头材料的许用应力，MPa；

ϕ——焊缝系数。

蝶形封头球面部分的内半径应不大于封头的内直径，通常取0.9倍的封头内直径。封头转角内半径应不小于封头内直径的10%，且不得小于3倍的名义厚度。对于$R_i/r \leqslant 5.5$的碟形封头，其有效厚度应不小于封头内直径的0.15%，其他碟形封头的有效厚度应不小于0.30%。但当确定封头厚度时已考虑了内压下的弹性失稳问题，可不受此限制。

22 GB 150—2011《压力容器》对锥形封头的设计范围有何限制？对其几何形状有何要求？

GB 150—2011仅适用于锥壳半顶角$\alpha \leqslant 60°$的轴对称无折边锥形封头或折边锥形封头。

对其几何形状有如下要求。

① 对于锥形封头大端，当锥壳半顶角$\alpha \leqslant 30°$时，可以采用无折边结构；当$\alpha > 30°$时，应采用带过渡段的折边结构，否则应按应力分析的方法进行设计。

② 大端折边锥形封头的过渡段转角半径，应不小于封头大端内径D_i的10%，且不应小于该过渡段厚度的3倍。

③ 对于锥形封头小端，当锥壳半顶角$\alpha \leqslant 45°$时，可以采用无折边结构，当$\alpha > 45°$时，应采用带过渡段的折边结构。

④ 小端折边锥形封头的过渡段转角半径r应不小于封头小端内径D_{is}的5%，且不小于该过渡段厚度的3倍。

⑤ 锥形封头与圆筒的连接应采用全焊透焊缝。

23 锥壳大小端与圆筒连接处表面应力状况如何？应力强度限制值是多少？

根据弹性薄壳结构分析结果：在锥壳大端与圆筒连接处表面的应力状况中，薄膜应力不再是控制因素，而主要的则是轴向弯曲应力，其在应力分类上属二次应力的范围，此应力强度可取 $3[\sigma]$ 为极限。

锥壳小端与圆筒连接处的应力状况，主要为平均周向拉应力与平均径向压力，在应力分类上属于局部薄膜应力的范畴。按应力分类准则，其应力强度本可取 $1.5[\sigma]$ 为极限，然而由于此处局部薄膜应力有可能超越通常壳体边缘效应的分布范围，从而超出局部薄膜应力的范畴，为安全起见，取 $1.1[\sigma]$ 为其极限值。

24 无折边球面封头设计时应注意些什么?

① 受压的无折边球面封头与筒体或法兰的连接角焊缝必须采用全焊透结构。

② 在任何情况下，与无折边球面封头连接的圆筒厚度应不小于封头厚度，否则应在封头与圆筒间设置加强段过渡连接。圆筒加强段的厚度应与封头等厚；端封头一侧或中间封头两侧的加强段长度均应不小于 $2\sqrt{0.5D_i\delta_r}$，δ_r 为加强段筒体厚度。

25 碟形封头与法兰连接时应注意些什么?

HG/T 20583—2011 中规定：

① 以外径为基准的封头与标准管法兰连接时，宜采用带颈对焊型管法兰，封头壁厚应与法兰颈端部壁厚相适宜；

② 以内径为基准的封头与标准压力容器法兰连接时，封头的直边高应符合法兰连接的要求，不能满足时应增设筒体短节。

26 试述圆形平盖厚度的计算公式和理论依据。

圆形平盖的厚度通常采用下式计算：

$$\delta_p = D_c\sqrt{Kp/([\sigma]^t\phi)}$$

式中 δ_p——平盖计算厚度，mm；

D_c——平盖计算直径，mm；

p——平盖设计压力，MPa；

$[\sigma]^t$——设计温度下平盖材料的许用应力，MPa；

ϕ——焊缝系数；

K——结构特征系数。

这个公式是基于假定平板受均布载荷，周边简支或刚性连接情况下推导而得的。

对于不可拆的平盖，结构特征系数 K 不仅与连接处的结构形式有关，还与圆筒体的壁厚有关。其值可从 GB 150—2011 中查取或计算得出。

对于可拆的平盖，特别是垫片位于螺栓内侧的平盖，其结构特征系数 K 还与螺栓设计载荷以及螺栓中心至垫片压紧力作用中心线的径向距离等因素有关。其值可从 GB 150—2011 中查取或计算得出。

27 容器法兰和接管法兰有哪几种形式？各有何特点？

容器法兰和接管法兰按其整体性程度可分如下三种形式。

（1）松式法兰　其特点是法兰未能有效地与容器（或接管）连接成整体，计算中认为容器（或接管）不与法兰共同承受法兰力矩的作用。

（2）整体法兰　其特点是法兰、法兰颈部及容器（或接管）三者能有效地连接成一个整体结构，共同承受法兰力矩的作用。

（3）任意式法兰　就其整体性而言，介乎松式法兰和整体法兰之间，通常按整体法兰计算。但为了简便起见，当满足如下条件时也可按活套法兰计算：筒体（或接管）厚度小于等于 15mm；筒体（或接管）的内径与厚度之比小于等于 300；设计压力小于等于 2MPa；操作温度小于或等于 370℃。

28 容器法兰密封面有哪几种形式？各有何特点？各适用哪些场合？

对于一般容器而言，容器法兰密封面主要有如下三种形式。

（1）平面形　其主要特点是压紧面结构简单，加工方便，便于进行防腐或衬里，但这种压紧面与垫片接触面积大，预紧时垫片容易被挤压到压紧面之外且不易压紧，密封性能较差。故一般适用于压力较低、密封要求不很高的场合。

（2）凹凸形　此种压紧面仍属宽密封面。其主要优点是垫片易于对中，压紧时能防止垫片被挤出，因而易被压紧，密封性能较好。通常适用于中压且温度较高的场合。

(3) 榫槽形　此种形式的压紧面属窄密封面。其主要优点是安装易于对中，垫片受力均匀，由于受槽两侧的限制，垫片压紧时不会被挤出，密封性能可靠，且少受内部介质的冲刷和腐蚀。适用于易燃、易爆和有毒介质的密封。其主要缺点是更换垫片较困难。

29 选择容器法兰的压力等级时应考虑哪些因素？

选择并确定容器法兰的压力等级应考虑材料的类别和介质性质及其操作状态。具体要求如下：

① 选用容器法兰的压力等级应不低于法兰材料在设计温度下的允许工作压力；

② 真空系统的容器法兰的压力等级一般不应小于0.6MPa；

③ 当操作介质为易燃、易爆或有毒时应尽可能采用高一个等级的法兰。

30 试述垫片的种类和形式？选择垫片的材料和类型时应考虑哪些因素？

垫片的种类和形式有多种多样，就按其材料进行分类，可分为以下三种。

(1) 非金属垫片　主要包括石棉橡胶板、聚四氟乙烯垫和石墨垫。

(2) 半金属垫片　是由两种非金属材料或一种金属和一种非金属材料组合而成的。

(3) 金属垫垫片　这类垫片通常是由一种金属（或合金）通过机械加工的方法加工而成的。

选择垫片的材料和类型时应从被密封介质的特性、使用压力和温度以及操作时的压力、温度的稳定情况综合进行考虑。

31 什么情况下不允许采用石棉垫或石棉橡胶垫？

在下述情况下不允许采用石棉垫或石棉橡胶垫：

① 介质为环氧乙烷时；

② 靠真空泵维持的真空操作系统；

③ 不允许微量纤维混入的介质，如航空汽油或航空煤油等；

④ 对卫生有要求的法兰连接。

32 选择接管法兰压力等级时应考虑哪些因素?

在工程设计中容器的接管法兰的压力等级通常由工艺系统专业给定。选择接管法兰的压力等级时应考虑如下因素。

① 容器的设计压力和设计温度。

② 与其直接相连的阀门、管件、温度、压力和液位等检测器的连接标准。

③ 工艺管道（特别是高温、热力管道）热应力对接管法兰的影响。

④ 工艺过程及操作介质的特性。

对处于真空条件下操作的容器，当真空度＜79.980kPa（600mmHg）时，接管法兰的压力等级应不低于0.6MPa；对于真空度为79.980～101.175kPa（600～759mmHg）时，接管法兰的压力等级应不低于1.0MPa。

对易爆或毒性为中度危害的介质，管法兰的压力等级应不低于1.0MPa；对毒性为高度和极度危害或强渗透性介质，接管法兰的压力等级应不低于1.6MPa。

⑤ 高度、极度危害介质和三类容器应尽量采用带颈对焊管法兰。

33 螺栓法兰连接设计包括哪些内容?

螺栓法兰连接设计包括下面四个方面的内容：

① 确定垫片材料、类型及尺寸；

② 确定螺栓材料、规格及数量；

③ 确定法兰材料、密封面形式及结构尺寸；

④ 进行应力校核（计算中所有尺寸均不包括腐蚀裕量）。

34 用于制造整体带颈法兰的材料有哪些要求?

整体带颈法兰通常应采用热轧材料或锻件加工而成，且加工后的法兰轴线须与原坯件的轴线平行。当采用钢板制造整体带颈法兰时，须满足下列要求：

① 钢板应经超声波探伤，无分层缺陷；

② 应沿钢板轧制方向切割出板条，经弯制，对焊成为圆环，并使钢板表面形成环的柱面；

③ 圆环的对接焊缝应采用全熔透焊缝；

④ 圆环对接焊缝应进行焊后热处理，并以100%射线或超声波探伤，合格标准按相应法兰标准的规定。

35 法兰的应力校核计算包括哪些方面的内容？其控制要求是什么？

法兰的应力校核计算通常包括以下几点。

(1) 轴向应力校核计算　其控制要求是：对于整体法兰［除GB 150.3—2011图7-1（c）、（g）外］，$\sigma_H \leqslant 1.5[\sigma]_f^t$ 与 $2.5[\sigma]_n^t$ 之最小值；对于按整体法兰计算的任意法兰及GB 150.3—2011图7-1（g）所示的整体法兰，$\sigma_H \leqslant 1.5[\sigma]_f^t$ 与 $1.5[\sigma]_n^t$ 之最小值；对于GB 150.3—2011图7-1（c）所示的整体法兰，$\sigma_H \leqslant 1.5[\sigma]_f^t$。

(2) 环向应力校核计算　其控制要求是：$\sigma_T \leqslant [\sigma]_f^t$。

(3) 径向应力校核计算　其控制要求是：$\sigma_R \leqslant [\sigma]_f^t$。

(4) 组合应力校核计算　其控制要求是：$\dfrac{\sigma_H+\sigma_T}{2}+\dfrac{\sigma_H+\sigma_R}{2} \leqslant [\sigma]_f^t$。

(5) 剪应力校核计算其控制要求是：在预紧和操作状态下的剪应力应分别小于或等于翻边（或筒体）材料在常温和设计温度下的许用应力的0.8倍。

36 压力容器开孔有些什么规定？

① 壳体上的开孔应为圆形、椭圆形或长圆形。当在壳体上开椭圆形或长圆形孔时，孔的长径与短径之比应不大于2.0。

② 凸形封头上开设长圆孔时，开孔补强应按长圆形开孔长轴计算；筒体上开设长圆孔，当长轴/短轴≤2，且短轴平行于筒体轴

线时，开孔补强应按长圆形开孔短轴计算（当长轴/短轴＞2时，均应按长圆形开孔长轴计算）。

37 GB 150—2011对不需另行补强的最大开孔直径有何规定？

在圆筒、球壳、锥壳及凸形封头（以封头中心为中心的80%封头内直径的范围内）上开孔时，当满足下述要求时可允许不另行补强：

① 两相邻开孔中心的距离（对曲面间距以弧长计算）应不小于两直径之和的两倍；

② 当壳体名义厚度大于12mm时，接管公称直径小于或等于80mm；当壳体名义厚度小于或等于12mm时，接管公称直径小于或等于50mm；

③ 不补强接管的外径和最小壁厚的规格（mm）宜采用$\phi25\times3.5$、$\phi32\times3.5$、$\phi38\times3.5$、$\phi45\times3.5$、$\phi57\times5$、$\phi76\times6$、$\phi89\times6$；

④ 容器的设计压力$p<2.5$MPa。

38 GB 150—2011对容器开孔的范围有何规定？

GB 150—2011规定壳体上开孔最大直径不得超过如下数值。

① 圆筒壳体

a. 当圆筒体内径$D_i\leqslant1500$mm时，开孔最大直径$d\leqslant(1/2)D_i$，且$d\leqslant500$mm；

b. 当圆筒体内径$D_i>1500$mm时，开孔最大直径$d\leqslant(1/3)D_i$，且$d\leqslant1000$mm。

② 凸形封头或球壳的开孔最大直径$d\leqslant(1/2)D_i$。

③ 锥形封头的开孔最大直径$d\leqslant(1/3)D_i$，D_i为开孔中心处的锥壳内直径。

39 压力容器开孔补强有哪几种设计方法？各有何特点？GB 150—2011采用什么设计方法？

压力容器开孔补强设计主要有如下三种方法。

（1）等面积补强法　等面积补强法是以无限大平板开小孔的弹性分析理论为基础的，即仅考虑壳体中存在的拉伸薄膜应力，且以补强壳体的一次应力强度作为设计准则，故对小直径的开孔安全可靠。认为壳体因开孔被削弱的承载面积，须有补强材料在离孔边一定距离范围内予以等面积补偿。

（2）压力面积补强法（分析法） 压力面积法要求壳体的承压投影面积对压力的乘积和壳壁的承载面积对许用应力的乘积相平衡。该方法仅考虑开孔边缘一次总体薄膜应力及局部薄膜应力的静力要求，本质上与等面积补强法相同，没有考虑弯曲应力的影响。

（3）极限载荷补强法 要求带补强接管的壳体极限压力与无接管的壳体极限压力基本相同。

GB 150—2011 对单个或多个开孔补强采用等面积法和受内压圆筒径向接管开孔补强设计的分析法。

40 压力容器大开孔采用压力面积法进行补强设计时应注意哪些问题?

因为压力面积法允许压力试验时最高应力的局部区域产生可达1%的塑性变形，因此采用这种方法进行设计时，必须注意并满足下列五个条件：

① 接管与壳体应采用全焊缝结构，接管与壳体连接内外壁应避免尖角过渡，且采用圆角过渡；

② 接管、壳体、补强件的材料其常温屈强比应满足 $\sigma_s/\sigma_b \leqslant 0.67$，应避免采用标准常温抗拉强度下限值>540MPa 的材料，如要采用，需在设计和检验等方面作特殊考虑；

③ 接管、壳体、补强件之间的焊缝应进行无损探伤；

④ 不适用于介质对应力敏感的场合；

⑤ 应避免用于可能产生蠕变或有脉动载荷的场合。

41 什么情况下应采用整体补强结构?

当遇到下列情况之一时应采用整体补强结构：

① 高强度钢（σ_b>540MPa）和铬钼钢制造的容器；

② 补强圈的厚度超过被补强件壁厚的 1.5 倍或超过 δ_{max}（碳钢 δ_{max}=34mm；16MnR δ_{max}=30mm；Q370R δ_{max}=28mm）时；

③ 设计压力≥4.0MPa；

④ 设计温度>350℃；

⑤ 极度危害介质的压力容器。

42 整体补强结构有哪几种形式?

整体补强结构多种多样，通常采用的有：

① 整体增加圆筒或封头的壁厚；

② 采用厚壁接管，与壳体连接为全焊透结构；

③ 采用整体补强锻件与筒体或封头焊接；

④ 密集补强焊接；

⑤ 将接管与壳体连接部分连同加强部分做成一个整体锻件，然后再与接管和壳体焊在一起。

43 HG/T 20582—2011 对非径向接管的开孔补强适用范围有哪些规定?

① 非径向接管包括球壳和凸形封头的非径向接管，圆筒或锥壳轴向斜接管和周向斜接管，平封头斜接管。

② 接管和壳体或封头因非径向连接相交而成椭圆孔的长、短径比值应不超过 2.0。

③ 壳体或封头所允许的最大开孔直径（以椭圆孔的短轴计算）按《压力容器》GB 150 有关章节的规定，采用补强圈进行补强时，钢材的常温抗拉强度、补强圈厚度、壳体或封头名义厚度的限制条件同《压力容器》GB 150 有关章节。

44 HG/T 20582—2011 对非径向接管的接管颈部的厚度有哪些规定?

不论是否需要补强，除人孔和检查孔以外，接管颈部的名义厚度需同时满足下列条件。

① 不小于接管的计算厚度并加腐蚀裕量。

② 不小于下列两项的较小值。

a. 受内压时，接管所在处壳体或封头的计算厚度（取焊接接头系数为 1.0 计算所得，且不小于壳体或封头的最小厚度）加腐蚀裕量。

受外压时，接管所在处壳体或封头在外压设计压力下用内压公式所得的计算厚度（取焊接接头系数为 1.0 计算所得，且不小于壳体或封头的最小厚度）加腐蚀裕量。

b. 管标号为 STd 的钢管的最小厚度加腐蚀裕量。

45 采用补强圈补强时有些什么规定?

采用补强圈结构补强时，应遵循下列规定：

① 钢材的标准常温抗拉强度 $\sigma_b \leqslant 540MPa$；

② 补强圈厚度应小于或等于 $1.5\delta_n$；

③ 壳体名义厚度 $\delta_n \leqslant 38mm$。

46 开孔补强形式有哪几种？试比较其优缺点。

开孔补强形式有如下四种。

（1）内加强平齐接管　补强金属加在接管或壳体的内测；

（2）外加强平齐接管　补强金属加在接管或壳体的外侧；

（3）对称加强凸出接管　接管的内伸与外伸部分对称加强；

（4）密集补强　补强金属集中地加在接管与壳体的连接处。

理论和实验研究表明，从强度角度看，密集补强最好，对称凸出接管次之，内加强第三，外加强效果最差。在同样的补强面积下，凸出接管比平齐接管的应力集中系数下降 40%左右，而内加强比外加强的应力集中系数大约下降 27%。采用密集补强时，因补强金属紧靠在接管根部和壳体连接处，正好集中地加在应力集中区域内，因而应力集中现象大大得到缓和，在达到相同补强效果时，所需的补强金属量将大大减少。

从制造上考虑，内加强不如外加强方便，而密集补强制造更困难，且成本高。

在产品设计时，采用哪种形式，应从强度、工艺要求、制造、施工是否方便等因素综合进行考虑和选择。

47 试述补强圈搭焊结构的优缺点。

补强圈搭焊结构是目前中低压受压容器使用较多的补强结构形

式。它具有制造方便、造价低、使用经验成熟等优点。但亦存在一些问题，主要有：

① 补强区域过于分散，补强效率不高；

② 补强圈与壳体之间存在着一层静止气隙，传热效果差，容易引起温差应力；

③ 补强圈与壳体相焊时，使此处的刚性变大，对角焊缝的冷却收缩起较大的约束作用，容易在焊缝处产生裂纹。特别是高强钢淬硬性大，对焊接裂纹比较敏感，更易开裂；

④ 使用补强圈后，虽然降低了接管转角处的峰值应力，但由于外形尺寸的突变，在补强圈外围反而引起不连续应力，造成新的应力集中使其容易在脚趾处开裂；

⑤ 此结构由于没有和壳体或接管金属形成整体，因而抗疲劳性能差，其疲劳寿命比未开孔时降低了30%左右，而整体补强结构只下降了10%～15%。

鉴于上述原因，需对补强圈的使用范围加以限制。

48 在应用等面积补强中，为什么要限制 d/D 之比和长圆形孔的长短轴之比？

① 必须限制开孔直径与壳体直径之比（即 d/D 的比值），这主要是因为等面积法的计算原理是基于大平板的开孔问题出发的，当 d/D 比值较小时，开孔附近的壳体近似地以大平板问题考虑，不致引起大的误差。但当 d/D 比值较大时，由于壳体曲率的影响，在开孔边缘引起附加的弯曲力矩将使边缘的应力状态恶化，而使误差增大。

② 当开椭圆形、长圆形孔时，孔的长短轴径之比应不大于2，这是因为等面积法未计及开孔边缘的应力集中问题，仅就开孔截面的平均应力进行考虑，对开孔区局部高应力部位的安定问题未校核。尤其是在圆筒形壳体上纵向开长圆形（椭圆形）孔的情况下，当长短轴之比较大时，在长轴顶点处，可能产生很高的局部应力，极易发生不安定问题。

49 《固容规》对检查孔有何要求？

压力容器应当根据需要设置人孔、手孔等检查孔，检查孔的开设位置、数量和尺寸等应当满足进行内部检查的需要。

50 《固容规》对不设置检查孔的压力容器有什么要求？

对需要但是无法开设检查孔的压力容器，设计单位应当提出具体技术措施，例如增加制造时的检测项目或者比例，并且对设备使用中定期检验的重点检验项目、方法提出要求。

51 试述化工容器的人孔、手孔、检查孔的设置原则。

化工容器的人孔、手孔、检查孔的设置原则：

① 容器需定期进行内部整理或检查，应设置专门的供出入或观察用的人孔、手孔或检查孔；

② 容器公称直径大于或等于 1000mm 时宜设置人孔；

③ 容器公称直径小于 1000mm 时宜优先考虑设置手孔或检查孔；

④ 容器上的管口（$DN \geqslant 80mm$）如能起到检查孔的作用时可不再单独设置检查孔；

⑤ 容器公称直径小于或等于 300mm 时可不设置检查孔；

⑥ 管壳式换热器的壳侧可不设置检查孔。

52 化工容器的人孔、手孔、检查孔设置的位置有什么要求？

① 人孔、手孔及检查孔的装设位置应便于检查、清理，对人孔还应考虑进出方便。

② 立式小型容器的人孔、手孔应设于顶盖上。较大的立式容器人孔可设于筒体上。设置 2 个人孔的容器，其位置一般分别设在顶盖和筒体上。设在侧面位置的人孔，容器内部应根据需要设置梯子或踏步。

③ 用于装卸填料、催化剂的手孔允许斜置。

53 选用人（手）孔结构时应考虑哪些因素？

① 人（手）孔结构形式的选择应根据孔盖开启的频繁程度、

安装位置（水平或垂直）、严密性要求、盖的重量以及盖开启时所占据的平面或空间位置等因素决定。

② 孔盖需经常开闭时，宜选用快开式人（手）孔。如人孔轴线的垂直平面位置较小，可选用回转式人（手）孔；如要求迅速开闭，且允许孔盖按垂直于轴线左右方向移开时，可选用旋柄式快开人（手）孔。

③ 为防止死区，必要时可选用带芯人孔。

④ 人孔的质量超过 35kg 时，应选用铰接式、悬挂式等结构。

⑤ 设置在容器底部或较高部位（离地面或操作平台 2m 以上）的人孔，或设计温度低于－10℃的人孔，其盖应有吊杆或铰链支持。

⑥ 常压人（手）孔只适用于无毒和非易燃介质，其允许压力按标准规定。

⑦ 人（手）孔压力等级和密封面形式的选用原则与容器法兰相同。

54 人孔、手孔和检查孔的尺寸如何决定？

① 人孔直径应根据容器直径大小、压力等级、容器内部可拆构件尺寸、检修人员进出方便等因素决定。一般情况下人孔尺寸如下：

容器直径≥1000～1600mm 时，选用 *DN*450mm 人孔；

容器直径＞1600～3000mm 时，选用 *DN*500mm 人孔；

容器直径＞3000mm 时，选用 *DN*600mm 人孔。

② 高真空或设计压力＞2.5MPa 的容器，人孔直径宜适当小些。

③ 寒冷地区，人孔直径应不小于 450mm。

④ 如装设人孔的部位受到限制时，也可采用不小于 400mm×300mm 的长圆形人孔。

⑤ 手孔直径一般不小于 150mm。

⑥ 检查孔直径一般不小于 *DN*80mm。

55 选择接管法兰压力等级时应考虑哪些因素？

在工程设计中容器的接管法兰的压力等级通常由工艺系统专业

给定。选择接管法兰的压力等级时应考虑如下因素：

① 容器的设计压力和设计温度；

② 与其直接相连的阀门、管件、温度、压力和液位等检测器的连接标准；

③ 工艺管道（特别是高温、热力管道）热应力对接管法兰的影响；

④ 工艺过程及操作介质的特性。

对处于真空条件下操作的容器，当真空度＜79.980kPa（600mmHg）时，接管法兰的压力等级应不低于0.6MPa；对于真空度为79.980～101.175kPa（60.0～759mmHg）时，接管法兰的压力等级应不低于1.0MPa。

对易爆或Ⅱ、Ⅲ级毒性的介质，接管法兰的压力等级应不低于1.0MPa；对Ⅰ级毒性或强渗透性介质，接管法兰的压力等级应不低于1.6MPa。

56 对容器接管材料有什么规定？

① 容器接管一般应采用无缝钢管或锻件制作。当管径较大时，允许用与容器壳体（或封头）材料相同（或相当）的钢板卷焊，其焊缝应按A类焊缝要求进行检验。

② 容器接管若采用低压流体输送用焊接钢管（GB 3092），且用螺纹连接时，应受下列规定限制：压力不得大于0.6MPa；公称直径不得大于50mm；不得用于有毒、易爆及腐蚀性介质。

57 确定接管的伸出长度时应考虑哪些因素？

确定接管的伸出长度时应考虑如下因素：

① 设备保温层施工后，接管法兰螺栓的安装与上紧空间距离。对于轴线垂直于容器壳壁的接管，其接管法兰面伸出容器外壁的长度 L 一般可按HG/T 20582选取；对于轴线不垂直于壳壁的接管，其伸出长度应使法兰外缘与保温层之间的垂直距离不小于25mm。

② 焊缝之间的距离。当采用对焊法兰时，法兰与接管焊缝至接管与壳体焊缝之间的距离应不小于50mm。

58 接管与容器壁的连接形式有哪些？各使用在何种场合？

接管与容器壁的连接形式有以下两种。

(1) 插入式　当工艺有要求时，或在不影响生产使用及装卸内部构件的情况下可采用插入式结构；当工艺有要求时，插入深度及管端形式由工艺专业决定。

(2) 与内壁齐平　当工艺和安装操作有要求时，例如物料排放口接管以及插管插入容器内壁影响内部构件的布置或装卸时，应将接管端部设计成与容器内壁齐平的形式。

59 确定接管的壁厚时应考虑哪些因素？

确定接管的壁厚时应考虑如下因素：

① 设计压力和设计温度；

② 工艺介质的腐蚀性；

③ 工艺管道热膨胀对接管产生的作用力和力矩。

60 在立式设备的设计中如何确定支座的形式和数量？

在立式设备的设计中一般可根据如下情况确定支座的形式和数量。

① 当容器要求支承在钢架、墙架或穿越楼板时一般选用耳式支座（悬挂式支座）。支座标准按 JB/T 4712.3；支座的数量一般应采用 4 个均布，当容器直径较小（$DN \leqslant 700\text{mm}$），且水平力或力矩较小时，支座数量允许采用 2 个。

② 当容器距离地坪或基础面较近且底部封头为椭圆形或碟形时通常选用支承式支座或支脚。支座标准按 JB/T 4712.4；支座的数量一般采用 3 个或 4 个。

③ 当容器距离地坪或基础面较近，且直径较大、重量较重时应选用裙式支座。

61 如何选用标准型悬挂式支座？

① 当容器外部无保温并搁置在钢架上时，通常可采用 A 型悬挂式支座；当容器外部有保温层或支座需搁置于楼板上时，则应采

用B型悬挂式支座。

② 确定支承重量时应考虑容器充满介质后的重量（包括可能作用于容器的附加重量，例如保温层重量、管道重量、支承在容器上的平台、爬梯重量等）。

③ 当容器支承在固定的混凝土框架上或楼板上时，按所选定的标准支座尺寸设计的安装孔应满足设备的吊装要求，否则应通过选择高一档的支承重量的标准支座来增大螺孔中心距，以达到方便安装的目的。

62 支座与筒体连接什么情况下应设置垫板？对设置的垫板有何要求？

支座与筒体连接处是否应设置垫板需根据容器材料、容器与支座焊接部位的强度和稳定性决定。通常对低温容器或厚度较薄的不锈钢容器，一定要加设垫板。

当需设置垫板时，要求：

① 垫板的尺寸按JB 1165标准选取；

② 垫板的材料应尽量与壳体材料相同；

③ 垫板的四角应倒圆（$R \geqslant 20$mm）；对有热处理要求的容器，垫板边缘焊缝应留出20mm以上的长度不焊接。

63 设计支承式支脚时应注意些什么？

① 当用于带夹套的容器时，如夹套不能承受整体重量，应将支脚焊于容器的封头上；

② 与容器外壁焊接连接的支脚，支脚与容器的贴合处如遇到容器的环焊缝时，应在支脚上切割缺口，以避免与焊缝相碰；

③ 当容器安装在室外且无保温层时，支脚顶部应加焊顶板；

④ 如支脚直接焊在容器上对搬运有妨碍时，可采用螺栓连接的可拆结构，或在安装现场进行焊接。

64 在什么情况下选用带刚性环的耳式支座？

当容器直径较大、壳壁较薄，而外载荷（包括重量、风载、地震载荷等）较大，或者壳体内处于负压操作时，采用普通的悬挂式支座往往使壳体的局部应力较大、变形较大，甚至会引起失稳。在此情况下，应采用带刚性环的耳式支座。

65 卧式容器的支座设计时应注意些什么？

① 卧式容器的支座通常应选标准型鞍式钢制支座，在条件允许时也可安装在混凝土鞍座上。

② 卧式容器应优先考虑双支座，当采用双支座时，支座中心线的位置至封头切线的距离 A 宜取 $0.2L$（L 为两端封头切线之间的距离），并尽可能使 $A \leqslant R_i/2$（R_i 为容器内半径）。

③ 支座的设置应考虑温度的影响。当采用双支座时，一侧为固定端，选用Ⅰ型标准鞍座；另一侧为滑动端，选用Ⅱ型标准鞍座。固定端一般设在接管较多、管口直径较大一侧，工程设计中由管道机械专业确定。当采用三支座时，中间支座为固定点，选用Ⅰ型标准鞍座；两侧为滑动端，选用Ⅱ型标准鞍座。

④ 安装在混凝土鞍座上的容器应在支承区焊有衬板，并用定位板限制容器转动。

⑤ 衬板或鞍座加强垫板与容器的焊接应采用连续焊，但最低处两侧的焊缝需间断 50mm，板的四角为 $R25$mm 圆角。

⑥ 应在滑动支座（Ⅱ型）底板下的基础面上加滑动平板或滚柱。

66 试述双支座与多支座的优缺点。

由支座支承的卧式容器在受力分析中往往都是将其简化为承受均布载荷两支点（或多支点）的外伸梁。由材料力学可知，具有一定几何尺寸和承受一定载荷的梁，采用多支座时梁内产生的应力小，因此从产生的应力大小考虑支座的数目应该取多些，但对于大型卧式容器，由于地基不均匀沉降，基础水平度的误差或筒体不直、不圆等因素的影响，将造成支座反力分配不均，反而使容器的局部应力增大。因此卧式容器一般多采用双支座。仅当容器的长度较长且筒体直径较大、厚度较薄时，为避免支座跨距过大，导致筒体产生过度变形及较大应力时，才采用三支座或多支座。

67 卧式容器采用三支座设计时应注意些什么？

① 考虑支承平面的微小差异可能对支承反力分布的影响，计算反力应取实际反力的1.2倍；

② 为使三支座处筒体的轴向力较均匀，取两端支座中心至封头切线的距离 $A \leqslant 0.145L$ 比较合适；

③ 为了充分利用封头对筒体邻近部分的加强作用，应尽可能将支座设计得靠近封头。当 $A/R_m \leqslant 0.5$ 时，可认为封头对支座部分的筒体起到加强作用。

68 在双支座卧式容器设计中，为什么要取 $A \leqslant 0.2L$，并尽可能满足 $A \leqslant 0.5R_i$？

① 为减小支座处筒体的最大弯矩，使其应力分布合理，使支座跨距中心与支座处的最大弯矩相等。据此推导出的支座中心与封头切线间的距离 $A = 0.207L$（L 为筒体长度）。如果设计偏离此值，则支座处的轴向弯曲应力将显著增加。

② 封头的刚性一般均较筒体大，对筒体有局部加强作用。试验证明，当 $A \leqslant 0.5R_i$ 时，封头对筒体才有加强作用，因此支座的最佳位置应在满足 $A \leqslant 0.2L$ 的条件下，尽量使 $A \leqslant 0.5R_i$。

③ 当 $A \leqslant 0.5R_i$ 或筒体无加强措施而刚性不足时，在周向弯矩的作用下，鞍座处筒体上将产生“扁塌”形，而不起承载作用，成为无效区，如图4-1所示。这不但会使鞍座处筒体中的各种应力增大，而且还会使轴向组合应力、切向剪应力和周向组合压应力最大值的作用点下移。

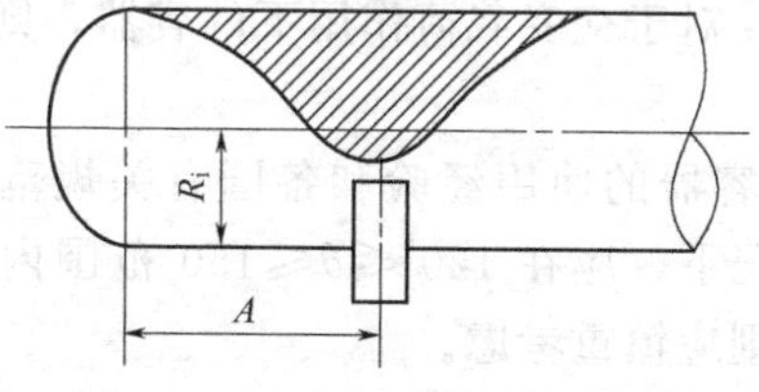

图4-1　双支座卧式容器筒体受力图

69 卧式容器设计时应考虑哪些载荷？GB 150—2011 中考虑了哪些载荷？

卧式容器设计时应考虑如下载荷。

(1) 长期载荷　设计压力（内压或外压）；容器质量（包括容器自身质量、充满水或所容介质的质量、所有附件及保温层等质量）。

(2) 短期载荷　风载荷或地震载荷（取其大值）。

(3) 冲击载荷　在 GB 150—2011 中，对卧式容器的设计只考虑长期载荷，未考虑短期载荷。

70 试述 GB 150—2011 卧式容器设计计算的理论依据和适用范围。

GB 150—2011 卧式容器设计计算的理论依据是以 Zick 的近似分析和对大直径薄壁容器的实践经验为基础的，其适用范围如下。

① 按 Zick 所分析的卧式容器计算方法，适用于薄壁容器，不仅适用于鞍支座，对于圈座也基本适用。

② 所给出的支座反力、轴向弯矩及剪力计算公式，是按承受均布载荷的外伸梁，且鞍座的布置是以容器的纵向中心对称而推导的，这对于大多数的卧式容器均可适用；对于非对称布置的两支座、多支座，或外加集中载荷等情况，则应按一般静力学方法，并考虑卧式容器的特点，推导出支座反力、轴向弯矩及剪力。

③ 此方法给出了近似的应力值，并根据对大型容器的试验提出了相应的各应力的控制值，这对承受非交变性载荷作用下的容器设计还是合理的。对于交变载荷作用下的容器，则需要按应力分析方法进行分析。

④ 根据大型容器的使用经验和各国有关规范中的规定，鞍座包角 θ 在正常情况下，应在 $120° \leqslant \theta \leqslant 150°$ 范围内，如果鞍座包角超出这一范围，则应慎重考虑。

⑤ 封头切线至鞍座形心之间的距离 A，在任何情况下都不应大于 $0.2L$，否则由于悬臂用而产生较大的应力与变形。

另外，当圆筒不被封头或加强圈加强时，计算切向剪应力是不适用于 $A>L/4$ 的。

71 试画出双鞍座支承卧式容器的载荷、支座反力、剪力及弯矩图。

该图如图 4-2 所示。

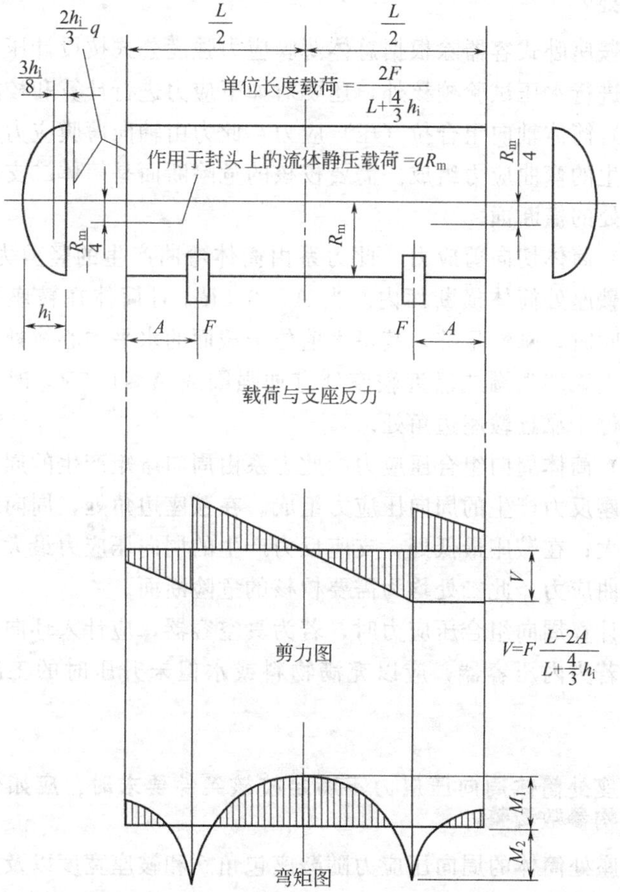

图 4-2 卧式容器载荷、支座反力、剪力及弯矩图

下列情况的 M_2 值为正值：

① 平封头　$A/R_m<0.707$；

② 过渡区半径为15%封头直径的碟形封头　$A/R_m<0.398$；

③ 标准椭圆形封头　$A/R_m<0.363$。

半球形封头的 M_2 值为负值。

72 双鞍座卧式容器有哪些应力需要校核？其危险断面各位于何处？

双鞍座卧式容器除根据总体薄膜应力强度公式按设计压力计算壁厚并进行水压试验校核外，还要对如下应力进行计算和校核。

（1）筒体轴向组合拉（压）应力　此力由轴向薄膜应力和重量载荷产生的弯曲应力组成。需要校核的危险断面是筒体二支座中点及鞍座处的横断面。

（2）筒体切向剪应力　此力系由筒体弯曲产生的竖剪力引起，发生在鞍座处筒体横断面内。当 $A>0.5R_m$ 且筒体在鞍座平面上有加强圈时，刚性足够，其最大值位于截面的水平中心线处；在鞍座平面上无加强圈或靠近鞍座处有加强圈或 $A\leqslant0.5R_m$ 时，其最大值则位于靠近鞍座边角处。

（3）筒体周向组合压应力　此力系由周向弯矩产生的周向弯应力与支座反力产生的周向压应力组成。在鞍座边角处，周向组合压应力最大；在鞍座最低处，支座反力产生的周向压应力最大，但无周向弯曲应力。此二处均为需要校核的危险断面。

在计算周向组合压应力时，若为真空容器，应计入环向薄膜压应力；若为内压容器，应以充满物料或水但未升压时的工况进行计算。

73 鞍座处筒体周向压应力不满足校核条件要求时，应如何进行结构参数调整？

鞍座处筒体的周向压应力随鞍座包角 θ 和鞍座宽度以及筒体壁厚等的增加而减小。当周向压应力不满足校核条件时，一般不考虑增加筒体壁厚，而首先考虑在鞍座和筒体之间增设鞍座垫板以对筒体进行局部加强，这可有效地降低周向压应力。若加垫板不能满足要求，可适当增大鞍座包角 θ 或鞍座宽度，或二者同时增加；若上述措施仍不能满足要求时，可考虑在鞍座面上增设加强圈。对需要进行整体热处理的卧式容器，最好增设鞍座垫板，且应在热处理前焊好，以防热处理时鞍座处被压瘪。

74 什么情况下容器进口接管处须设缓冲板？

容器在下列情况之一时，应在进口接管处设置缓冲板：

① 介质有腐蚀性及磨损性，且 $\rho v^2>740$（v 为流体线速度，m/s；ρ 为流体密度，kg/m³）；介质无腐蚀性及磨损性，且 $\rho v^2>2355$；并对容器壁或内件直接冲刷。

② 防止进料产生料峰，保证内部稳定操作。

75 什么情况下容器出口接管应设防涡流挡板？

容器在下列情况之一时，应设防涡流挡板：

① 容器底部与泵直接相连的出口（以防止泵抽空）；

② 为防止因旋涡而将容器底部杂质带出，影响产品质量或沉积堵塞后面生产系统的液体出口；

③ 需进行沉降分离或液相分层的容器底部出口（用以稳定液面，提高分离或分层效果）；

④ 为了减少出口液体夹带气体时。

76 怎样选择液面计？

选择液面计时应考虑介质的压力、温度和它的特性。通常是这样进行选择的：

① 当介质压力较低，$PN\leqslant 1.6$MPa，且介质的流动性较好时选用玻璃管液面计（HG/T 21592）；

② 当介质的操作压力较高，$PN\leqslant 6.4$MPa，且介质洁净，为无色透明液体时，宜选用透光玻璃板液面计（HG/T 21588）；

③ 当介质压力较高，$PN\leqslant 4.0$MPa，且介质非常洁净，为稍带有色泽的液体时，宜选用反射式玻璃板液面计（HG/T 21590）；

④ 对于盛装易燃、易爆或有毒介质的容器，应采用玻璃板液面计或自动液位指示器；

⑤ 当由于环境温度影响液体流动性时，应采用保温型玻璃管液面计或蒸气夹套型玻璃板液面计；

⑥ 对于压力较低（$PN \leqslant 0.4$MPa）的地下槽，宜用磁浮子液面计（HG/T 25153）；

⑦ 对于高度大于 3m 的常压容器宜选用浮标液面计；

⑧ 对于 $PN \leqslant 4.0$MPa，介质温度低于 0℃的设备应选用防霜型液面计（HG/T 21550）；

⑨ 当要求观察的液位变化范围很小时，可采用视镜式玻璃板液面计（HG/T 21591）。

77 设计（选用）视镜时应注意些什么？

（1）选择视镜时，应尽量采用不带颈视镜，只有当容器外部有保温层时才采用带颈视镜；

（2）在生产操作中由于介质结晶或水蒸气冷凝等原因影响视镜观察时，应装设冲洗装置；

（3）当需要观察设备内部情况或观察不明显的液相分层，应配置两个视镜（一个作照明）。

78 我国《固容规》规定什么范围内的容器属于高压容器？

以承受设计压力 $10\text{MPa} \leqslant p < 100\text{MPa}$ 的容器为高压容器。

79 多层高压容器受内压筒体壁厚的计算公式是什么？该公式有何限制？

其计算公式如下：

$$\delta=\frac{p_c D_i}{2[\sigma]^t \phi - p_c} \tag{4-1}$$

上式中

$$[\sigma]^t \phi=\frac{\delta_i - C_i}{\delta_n - C}[\sigma]_i^t \phi_i+\frac{\delta_0 - C_0}{\delta_n - C}[\sigma]_0^t \phi_0 \tag{4-2}$$

$$p \leqslant 0.4[\sigma]^t \phi \qquad 即为 D_0/D_i \leqslant 1.5$$

式中 δ——多层筒体的计算厚度，mm；

p_c——计算压力，MPa；

$[\sigma]_i^t$——设计温度下多层容器内筒材料的许用应力，MPa；

$[\sigma]_0^t$——设计温度下层板材料的许用应力，MPa；

δ_i——多层容器内筒厚度，mm；

δ_0——层板的总厚度，mm；

δ_n——多层筒体的名义厚度，mm；

C_i——多层容器内筒的厚度附加量，mm；

C_0——多层容器层板层的厚度附加量，mm；

C——厚度附加量，$C=C_i+C_0$，mm；

ϕ_i——多层容器内筒的焊缝系数；

ϕ_0——层板层的焊缝系数。

80 为什么高压容器顶部法兰内径与筒体的内径不一样？二者厚度差采用什么斜度过渡？

高压容器筒体的内径都比顶部法兰的内径大，如ϕ1000mm 高压容器，顶部法兰的内径为ϕ1000mm，筒体的内径为ϕ1010mm，主要考虑筒体与顶部法兰焊接时环焊缝的收缩，以便于内件的安装。

顶部法兰与筒体厚度差较大，应采用图 4-3 所示的结构，而不采用 1∶3 的斜度，主要目的为了使应力趋于均匀变化。

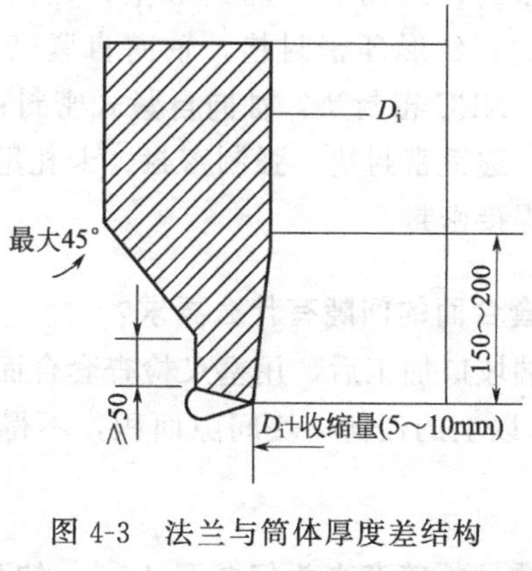

图 4-3　法兰与筒体厚度差结构

81 为什么我国中小型氨合成塔底部支座不设地脚螺栓？

我国中小型氨合成塔的支承有两种，一种在厚板封头上焊一支座，另一种在底部碗形锻件上加工一台肩，把带台肩的碗形锻件放在另外设计的圆筒形支承环上。由于我国中小型氨合成塔全采用往复压缩机，而往复压缩机有脉冲振动，如采用地脚螺栓，则在氨合成塔与接管上的连接成为刚性，造成筒体局部应力大，不设地脚螺栓，则成为挠性连接。另外合成塔自身重量足够大，可克服风载产生的倾覆力矩。而且由于合成塔内件吊装的需要，合成塔均设置在框架内，由地震及风载产生的横向推力则由框架来承担。

82 为什么多层高压容器的支座不设置在层板上而设置在底部碗形锻件上或厚板封头上？

高压容器壁厚大，重量较重，如支座设置在筒体的多层板上时，由于多层板厚一般为 4～12mm，这样支座处层板所产生的局部应力太大，造成层板局部受压或受拉，使层板产生变形的间隙，因此其支座一般都设置在底部碗形锻件上或球形封头上。

83 高压容器使用的密封垫有几种？各种密封垫属于什么性质的密封？

高压容器常用的密封垫主要有：平垫，强制密封；双锥密封垫，径向半自紧密封；八角垫、椭圆形垫，径向自紧密封；三角垫，径向自紧密封；C 形环密封垫，轴向自紧密封；O 形环密封垫，自紧式密封；NEC 密封垫，轴向自紧式密封；伍德式密封垫，轴向自紧式密封；透镜密封垫，强制密封；卡机里密封垫，强制密封；焊接垫片，焊接密封。

84 套合容器对套合面的间隙有什么要求？

套合圆筒两端坡口加工后，用塞尺检查套合面的间隙，间隙径向尺寸在 0.2mm 以上的任何一块间隙面积，不得大于套合面面积的 0.4％。

85 多层高压容器层板筒节上为何要开 ϕ6mm 的孔？

多层高压容器每个筒节的两端都要开 ϕ6mm 排气孔，其目的和作用在于：

① 环缝焊接时，层间气体能自由逸出，有利于提高焊接质量；

② 操作及升降温时，夹层中气体能自由膨胀，可减少间隙带来的不良影响；

③ 能起报警作用，一旦内筒发生泄漏，泄漏物能较快排出设备外为人觉察并及时进行处理；

④ 在有氢介质的高压容器中，如果氢扩散至多层筒体内，亦可通过排泄孔排放，防止氢的积聚。

86 卡札里密封有几种形式？

卡札里密封有下列三种形式，即：内螺纹卡札里密封、外螺纹卡札里密封、改良型卡札里密封。

87 多层高压容器环缝为何不进行焊后热处理？

多层高压容器的环缝有多层筒节之间的环缝以及多层筒节与锻件或厚板封头的环缝，虽然筒节（焊缝）的总厚度均超过规范规定需进行热处理的界限，但由于条件和结构原因，在实际中往往不进行焊后热处理。对于这种类型的焊缝为什么允许不进行焊后热处理呢？其理由如下：

① 对于由多层层板构成的高压容器筒节的环缝，通常是以其中一层层板的厚度（当各层层板均相同时）或最厚一层层板厚度（当层板厚度不同时）作为确定是否需要进行焊后热处理的依据的，目前我国层板的厚度为 4～12mm，未超过规范规定的需要热处理的厚度，故筒节之间的环缝不需热处理；

② 锻件或厚板封头与多层筒节的环缝，因为该锻件或厚板封头除相当于 ASME P 类 1 的材料以外，均要求在锻件或厚板封头连接焊缝坡口表面堆焊一层最小 3mm 厚的堆焊层，然后再与多层筒节焊接，这样工艺实际上可以认为该焊缝已进行热处理了，因此与多层筒节焊后可不再进行热处理；

③ 在环缝焊接中普遍使用的是多道焊，每焊层厚度最大不超过 10mm，且我国目前多层筒体环焊缝焊接时都采用焊接预热的方法，因此可视为下一道焊接已对上一道焊接金属起到了一定热处理作用。

88 我国碳素钢和低合金钢低温压力容器的温度界限是多少？是根据什么确定的？

碳素钢和低合金钢制的压力容器当设计温度低于或等于－20℃时为低温压力容器。低温压力容器的设计、制造、检验与验收按GB 150.3—2011“附录E关于低温压力容器的基本设计要求”。

目前国外按应力分析法进行设计的压力容器规范，都不划分低温与常温的温度界限。而按常规设计的压力容器规范，对低温压力容器温度界限的划分各国各不相同，低者定为＜－30℃（美国ASME-Ⅷ-1），高者定为＜0℃（英国BS 5500），AD规范定为－10℃。我国“压力容器”把低温压力容器的温度界线定为≤－20℃，主要是根据我国多年来的使用经验和习惯。多年来的设计和使用经验证明，大于－20℃的压力容器按一般常温容器进行选材、设计、制造是具有足够安全性的，在我国是成熟可靠的。

89 低温压力容器的设计温度指的是什么温度？

低温压力容器的设计温度，是指在正常工作过程中，在相应的设计压力下，容器的受压元件金属可能达到的最低温度。

当容器的各个部位在工作过程中可能产生不同的温度时，可取该部位可能达到的最低温度作为该部位的设计温度。

在确定设计温度时，应注意的是“在相应的设计压力下”的，即应注意温度和压力的对应关系。

90 受环境低温影响的压力容器，当其设计温度受环境温度控制时，设计温度如何确定？

当容器设计温度受环境温度控制时，其设计温度按如下原则确定。

① 盛装压缩气体且无保温措施的储存容器，设计温度取最低环境温度减3℃。最低环境温度是指容器使用地区历年来各月中“月平均最低气温的最低值”。“月平均最低气温”系按当月各天的最低气温相加后除以当月的天数。

② 盛装的液体体积占容器体积1/4以上的无保温的储存容器，

设计温度取最低环境温度。

③ 有保温或物料经常处于流动状态的容器，设计温度应根据物料的温度、流量、容器大小及散热情况等综合考虑壁温，通过分析计算或参考实例确定。

91 什么是低温降应力工况？什么是低温低应力工况？在这两种工况下，压力容器的设计有什么规定？

低温降应力工况是指容器及其受压元件在低温（≤－20℃）条件下，设计应力（在该设计条件下，容器元件实际承受的最大一次总体薄膜和弯曲应力）介于材料标准常温屈服强度的30%至大于1/6的工况。在低温降应力工况下的压力容器，钢材及其焊接接头的冲击试验温度可比设计温度提高20℃。

低温低应力工况，是指容器及其受压元件在低温（≤－20℃）条件下，设计应力小于或等于材料标准常温屈服强度的1/6，且不大于50MPa的工况。在低温低应力工况下的压力容器，钢材及其焊接接头的冲击试验温度可比设计温度提高50℃。

对上述两种工况，当调整后的冲击试验温度高于或等于0℃时，受压元件的设计、选材、结构、制造检验等均不必遵守低温压力容器的有关规定。当调整后的冲击试验温度低于0℃而高于－20℃时，除钢材及其焊接接头进行低温冲击试验（取试验温度等于设计温度）外，其余不必遵守低温压力容器的有关规定。

92 低温压力容器的许用应力应如何选取？

低温压力容器受压元件材料的许用应力取20℃时材料的许用应力。

目前国内外的压力容器设计规范，对低温压力容器的设计都是采用按常温（20℃）抗拉强度或屈服强度所确定的许用应力来进行设计。用这种确定许用应力的方法进行设计，可以有效地防止发生大塑性变形破坏。但是在低温下，为了防止发生低应力脆断，用上述方法设计，就必须要求钢材具有一定的韧性，而且对结构设计、制造检验都应提出必要的要求，低温压力容器的设计制造标准、规范和规定给出了这些方面的具体要求。

93 什么是脆性转变温度?

材料在较低温度时发生的脆性断裂通常称为“冷脆”，材料会发生脆裂的温度，即为韧-脆性转变温度（简称脆性转变温度）。

对于碳钢和低合金钢韧-脆性的转变是在一定温度范围内发生的，要确切的定出材料的脆性转变温度是比较困难的，人们常做出一些规定，并依此定出脆性转变温度，常用的有以下几种。

① 把冲击值降到正常冲击值的50%～60%时的温度作为韧-脆性转变温度。这种方法由于试验数据的分散性，温度仍是一个区间，因而不很理想。

② 把冲击值降至某一特定的所允许的最低冲击值时的温度，作为该材料的脆性转变温度。

③ 以产生最大与最小冲击值的平均值时相应温度，作为脆性转变温度。

④ 以韧-脆性转变曲线上过渡区的拐点作为脆性转变温度。

⑤ 以冲击试样断口的特征来确定脆性转变温度。一般规定以整个断口面积中，结晶状断面占50%时的温度作为脆性转变温度。

方法②～④也存在着试验数据分散性的问题，从而很难获得一个确定的脆性转变温度。目前应用较广的是以第②种方法为主，再辅以第⑤种方法来确定脆性转变温度。

94 金属材料产生脆性断裂的条件有哪些?

金属材料产生脆性断裂的条件有如下六点。

（1）温度条件　随着温度降低，材料的屈服极限提高，而韧性降低，当温度低于脆性转变温度时，材料就由韧性状态转变为脆性状态，此时，若材料内存在某种缺陷（如裂纹），就会在低应力下发生脆性破坏。

（2）缺陷　受压元件中的缺陷是产生脆断的一个重要条件，尤以裂纹较为严重。由于裂纹尖端十分尖锐，在应力作用下，产生严重的缺口效应，形成很高的应力集中，使裂纹加速扩展，在低应力下即会发生脆断。

(3) 厚度 随着钢板厚度的增加，在加载时在厚度方向的收缩变形所受到的约束作用愈大，使约束应力增加，因而钢板愈厚愈易在整个温度范围内形成平面应变状态。其次是冶金效应，一般厚钢板的冶金质量比薄板差，厚板在轧制时的变形量小，晶粒较粗大，钢板内部产生偏析的可能性也多。此外，由于厚板在热处理时内层的冷却速度比外层慢，从而导致金相组织的不均匀性。因此，钢板愈厚其冲击韧性值越低，而韧-脆性转变温度愈高，即低温脆性倾向愈显著。

(4) 加载速度（或应变速度） 随着加载速度的增加，材料的脆性转变温度升高，韧性性能下降。这是因为加载速度达到一定水平时，使得材料没有充分的时间产生正常的滑移变形过程，此时材料仍处于弹性状态，而局部应力水平升高到超过材料的屈服限时，该处即会发生脆性开裂。当材料中存在有缺口或裂纹等缺陷时，加载速度会显出加倍的影响。

加载速度在一定范围内时，对一些高强钢或超高强钢的脆性影响很小，即随着钢材强度水平的增高，加载速度引起的脆性敏感性降低。但对中、低强度的钢材，加载速度对脆性影响则很明显。

(5) 微观组织 微观组织对钢的低温脆性的影响，主要有两点：晶粒尺寸和第二相颗粒。

随着晶粒尺寸的增加，钢的断裂应力显著降低，而屈服应力降低的幅度较小，当晶粒尺寸大于临界晶粒尺寸 d_c 时，即出现脆性断裂，小于 d_c 时，呈现韧性断裂。因此，细化晶粒可提高钢的脆断应力，即提高钢的韧性性能。此外，随着晶粒尺寸的增加，钢的脆性转变温度升高，二者间的定量关系式为：

对碳素钢 $T=A\ln d$

对 2.25Cr-1Mo $T=B-Ad^{1/2}$

式中 T——钢的脆性转变温度，℃；

d——晶粒直径，μm；

A，B——与材料性能有关的系数。

第二相颗粒对钢的脆性的影响与其尺寸的大小、形状、分布和性质等因素有关。例如，大的碳化物颗粒容易使脆断裂纹聚成核，而小的则不易，并且分布在基体上的细小的第二相质点能起到促进裂纹扩展的作用。此外，第二相的质点形状如为球状，则韧性较好；如为片状，则韧性较差。

（6）残余应力　压力容器焊接是产生残余应力的重要原因，因此在加载之前，存在于焊接区域中的裂纹或其他缺陷的端部，即已存在着较高的残余拉伸应力，它可能成为脆性断裂的起源。当加载之后，外载荷所产生的拉伸应力与残余拉伸应力相叠加，在缺陷端部形成高于屈服极限的应力集中，而引起脆性断裂。而对于高强度低韧性钢，甚至在没有进行外加应力之前，即仅由于残余应力的作用就会发生脆性破坏。

95 试简述合金元素在低温钢中的作用。

合金元素在低温钢中的作用，主要是指对钢的低温韧性的影响，现简述如下。

（1）碳　随着碳含量的增加，钢的脆性转变温度提高很快，而且焊接性能降低，故低温用钢的含碳量限制在0.2%以下。

（2）锰　锰可以明显地提高钢的低温韧性，锰在钢中主要以固溶体的形式存在，起固溶强化的作用。此外，锰是扩大奥氏体区的元素，使相变温度（A_1 和 A_3）降低，容易得到细而富有韧性的铁素体和珠光体晶粒，因而可使最大冲击能提高，脆性转变温度显著降低。为此，一般至少应使锰碳比等于3，这样不仅可降低钢的脆性转变温度，而且由于锰含量的增加而补偿由于碳含量降低而引起的力学性能的下降。

（3）镍　镍可使脆性转化的倾向变得非常平缓，并使脆性转变温度显著降低。镍对提高钢的低温韧性的效果为锰的5倍，含镍量每增加1%，脆性转变温度约可降低10℃。这主要是因为镍不和碳发生作用，全部溶入固溶体中而使之强化，镍还使钢的共析点向左下方移动，使共析点的含碳量降低，降低相变温度（A_1 和 A_3），因而在与同样含碳量的碳钢比较，铁素体数量减少并细化，珠光体数量增多（珠光体的含碳量也比碳钢低）。试验研究表明，镍提高钢低温韧性的主要原因是由于含镍钢在低温时可动位错较多，交叉滑移比较容易进行。

（4）磷、硫、砷、锡、铅、锑　这些元素对钢的低温韧性都是有害的。它们在钢中产生偏析现象，偏析于晶界，降低了晶界的表面能，使晶界的抗力减小，使脆性裂纹起源于晶界，并沿晶界扩展，直至完全断裂。磷能提高钢的强度，但会增加钢的脆性，特别是低温脆性，脆性转变温度明显提高，应严格限制它的含量。

（5）氢、氧、氮　这些元素均会使钢脆性转变温度升高。

用硅和铝脱氧的镇静钢，可改善钢的低温韧性，但因硅会使钢的脆性转变温度升高，因此，铝镇静钢可比硅镇静钢获得更低的脆性转变温度。

96 什么是冲击功？A_k 与 a_k 有什么不同？

钢材在进行缺口冲击试验时，摆锤冲击消耗在试样上的能量，称为冲击功，用 A_k 表示。消耗在试样单位截面上的冲击功，即冲击韧性（也称冲击值）用 a_k 来表示。

冲击功 A_k 包括以下三部分：

a. 消耗于试样弹性变形的弹性功；

b. 消耗于试样塑性变形的塑性功；

c. 消耗于裂纹开始产生、扩展直至断裂的撕裂功。

由于冲击功仅为试样缺口附近参加变形的体积所吸收，而此体积又无法测量，且在同一断面上每一部分的变形也不一致，因此用单位截面积上的冲击功（冲击值），来判断冲击韧性的方法在国内外已逐渐被淘汰。

对于 10mm×10mm×55mm 的标准试样，缺口余下部分的面积为 $10mm\times 8mm=0.8cm^2$，若对该试样这一特定尺寸下的冲击功为 18J，即 $A_k=18J$，则相应的 $a_k=18/0.8=22.5J/cm^2$。

97 低温压力容器受压元件用钢有什么要求？

低温压力容器受压元件用钢，应选用 GB 150.2—2011 等标准中列入的低温压力容器用钢，其材料标准、使用状态、冲击试验最低试验温度及其他检验要求均应符合标准中的规定。

当选用上述标准中未列入的钢材或采用更低的试验温度时，应符合下列要求：

① 材料应经过鉴定，其性能应与标准中所列钢材相当或更高。

② 如采用更低的试验温度或改变热处理状态时，应提高冲击试验取样率的要求：钢板——逐张；钢管、钢棒——增加1倍；锻件——逐件，且不低于JB 755Ⅲ级。

③ 经单位压力容器技术负责人同意。

低温压力容器受压元件用钢材必须是镇静钢。

98 与低温压力容器受压元件直接焊接的非受压元件的材料有什么要求？

与低温压力容器受压元件直接相焊的非受压元件的材料，按其在低温下所承受载荷的大小分以下两种情况。

① 两者间焊缝的最高计算应力，达到焊缝许用应力的30%以上时，非受压元件材料的低温韧性及焊接接头的性能均需与相焊的受压元件相匹配。此类非受压元件如加强圈、耳架等。

② 两者间焊缝的最高计算应力，小于焊缝许用应力的30%时，要求焊接材料与受压元件匹配，非受压元件材料的可焊性良好，对其低温韧性不作要求。此类非受压元件如保温钉、定位块、铭牌垫板等。

99 低温压力容器用焊接材料有什么要求？

低温压力容器用焊接材料，应选用与母材化学成分和机械性能相同或相似的材料。受压元件或非受压元件与受压元件间的焊接材料当采用手工电弧焊时，焊条应选用GB/T 5117《非合金钢及细晶粒钢焊条》和GB 5118《热强钢焊条》中的低氢碱性焊条，当采用埋弧焊时应选用碱性或中性焊剂。

铁素体钢的焊接，一般应选用铁素体型焊接材料（9%Ni钢除外）。焊接接头的低温冲击试验温度，以及焊缝金属、熔合线、热影响区的低温冲击功的要求，均应与母材相同。

铁素体钢之间的异种钢的焊接，焊接材料一般应按韧性要求较高侧的母材选用，而且焊接接头抗拉强度不低于两侧母材中最低抗拉强度的较小值。

铁素体钢与奥氏体钢之间的异种钢的焊接，应使焊接接头的抗拉强度不低于两侧母材中最低抗拉强度，且铁素体钢侧熔合线和热影响区的冲击功应与该铁素体钢母材相同。焊接材料一般可选用Cr23Ni13（最低使用温度 −120℃ 时用 A302，−196℃ 时用 A307）。

100 使用温度高于或等于−196℃的奥氏体型钢制造的压力容器的材料有什么要求？

GB 150—2011 规定：当设计温度高于或等于−196℃时，铬镍奥氏体钢制造的压力容器，可免做冲击试验；使用温度高于 525℃ 时，钢中的含碳量应不小于 0.04%。

101 低温压力容器及其部件的结构设计有什么要求？

低温压力容器的结构设计应考虑有足够的柔性，主要要求如下：

① 结构应尽量简单，减少焊接件之间的约束；

② 结构设计应避免产生过大的温度梯度；

③ 应尽量避免截面的急剧变化，以减小局部应力集中，插入式接管的内侧端部应打磨成圆角，使圆滑过渡；

④ 附件的连接焊缝不应采用不连续焊或点焊；

⑤ 容器的鞍座、耳座、支腿（球罐除外）或裙座宜设置垫板或连接板，尽量避免直接与容器壳体相焊，垫板或连接板按低温用材考虑；

⑥ 接管补强应尽量采用整体补强或厚壁管补强，若采用补强板，焊缝应圆滑过渡；

⑦ 对不能进行整体热处理的容器，若与之相焊的部件需消除应力，应考虑部件能单独热处理。

102 低温压力容器的接管开孔和接管有什么要求?

低温压力容器的接管开孔应尽量避开主焊缝及其附近区域，如必须在焊缝区开孔时，应符合有关标准的要求。

低温压力容器上的接管应符合下列要求：

① 与壳体相焊的管段，壁厚应不小于5mm，其中直径 $DN \leqslant$ 50mm 的接管，宜采用厚壁管材，其延长部分采用普通壁厚无缝钢管；

② 转弯应采用煨制或压制的弯头，不得采用直管拼焊（虾米腰）；

③ 对插入式的接管，壳壁内管端的尖角需车削或打磨成 $R \geqslant$ 3mm 的圆角；

④ 接管采用卷管时的纵焊缝及管段间相接的环焊缝，应采用全焊透的结构；

⑤ 对易燃或毒性为极度、高度危害的危险介质，或压力≥1.6MPa 时，T 形接管应采用无缝挤压三通或采用加厚管开孔焊接的结构。

103 低温压力容器用法兰有什么要求?

采用平焊法兰时可采用图 4-4 所示的结构（部分焊透加填角焊结构）。

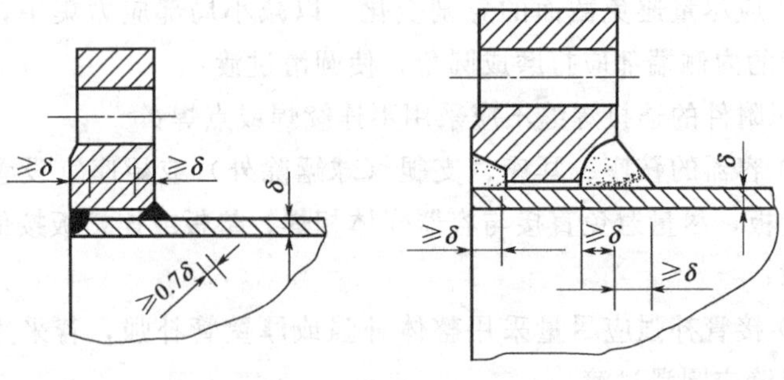

图 4-4 平焊法兰焊接结构

采用上图所示的结构时，其适用的条件为：设计压力应不高于

1.0MPa或设计温度不低于−30℃，且材料（壳体、接管、法兰）标准规定的常温最小抗拉强度 R_m 应≤540MPa，公称含 N_i 量应≤1.5%。

符合以下各项条件的法兰，应采用对焊法兰：

① 设计压力≥1.60MPa，且盛装易燃或毒性为极度、高度危害介质的容器法兰，或具有较大外加载荷的接管法兰；

② 设计压力≥2.50MPa的容器法兰和接管法兰。

对焊法兰应采用无缝的锻制或轧制工艺生产，不允许采用厚钢板切制而成；允许采用型钢或钢板弯曲、焊接而成，但需进行焊后热处理。如采用钢板弯制，应将钢板沿轧制方向切成条形，弯曲时应使钢板表面平行于法兰的中心线，同时还必须对钢板进行超声波检测。

104 低温压力容器用紧固件有什么要求？

主要要求有如下几点：

① 低温压力容器法兰用螺栓、螺柱等紧固件不得采用一般的铁素体商品紧固件配套用螺母，允许使用一般的商品螺母，但使用温度应不低于−40℃；

② 推荐采用芯杆直径不大于0.9倍螺纹根径且中部无螺纹的弹性螺栓、螺柱；

③ 设计温度不低于−100℃的铁素体钢容器，应采用铁素体钢紧固件（螺栓、螺柱、螺母、垫圈），设计温度低于−100℃的奥氏体钢容器，应采用奥氏体钢紧固件；

④ 符合GB 3098.6《紧固件机械性能——不锈钢螺栓、螺钉和螺柱》中的A2级奥氏体钢商品紧固件可使用不低于−196℃的低温压力容器；

⑤ 对降、低应力工况，当调整后的冲击试验温度等于或高于−20℃时，可采用一般铁素体商品紧固件。

105 低温压力容器用密封垫片有什么要求？

低温压力容器用密封垫片常用的有金属材料（包括半金属垫

片）制垫片和非金属材料垫片，条件和要求如下。

① 使用温度低于－40℃的密封垫片用金属材料，应采用奥氏体不锈钢、铜、铝等在低温下无明显转变特性的金属材料，包括缠绕式垫片的金属带、金属包垫片的外壳以及空心或实心的金属垫。

② 非金属材料密封垫片应采用在低温下呈良好弹性状态的材料，如石棉、柔性（膨胀）石墨、聚四氟乙烯等。使用条件如下：

温度不低于－40℃，且压力不高于2.5MPa的法兰密封垫片允许采用优质石棉橡胶板、无石棉橡胶板、柔性（膨胀）石墨板，聚乙烯板等；温度不低于－120℃，且压力不高于1.6MPa的法兰垫片允许采用浸泡石蜡的优质石棉橡胶板。

106 低温压力容器的焊接有什么要求？

主要有以下要求。

① 对A、B、C类焊缝均应采用全焊透的结构。对D类焊缝，除凸缘与容器壁的焊接、小直径接管（$DN\leqslant 50$mm）与较厚封头或盖板的焊接、带内螺纹的管接头与容器器壁的连接可按HG 20582的有关规定外，亦均应采用全焊透的结构。

② 低温压力容器施焊前应进行焊接工艺评定，评定应着重于焊缝和热影响区的低温夏比（V形缺口）冲击试验，其合格指标应按母材的要求确定，不得低于母材的性能。

③ 施焊过程中应严格控制焊接线能量在工艺评定的线能量范围内，宜选用较小的焊接线能量，多道施焊。

④ 对接焊缝必须焊透，焊缝余高应尽量减少，不得大于焊件厚度的10%，且不大于3mm。角焊缝应圆滑，不允许向外凸起。焊缝表面不允许有裂纹、气孔和咬边等缺陷，不应有急剧的形状变化，均应平滑过渡。

⑤ 不得在非焊接部位引弧，引弧应采用引弧板或在坡口内进行引弧。

⑥ 焊接附件或工装卡具、拉筋等必须使用与壳体材料相同的

焊接材料和焊接工艺，并由合格的正式焊工施焊，焊道长度不得小于 50mm。

⑦ 由于机械加工、焊接或组装引起的容器表面损伤，如划痕、焊疤、弧坑等缺陷，均应进行修磨。修磨后的壁厚不得小于容器的计算厚度加腐蚀裕量，修磨深度不得大于容器名义厚度的 5%，且不大于 2mm。

⑧ 不允许使用不连续的或点焊连接的焊缝。

107 为什么规定低温压力容器焊接接头在满足一定条件下需要进行焊后热处理？

低温压力容器焊接接头在满足一定条件下，焊后一般均需进行消除应力热处理的目的主要是考虑钢材的韧性要求。对低温钢的韧性要求，对抗拉强度为 450～690MPa 的钢材仅要求韧性达到 24～38J 是偏低的。

GB 150 中对低温压力容器或部件材料焊后热处理的主要要求是：

① 材料为 20MnMoD，焊接接头厚度大于 20mm（设计温度不低于 0℃的低温容器）、任意厚度（设计温度低于－30℃的低温容器）。

② 材料为 15MnNiDR、15MnNiNbDR、09MnNiDR、09MnNiD，焊接接头厚度大于 20mm（设计温度不低于－45℃的低温容器）、任意厚度（设计温度低于－45℃的低温容器）。

108 在什么情况下低温压力容器的对接焊缝应进行 100%射线或超声波探伤检查？

除符合 GB 150.4—2011 规定，应进行 100%射线或超声波探伤及《固定式压力容器安全技术监察规程》规定，必须进行全部射线或超声波擦伤的情况以外，符合下列情况之一的低温压力容器的对接焊缝，亦应进行 100%射线或超声波探伤检查。

盛装易燃介质且设计压力＞0.6MPa 的容器；设计压力≥1.6MPa 的容器；壳体板厚超过 25mm 的容器；设计温度低于－40℃的容器；合金元素含量＞3%的容器。

109 低温压力容器的封接焊缝允许局部探伤时，其检查长度应为多少？

低温压力容器的对接焊缝允许局部探伤时，其检测长度不得少于各条焊接接头长度的50%，且不小于250mm。

110 低温压力容器的哪些部位应进行表面磁粉或渗透探伤？

低温压力容器的以下部位应进行表面磁粉或渗透探伤：

① 应进行100%的射线或超声波探伤的对接焊缝而无法进行时，此对接焊缝应进行100%磁粉或渗透探伤检验；

② 应进行100%射线或超声波探伤的低温压力容器上的C、D类焊缝，T形接头的对焊缝，以及焊接附件的角焊缝、填角焊缝表面均应进行百分之百磁粉或渗透探伤；

③ 钢材标准规定的最低抗拉强度R_m>540MPa的高强钢容器壳体上的全部焊缝及热影响区表面；

④ 受压壳体上的工装卡具、拉筋板等临时附件拆除的焊痕表面、焊补前的坡口、焊补的表面以及电弧擦伤处；

⑤ 与低温压力容器受压元件相焊的非受压元件，相焊的对接焊缝、角焊缝，应按第②条的要求进行检验。

第五章 热交换器

1 《管壳式换热器》(GB 151—1999) 管壳式热交换器的适用参数范围有哪些?

适用的换热器参数为:

公称直径 $DN \leqslant 2600\mathrm{mm}$;

公称压力 $PN \leqslant 35\mathrm{MPa}$;

公称直径(mm)和公称压力(MPa)的乘积不大于 1.75×10^4。

公称直径大于 2600mm 管壳式换热器,可参照本标准进行设计。

在上述范围内的非直接受火的钢制管壳式换热器的设计、制造、检验与验收,除应遵循本标准各项规定外,还必须遵循 GB 150—2011《压力容器》和图样的要求。

2 GB 151—1999 中管束是如何分级的?

GB 151—1999 标准将采用碳素钢和低合金钢冷拔钢管做换热管时,其管束为Ⅰ、Ⅱ两级。

Ⅰ级管束:采用较高精度的冷拔钢管做换热管。管板和折流板上管孔加工精度较高,管板上管孔孔桥的宽度要求也更严格,使管板管孔内径与管子外径之间的间隙小而均匀。在折流板上可以获得较严格的换热管支承条件,有利于防止换热管的振动;对于整个管束,附加应力较小,管子与管板之间的连接也较为可靠。

Ⅱ级管束:采用普通精度的冷拔换热管。上述各项的精度要求皆比Ⅰ级换热器低。Ⅱ级换热器对于工作条件不苛刻的情况,可以满足要求又可降低造价。

3 GB 151—1999 标准中壳体内径的上限是怎样决定的？

GB 151—1999 标准所规定的内径上限为 2600mm，这是考虑到 $DN>2600$mm 时，其换热管根数太多，壳体壁厚过厚，对于制造和检验的困难较多，且应用经验和场合较少，因此未将 $DN>2600$mm 的换热器列入标准。

4 换热器主要元件腐蚀裕量的考虑原则是什么？

据 GB 151—1999 规定：

① 管板、浮头法兰、浮头盖和钩圈两面均应考虑腐蚀裕量值；

② 平盖、凸形封头、管箱和圆筒的内表面应考虑腐蚀裕量值；

③ 管板和平盖上开隔板槽时，可把高出隔板槽底面的金属作为腐蚀裕量值，但当腐蚀裕量大于槽深时，要加上两者的差值；

④ 压力容器法兰和管法兰的内直径面上应考虑腐蚀裕量值；

⑤ 换热管不考虑腐蚀裕量值（强度所需之外的厚度可用于 C_2）；

⑥ 拉杆、定距管等非受压元件一般不考虑腐蚀裕量值；

对于碳素钢和低合金钢，$C_2\geqslant 1$mm；

对于不锈钢，当介质的腐蚀性极微时，$C_2=0$。

5 换热器管板强度计算的理论基础是什么？

关于管板强度计算的理论公式主要有两类。

一类是将管板当作受均布载荷的实心圆板，以按弹性理论得到的圆平板最大弯曲应力为主要依据，并加入适当的修正系数以考虑管板开孔削弱和管束的实际支承作用。以此得到的管板厚度设计公式形式简单，虽然结果的准确性较差，但都是偏于安全的，因而不少国家的管板厚度设计公式仍以此为基础。如美国的 TEMA 规范。

另一类是将管束当作弹性支承，而管板则作为放置于这种弹性基础上的圆平板，然后根据载荷大小、管束的刚度及周边支承情况来确定管板的弯曲应力。由于它较全面地考虑了管束的支承和温差等影响，因而比较精确。但这种方法的计算公式较多，计算过程也较繁复。GB 151—1999 采用的就是这种算法。

6 影响管板强度的主要因素有哪些?

影响管板强度的主要因素有下列几个方面：

① 管束对管板的弹性支承反力作用；

② 管孔对管板强度的削弱；

③ 管板周边支承形式；

④ 温差的影响，包括管板本身上下表面的温差和管束与壳体之间的温差等。

7 管板主要受到哪些力的作用？管束对管板的支承反力与哪几个因素有关?

(1) 管板主要受到以下几个方面的力的作用 管、壳程压差对管板的直接作用力；管束对管板的弹性支承反力；管板兼作法兰时法兰螺栓产生的力矩。

(2) 管束对管板的弹性支承反力由三部分组成 管束因管板挠度变化而产生的弹性反力；管束随壳体一起伸长而引起的弹性反力；管、壳体温差引起的弹性反力。

8 固定管板式换热器的温差应力的大小与哪些因素有关?

对于固定管板式换热器，其温差应力的大小除了与管、壳程温差的大小有关以外，还与管、壳程金属截面积之比 A_t/A_s 有关。因为管束与壳体之间相互作用的总温差载荷是相等的，所以当$A_t/A_s<1$ 时，温差应力偏向管束，即管束的温差应力大于壳体的温差应力；反之当 $A_t/A_s>1$ 时，温差应力偏向壳侧。

9 在什么情况下换热器的某些受压元件用压差设计?

换热器中同时受管程压力和壳程压力作用的元件（管板，管子及浮头组件等)，仅在能保证管程、壳程同时升压降压时，才可以按压力差设计。此时应考虑在压力试验过程中，可能出现的最大压力差。

通常在管程和壳程的工作压力都较高时，为减薄受压元件厚度才使用压差设计。

10 兼作法兰的管板，法兰部分对管板有什么影响？

当管板兼作法兰时，法兰力矩不仅作用于法兰上，还会延伸作用于管板上，对管板来说，增加了一个附加力矩。因此在计算管板时除考虑壳程、管程设计压力的当量压力及管子与壳体不同热膨胀引起的当量膨胀压力外，还要计入由于法兰力矩引起的当量螺栓连接压力。

由于法兰力矩在管板中引起的附加力矩，使管板计算趋于复杂化，管板厚度取决于其危险组合。

对延长部分兼作法兰的管板，法兰和管板应分别进行设计，且法兰厚度可以和管板厚度不同。

11 怎样确定管板的设计压力？

管板的设计压力就是用于计算管板厚度的计算压力。各国标准中的管板设计压力的确定方法不同，尤其是固定管板换热器。

现依据 GB 151—1999 叙述如下。

（1）U 形管式换热器管板　若能保证 p_s 与 p_t 在任何情况下都同时作用或 p_s 与 p_t 之一为负压时：

$$p_d=|p_s-p_t|$$

否则取下列两值中较大者：

$$p_d=|p_s| \text{或} p_d=|p_t|$$

（2）浮头式换热器和填函式换热器管板

① 浮头式换热器管板　与 U 形管式换热器相同。

② 填函式换热器管板

$$p_d=|p_t|$$

（3）固定管板式换热器管板

$$p_d=p_a=\Sigma_s p_s-\Sigma_t p_t+\beta y E_t$$

式中　p_d——计算管板的设计压力，MPa；

p_s——壳程设计压力，MPa；

p_t——管程设计压力，MPa；

p_a——有效压力组合（GB 151—1999），MPa；

Σ_s，Σ_t，β——系数；

y——换热管与壳体间热膨胀差；

E_t——换热管材料弹性模量，MPa。

上式仅考虑了壳程设计压力、管程设计压力和热膨胀差所形成的当量压力，而管板的边缘力矩（螺栓载荷等），则在虚力计算式中予以考虑。

12 何种场合选用复合管板，如何确定复层厚度？

在管程介质有腐蚀而又想节省材料及投资时，可采用复合结构管板。据某些厂家数据，采用复合管板代替整体耐蚀材料管板，可节约管板费用的20%～30%，管板厚度大时为上限。目前我国可复合多种材料，且有工程应用经验。如耐酸不锈钢-碳钢，钛-耐酸不锈钢，Inconel 600-碳钢，Hastelloy-碳钢，镍-碳钢等。

管板复层的最小厚度，除满足防蚀要求外，不应小于3mm，并取决于复合方法。

对于管板与换热管焊接连接的复合管板，其复层的最小厚度：

采用爆炸贴合和轧制法　8mm；

采用堆焊法　5mm。

13 何时采用拼接管板，对拼接缝有何要求？

管板一般应采用整体管板。

在管板尺寸大而无整料时，可以采用拼焊方法制造管板。拼缝应进行100%射线探伤或100%超声探伤，JB/T 4730.2 Ⅱ级合格或JB/T 4730.3 Ⅰ级合格。除不锈钢外，拼接后管板应做消除应力热处理以免管板变形和调整拼缝的机械性能，通常拼焊管板只允许一条焊缝。

14 设计管板与壳程壳体间的连接结构时，应考虑哪些因素？

管板与壳程壳体的连接在选用焊接接头结构时，应充分考虑到该处的受力特点：高边缘应力区与焊缝重叠；温度应力大。对用于易燃气体、高度危害以上的介质、液化气、设计压力大、设计温度高以及低温容器、疲劳容器和有间隙腐蚀的容器，此处焊缝应采用对接、焊透和不存在缝隙的结构。

15 换热管与管板之间的连接方式主要有哪几种？各自的适用范围如何？

换热管与管板之间的连接方式大致可以分为强度胀、强度焊、强度焊＋贴胀、强度胀＋密封焊、强度胀＋强度焊（表 5-1）。

表 5-1 换热管与管板之间的连接方式

项目	强度胀	强度焊		强度焊＋贴胀	密封焊＋强度胀	强度焊＋强度胀
		外孔焊	内孔焊			
必须采用的条件	换热管与管板不可焊	—	要求焊缝温度近于壳程温度 要求焊缝强度高 要求绝无间隙腐蚀	—	要求高的密封性能用复合板时	要求高的密封性能 要求承受剧烈振动有疲劳、交变载荷用复合管板时
适用范围	$p_d \leqslant 4MPa$ $t_d \leqslant 300℃$ 无严重应力腐蚀 无剧烈振动 无过大温度变化 无交变载荷 有间隙腐蚀	$p_d \leqslant 35MPa$ t_d 不限 有严重应力腐蚀 有过大温度变化 d_w 不限	$p_d \leqslant 35MPa$ t_d 不限 有严重应力腐蚀 有过大温度变化 d_w 不限	$p_d \leqslant 35MPa$ t_d 不限 有一般应力腐蚀 有过大温度变化 可防一般间隙腐蚀	$p_d \leqslant 4MPa$ $t_d \leqslant 300℃$ 无严重应力腐蚀 无剧烈振动 无过大温度变化 有间隙腐蚀	$p_d \leqslant 35MPa$ t_d 不限 无严重应力腐蚀 有间隙腐蚀
不适用	$d_w < 14mm$	有振动 有间隙腐蚀	有较大振动	有较大振动	—	—

16 换热管与管板间的焊接连接，哪些情况应采用氩弧焊？

氩弧焊的特点是熔透性好、焊肉无夹渣、底部成形好、表面成形好、焊缝强度高及焊接成功率高。因此，对换热管与管板间连接要求高的换热器，如设计压力大、设计温度高、有过大的温度变化以及承受交变载荷的换热器、薄管板换热器等，宜采用氩弧焊。另外对质量有较高要求的其他换热器也应采用氩弧焊。

氩弧焊的焊接方法分手工氩弧焊和自动旋转氩弧焊，后者焊缝的内在质量好而稳定，外形非常漂亮。对于重要换热器，如有条件应注明焊接方法。

目前氩弧焊已经广泛用于换热器的换热管与管板之间的焊接，并且成功地用于不锈钢、镍、钛等材料。

17 何谓内孔焊？有何特点？

内孔焊是将换热管与管板间的焊缝布置于管板的壳程一侧，焊接时必须由管板的管程一侧将焊枪深入管孔内进行焊接，故称内孔焊（见图 5-1）。

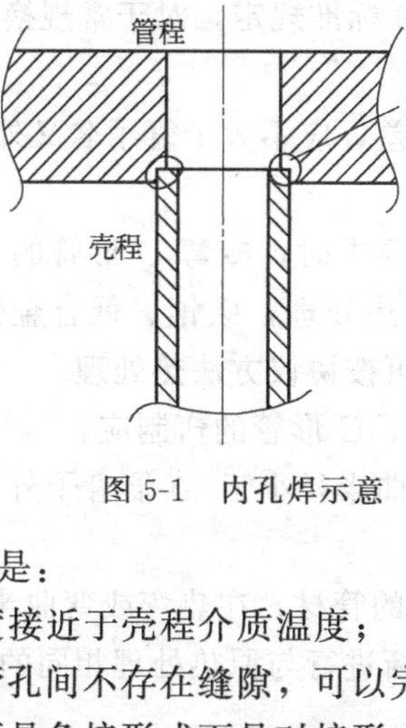

图 5-1　内孔焊示意

内孔焊的特点是：

① 焊缝的温度接近于壳程介质温度；

② 换热管与管孔间不存在缝隙，可以完全消除间隙腐蚀；

③ 焊接接头不是角接形式而是对接形式，可以承受大的载荷。

因此内孔焊可以使用于要求降低焊接接头温度并免除热疲劳的换热器；使用于要求避免壳程介质间隙腐蚀的换热器；使用于要求有较高强度的连接接头的换热器，如设计压力大、设计温度高、条件苛刻的换热器。

18 何种标准的管子可用作换热管？

换热管属受压元件，除应具有作为受压元件应有的材料性能

（机械性能、冲击韧性、高温塑性、焊接性）之外，换热管本身还有自己的特殊要求：

a. 尺寸精度高（外径、壁厚、长度）；

b. 材料塑性韧性好，特别对于胀管、翻边、弯管；

c. 薄壁管的焊接性能；

d. 硬度值，一般须低于管板的硬度值；

e. 试验压力高。

上述要求高于输送流体用的钢管的要求。因此，只有能满足上述要求的管子，才可用来制造换热器。

19 U形管式换热器的U形换热管，在弯制时有何要求？

① 按GB 151—1999标准规定，对于常规换热器，U形管的弯制应：

a. 弯管段的圆度偏差，应不大于管子名义外径的10%；

b. U形管不宜热弯；

c. 当有耐应力腐蚀要求时，冷弯U形管的弯管段及至少包括150mm的直管段应进行热处理，碳钢、低合金钢管作消除应力热处理；奥氏体不锈钢管可按协议方法热处理。

② 对于低温换热器，U形管的弯制应：

a. 采用冷弯，且弯曲半径小于10倍管子外径时，弯后必须进行消除应力热处理；

b. 原已经过热处理的管材，在热弯或弯曲半径小于10倍管子外径的冷弯管，必须重新进行与原热处理相同的热处理。

20 有抗应力腐蚀要求时，对换热器及管板与换热管的连接接头应如何考虑？

对换热器筒体、管箱（含换热管）的处理方法为：

a. 免除局部应力（焊接残余应力、冷作产生的应力等）；

b. 采用耐应力腐蚀的材料；

c. 避免产生过高的拉应力。

对换热管与管板之间的连接接头，按通常的方法采用焊和

（或）胀。胀接会引起大的局部应力，对于易引起加工硬化的材料更甚。这个应力如被消除，则胀接也就失去意义，故对具有应力腐蚀的场合，接头连接不采用胀接。焊接结构虽也会引起局部应力，但由于管壁薄、拘束度低，此局部应力不会太大，故一般不做消除应力热处理。

21 奥氏体不锈钢材料的换热管，在采用胀接时应注意什么？

奥氏体不锈钢属加工硬化倾向大的材料，为获得可靠的胀接连接以及降低应力腐蚀的可能性，应减少在胀管时的变形量。为此，TEMA 中规定，为了减少加工硬化，可采用较紧的管子外径和管孔内径之间的配合。

22 换热管需拼接时如何规定？

按 GB 151—1999，对于常规换热器允许拼接。同一根换热管，其对接焊缝不得超过一条（直管）或二条（U 形管）；U 形管弯管段及包含至少 50mm 直管段的范围内不得有拼缝；最短管长为 300mm；错边量≤15%壁厚（且≤0.5mm），错边量及直线度偏差不应影响顺利穿管；对接后通球检查按 GB 151—1999 规定；焊缝 RT 检查，抽查率≥10%，且不少于一条，符合 JB/T 4730 中Ⅲ级为合格。对接接头应作焊接工艺评定，按 JB 1614 规定进行；对接后的换热管逐根以 200%设计压力进行水压试验。

23 管箱和浮头箱在什么情况下要进行热处理？

据 GB 151—1999 规定，下列情况需进行焊后消除应力热处理。

（1）碳钢、低合金钢制的焊有分程隔板的管箱和浮头盖（热处理后加工法兰密封面）。

（2）碳钢、低合金钢制的管箱侧向开孔超过 1/3 圆筒内径的管箱（热处理后加工法兰密封面）。按 GB 151—1999 规定，奥氏体不锈钢制的管箱和浮头盖，一般不做焊后消除应力热处理。但是对变形有较高要求时，可按供需双方商定的办法进行热处理。有资料介绍，可以进行低温（$t<427$℃）或高温即不考虑材料敏化而形成

晶间腐蚀时（$t>427$℃）的消除应力热处理。但其消除应力的效果低于碳钢和低合金钢。

奥氏体不锈钢制的管箱和浮头盖，当有较高抗腐蚀要求或在高温下使用时，此时应保持奥氏体，防止敏化且要防止管箱、浮头盖变形。因此，可进行固溶处理（恢复奥氏体），由此所形成的残余应力以及焊管箱时所形成的残余应力，可由低温退火来消除，然后再进行法兰密封面的加工。

24 管箱的封盖何时采用平盖板？

管箱的封盖基本上分为平盖板和椭圆形封头两种。平盖板拆卸方便，检查维修管程时不必拆卸管道。有分程隔板时，采用平盖板则结构简单易行，其不足之处是平板形式，应力大，稍厚则为锻件。椭圆形封头则与其相反，在大直径、压力高时省材料，但也带来拆卸不便。选择何种形式的封盖应依具体条件决定。一般在直径大、压力高、维修情况允许时倾向于使用椭圆形封头作封盖，有时还可焊死而不用法兰。而在直径较小、压力不高、维修需要常拆时则倾向于选用平盖板作封盖。另外，在一项工程设计中还要考虑形式统一的因素。

一般认为：

$DN<900$mm 可以考虑采用平盖板或采用椭圆封头封盖；

$DN\geqslant 900$mm 只采用椭圆封头封盖。

25 管箱上接管的 D 类焊缝与管箱圆筒的 B 类焊缝的距离应取多少？

GB 151—1999 规定：该距离不应小于 3 倍壳体壁厚，且不小于 50mm。

26 折流板的厚度如何确定？

折流板既有改变流体方向、提高传热效果的作用，又有作为支承板来支承管束的作用，其厚度取决于所支承的重量及工作条件。管束直径大、重量重及管子无支承跨距大，则厚度厚；浮头式换热器管束在管间结垢严重而又要抽出管束以及管子有振动时折流板也应取厚一些；立式换热器壳程无腐蚀时折流板可取薄些。GB 151—1999 标准中给出卧式固定管板换热器的折流板厚度为折流板的最小厚度，在有上述需要抽出管束等操作时应适当加厚折流板厚度。

27 为什么常常将拉杆与螺母及螺母与折流板之间点焊？

螺母与拉杆间应锁紧，因此 GB 151—1999 标准中规定用双螺母，这种锁紧形式是可行的。但是在固定管板换热器中，尤其是管子有振动时，锁紧方式应更牢靠。国外某工程设计，将拉杆采用单螺母锁紧，然后二者之间点焊，再点焊折流板与螺母。曾发生过采用单螺母时，因换热管振动而螺母松脱的实例。

28 管板管孔为什么不注管孔中心距偏差，而注孔桥宽度偏差？

限制过管板管孔中心距偏差，其不足之处是：此允差未考虑管板厚度使钻头偏斜所形成的偏差，且不便于测量。GB 151 标准采取限制终钻侧管板表面上的孔桥宽度偏差，既方便检查测量，又考虑周到。

29 U 形膨胀节强度计算的理论基础是什么？

较精确的理论解析方法是基于环壳和环板的微分方程应用级数求解得到的。这种方法甚为繁复，不易掌握，因而在工程中的应用受到限制。实用的工程近似方法是将膨胀节视为梁、曲杆或环板，运用材料力学的分析方法求得简单的设计计算式。GB 150—2011 关于 U 形膨胀节的计算公式就是分别将膨胀节视为梁、曲杆及环板模型，从而导出各向应力的。

30 在什么情况下固定管板换热器须设膨胀节？

在管板计算中（GB 151）按有温差的各种工况计算出的壳体轴向应力 σ_c、换热管轴向应力 σ_t、换热管与管板之间连接拉脱力 q 中，有一个不能满足强度条件时，就需要设置膨胀节。在管板校核计算中，当管板厚度确定之后，不设膨胀节时，有时管板强度不够；设膨胀节时，有时管板强度则可满足要求。此时，也可设置膨胀节以减薄管板，但要综合权衡材料消耗、制作难易、安全以及经济效果。

31 膨胀节的材料为什么常常使用不锈钢？

膨胀节的材料常采用奥氏体不锈钢（304、304L、321、316、316L 等），其原因如下：

① 不锈钢腐蚀裕量小，膨胀节厚度可薄些，单波补偿量大；

② 不锈钢膨胀节在同样的寿命（循环次数）时，其许用应力幅度值比碳钢膨胀节的高，前者为后者的 130%～180%；

③ 不锈钢的塑性为碳素钢的一倍，有利于冷成形。

32 何种情况采用多层单波、多层多波膨胀节？

常用的膨胀节为单层单波、单层多波膨胀节。

多层膨胀节为多层薄板，总厚与单层膨胀节相当（耐同样压力时）的膨胀节。承受同样的纵向变形时，多层波纹管的径向薄膜应力和径向弯曲应力比单层约小 $1/m^2$ 或 $1/m$（m 为多层膨胀节的层数）。因此，在同样由轴向变形引起的应力情况下，多层比单层的补偿量大。单层单波膨胀节在高设计压力时，其补偿量急剧减少，此时可用多层单波膨胀节。而多层多波膨胀节则用于设计压力高、需要补偿量大的设备。

33 固定管壳式换热器焊后整体热处理应注意哪些问题？

固定管壳式换热器焊后热处理有两种方法。一种方法为分段热处理，先把壳体进行焊后热处理，然后把管板与壳体、管子与管板焊后局部热处理。这种处理方法，生产周期长、能耗大、劳动强度高。另一种方法是整体焊后热处理，这种方法处理的关键是如何控制热处理过程中的温差应力，当壳体和管子材料相同时，在加热过程中，壳体受热快而管束受热慢，由于温差作用，壳体的热膨胀伸长比管束大。但壳体的伸长会受管束的约束。使管束受到拉应力，壳体受到较大的压应力。当热处理完后，冷却过程受力与上述相反，因此在加热及冷却时，温度应力应小于材料在该温度下的屈服强度 $[\sigma]_s^t$。

固定管壳式换热器焊后整体热处理时升温和冷却速度比其他容器严格，这是由于管板、管子、壳体的厚度差较大，因此升温和冷却速度要控制在 65℃/h。尤其不能忽略冷却速度，某厂由于忽视控制冷却速度，管子与管板连接处大面积裂纹，造成重做该设备。

为保证管子和管板连接的使用可靠性，通常应不采用焊后整体热处理的方法。

34 换热器压力试验的顺序有何规定？

换热器压力试验的顺序按 GB 151 中规定。

(1) 固定管板换热器试验顺序　壳程试压，同时检查换热管与管板连接接头（以下简称接头）；管程试压。

(2) U 形管换热器、釜式重沸器（U 形管束）及填函式换热器试验顺序　用试验压环进行壳程试验，同时检查接头；管程试压。

(3) 浮头式换热器、釜式重沸器（浮头式管束）试验顺序　用试验压环和浮头专用试压工具进行接头试压。对釜式重沸器尚应配备管头试压专用壳体；管程试压；壳程试压。

(4) 按压差设计的换热器　接头试压（按图样规定的最大试验压力差）；管程和壳程同步进行试压（按图样规定的试验压力和程序）。

35 按压差设计的换热器怎样检查换热管与管板的连接接头？

对按压差设计的换热器，一般来说管板的计算压力小于管、壳程中任一设计压力的较高侧压力。若壳程压力高于管程压力，就不能直接用壳程试验压力试压，应用管板允许的压力先试压检查接头，然后将管程与壳程同时试压。但若管程压力高于壳程压力，甚至二者之压差还高于壳程压力，则不能用普通的试压方法在壳程试压以检查接头的致密性，此时可利用比空气及水的渗透性大得多的氨或氟利昂。氨气试验时可通入含氨体积约 1%的压缩空气，在达到规定的氨渗透试验压力时，使用 5%硝酸亚汞或酚酞试纸检查，以试纸上未出现黑色或红色斑点为合格。用氟利昂试验时，用卤素或检漏器检查。由于氟利昂试压时灵敏度较高，故适用于高压差换热器。

36 在管程设计压力高于壳程设计压力时，如何检验换热管与管板之间连接接头的致密性？

此时壳程的试压压力低于管程的试压压力，在管程试压压力下如发生连接处泄漏，不好发现，可用下列方法处理。

① 由于 GB 151 标准所规定的圆筒最小厚度比卧式容器的厚，壳体可以承受一定程度的压力。当这个压力高于设计压力并且在管板强度允许的情况下，按其 0.9 倍的应力值计算壳程的试压压力，此时该压力有可能大于管程的试压压力。此时在图样上标明计算后的壳程试压压力。

② 管程介质为液体时，可在壳程试压（水）之后，再在壳程以 1.05 壳程设计压力的空气进行气密性试验。

③ 管程介质为气体、蒸汽时，可在壳程试压（水）之后，再在壳程进行氨渗漏或氦渗漏检查。

37 设计换热器时在何种情况下尤其要注意防止换热管的振动？

壳程流体为气体或液体，当符合下列条件之一时，可能发生管束振动：

a. $f_v/f_n>0.5$

b. $v/v_c>1.0$

c. $f_v/f_a=0.8\sim1.2$

式中 f_v——卡曼旋涡频率，Hz；

f_n——管子最低固有频率，Hz；

v——横流速度，m/s；

v_c——临界横流速度，m/s；

f_a——声频率，Hz。

换热管的无支承跨距大时，f_n 值降低很快，会促使 $f_v/f_a>0.5$，因而会导致管束振动。

因此在设计换热器时，若壳程介质为气体或蒸汽，或换热管无支承跨距较大时，尤其要注意防止管束可能产生的振动。

38 什么是挠性管板？它适用于什么工作条件？

所谓挠性管板是指管板与壳体之间有一个圆弧的过渡连接，且管板较薄，因而具有挠性。能够补偿壳体与管束之间的热膨胀差，大大减小壳体与管束之间的温差应力是挠性管板的最大特点。此外，挠性管板采用薄管板结构，其管、壳程压差载荷由若干根管壁较厚的拉撑管承受，因而管板本身的温度梯度较小，由此产生的热应力也小。且薄管板既节省材料，又易于加工制造。另一方面，由于管板与壳体采用圆弧过渡，故应力集中较小。

挠性管板常见有平管板和椭圆管板两种。挠性平管板制造相对简单些，而挠性椭圆管板则具有更好的力学特性。挠性管板特别适合于高温场合。椭圆管板则同时还适合于高压、大直径的情况。

39 双管板换热器的特点是什么？何种情况下使用这种换热器？

双管板换热器指的是在管壳式换热器的两端各有两块管板（或两层管板），换热管分别与两块管板连接。这种换热器中，同一个元件两侧分别是管程介质和壳程介质者只有换热管。因此，只有换热管本体产生泄漏才会形成管程介质同壳程介质相混，而这种泄漏的可能性远较换热管与管板之间连接和浮头管箱法兰连接处泄漏的可能性为小。

因此，在对管程介质和壳程介质严格要求其不相混时，可选用双管板换热器。

第六章 球形储罐

1 球形储罐的主要特点是什么？

球罐与同容积的圆筒形容器相比，表面积最小，节省钢材，但钢板的利用率低。球罐受力均匀。在相同直径和工作压力下，其薄膜应力仅为圆筒容器的环向应力的1/2，板厚约为圆筒形容器的一半，因而球罐用料省，造价低。

另外球罐与同容积的圆筒形容器相比，受风面积小，承受风载荷时，较圆筒形容器安全。

球罐基础简单、工程量较小，造价较低。但球罐制造安装较难，技术要求较高。

2 GB 12337—1998 适用范围及主要内容是什么？

GB 12337—1998 适用于设计压力不大于 4.0MPa 的橘瓣式或混合式以支柱支撑的球罐，规定了碳素钢和低合金钢制球形储罐的设计、制造、组装、检验与验收的要求。

3 GB 12337—1998 不适用于哪些球罐？

本标准不适用于下列球罐：受核辐射的球罐；经受相对运动（如车载或船载）的球罐；公称容积小于 $50m^3$ 的球罐；要求做疲劳分析的球罐；双壳结构的球罐。

4 GB 12337—1998 所管辖范围有哪些？

一般是指球罐及与其连为整体的受压零部件。且划定在下列范围内：当外管道与球罐接管连接时采用法兰连接的第一个法兰密封面；采用螺纹连接时的第一个螺纹接头；采用接管与外管道焊接连接时的第一道环向焊缝；球罐开孔的承压封头、平盖及其紧固件、与球壳连接的非受压元件，如支柱、拉杆、底板等；直接连在球罐上的超压泄放装置。

5 球罐制造单位的主要职责是什么？

球罐制造单位必须按照设计图样和有关标准要求进行制造和检验，使制造的产品质量达到优良或合格标准，如需变更原设计，应取得原设计单位的认可。对每台球罐应提供下列文件：球壳板及其组焊件的出厂合格证；材料质量证明书或复制件；材料代用审批文件；球壳板与人孔、接管、支柱的组焊记录；无损检测报告；球壳排版图。

当标准有规定或图样有要求时，下列文件也应提供：与球壳板焊接的组焊件热处理报告；球壳板热压成形工艺试验试板的力学和弯曲性能报告；球壳板材料的复验报告；极板试板焊接接头的力学和弯曲性能检验报告。

6 球罐安装单位的主要职责是什么？

球罐安装单位必须按照设计图样和有关标准要求进行安装，使安装质量达到优良或合格标准。如需变更原设计应取得原设计单位的认可。对每台球罐还应提供下列技术文件：①竣工图；②球罐竣工验收证明书。

其证明书至少应包括下列内容：球壳板及其组焊件的质量证明书；球罐基础检验记录；球罐施焊记录（附焊缝布置图）；焊接材料质量证明书或复验报告；产品焊接试板试验报告；焊缝无损检测报告；焊缝返修记录；球罐焊后整体热处理报告；球罐几何尺寸检查记录；球罐支柱检查记录；球罐压力试验报告；球罐气密性试验报告；球罐基础沉降观测记录。

7 设计球罐时应考虑哪些载荷？

应考虑以下载荷：设计压力；液体静压力；球罐自重（包括内件）以及正常操作条件下或试验状态下内装介质的重力载荷；附属

设备及隔热材料、管道、支柱、拉杆、梯子、平台等的重力载荷；雪载荷；风载荷；地震载荷。

8 球罐的设计厚度如何求得？

球壳的设计厚度由下式确定：

$$\delta=\frac{p_c D_i}{4[\sigma]^t\phi-p_c}+C$$

$$C=C_1+C_2$$

式中 δ——球壳设计厚度，mm；

p_c——计算压力，MPa；

D_i——球壳内直径，mm；

$[\sigma]^t$——设计温度下球壳材料的许用应力值，MPa；

ϕ——焊缝系数；

C——厚度附加量；

C_1——钢管或钢板的厚度负偏差，按相应钢管或钢板标准选取，mm，当钢材的厚度负偏差不大于 0.25mm 时且不超过名义厚度的 6%时，可取 $C_1=0$；

C_2——腐蚀裕量，取 C_2 不小于 1mm，对于不锈钢，介质的腐蚀性极微时，可取 $C_2=0$。

9 球罐计算中各带的物料高度是如何计算的？

球罐设计中，当物料为液体时，需要从充装系数 K 出发，求出物料高度 H，特别是大型球罐的设计，物料高度更为重要。这里介绍的表格方法，是一种较为简捷、准确的方法。

经推导计算，得到以下公式：

$$H=\left[2\cos\frac{\arctan\frac{\sqrt{1-(2K-1)^2}}{2K-1}+\pi}{3}+1\right]R$$

令 $K_1=2\cos\dfrac{\arctan\frac{\sqrt{1-(2K-1)^2}}{2K-1}+\pi}{3}+1$

则 $$H=K_1R$$

系数 K_1 只与充装系数 K 有关，将不同的 K 值给出，即可得到相对应的 K_1 值，然后代入公式中，球罐的物料高度便可算出（见图 6-1）。

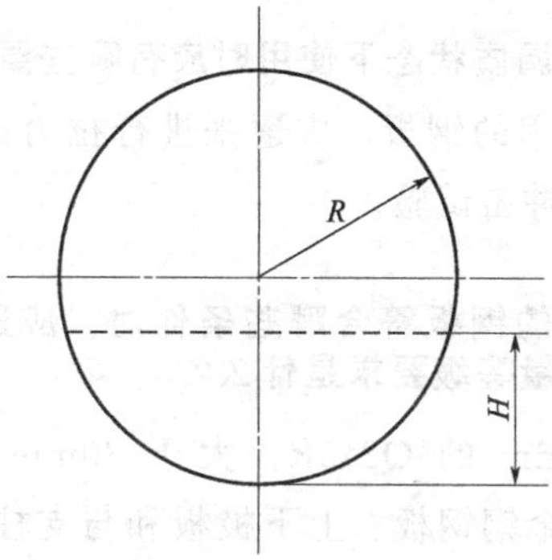

图 6-1 球罐的物料示意图

10 制造单位应如何考虑球罐的板材加工裕量？

球罐制造单位应根据制造工艺条件，考虑板材的加工裕量，以确保球罐产品各部位的实际厚度不小于该部位的名义厚度。

11 选择球罐用钢需考虑哪些因素？

球罐用钢一般分受压元件（球壳板、锻件、钢管、螺栓和螺母）用钢和非受压元件（支柱、拉杆、支耳、底板）用钢。对于非受压元件用钢，当与受压元件焊接时，也必须是焊接性能良好的钢材。

受压元件用钢应由平炉、电炉或氧气转炉冶炼。技术要求应符合相应的国家标准、行业标准或有关技术文件。应附有钢厂的钢材质量证明书（或其复印件），制造单位应按质量证明书对钢材进行验收，必要时应进行复验。球罐用钢必须考虑使用条件（如设计温度、设计压力、物料特性等）、材料的焊接性能、制造工艺和组装要求以及经济是否合理。当设计温度低于或等于−20℃时，钢材还应符合 GB 50094—2010“附录 A 低温球形储罐”（补充件）的要求。当对钢材有特殊要求时（如要求特殊冶炼方法、较高的冲击功指标、提高无损检验要求、增加力学性能检验率等），并在图样或文件中加以注明。对于GB 12337—1998规定以外的其他钢材，还应符合GB 150的要求。

12 球罐用钢板在调质状态下使用时应有哪些要求?

调质状态下使用的钢板，应逐张进行拉力试验和夏比（V形缺口）常温或低温冲击试验。

13 用于制作球壳的钢板符合哪些条件时，应逐张进行超声波探伤检查？其质量等级要求是什么?

厚度大于38mm的Q245R，大于30mm的Q345R，大于25mm的其他低合金钢钢板、上下极板和与支柱连接的赤道板等，用于制作球壳的钢板，均应逐张进行超声波探伤检查。

碳素钢钢板的质量等级以Ⅳ级为合格，低合金钢板以Ⅲ级为合格。

14 选择球罐用焊条应注意些什么?

焊条必须具有质量证明书。质量证明书应包括熔敷金属的化学成分、机械性能、扩散氢含量等。各项指标应符合GB 5117、GB 5118、JB 2835、GB 984的有关规定。

球壳的对接焊缝以及直接与球壳焊接的焊缝，必须选用低氢型焊条，并按批号进行扩散氢复验。

15 球罐有哪些结构形式?

球壳结构形式如图6-2所示。

16 球壳与支柱连接有哪些形式？常用何种结构形式?

支柱与球壳的连接一般采用赤道正切形式。其他连接形式如V形柱式、三合一柱式、裙式、锥底式等。

支柱与球壳连接常采用翻边结构或加托板的结构形式（见图6-3）。

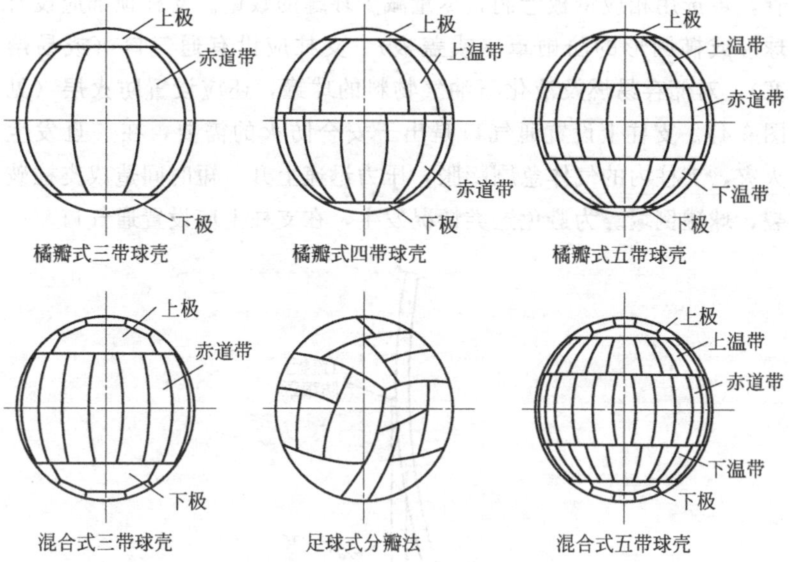

图 6-2　球壳结构形式

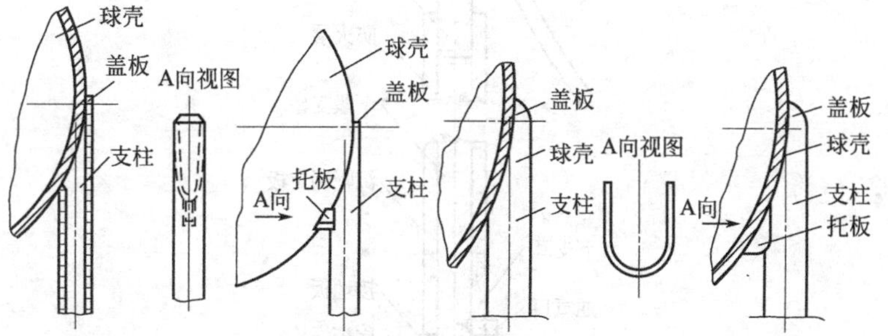

图 6-3　支柱与壳体连接形式

17 支柱设计应考虑哪些因素？

支柱一般采用钢管制作，支柱可分段，但与球壳板连接段的长度应不小于支柱总长的 1/3。段间的环向连接焊缝应全熔透。可采用加垫板的对接焊缝。对于大型球罐的支柱，由于无大直径的钢管，可选用相应钢板卷制，尽量减少环缝的数量。支柱顶部应设有球形或椭圆形的防雨罩（或盖板）。支柱应设有通气口（或易熔塞），对储存易燃及液化石油气物料的球罐，还应设置防火层（见图 6-4）。支柱上设置通气口是出于安全防火的需要，在一旦发生火灾，支柱内的气体急剧膨胀，压力迅速上升，短时间造成支柱破裂，球罐倒塌。为避免这类情况发生，在支柱上应设置通气口。

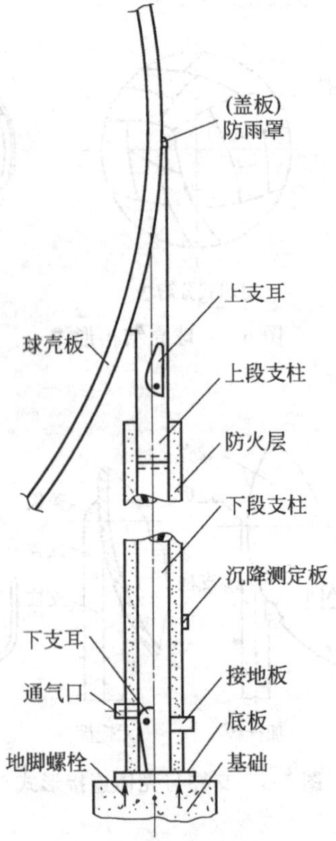

图 6-4 支柱各部分名称

18 球罐拉杆结构形式有几种？

拉杆结构有可调式和固定式两种。可调式拉杆的立体交叉处不得相焊。固定式拉杆的交叉处采用十字相焊或与固定板相焊，拉杆与支柱的上下连接点应分别在同一标高上（见图 6-5）。鉴于目前的情况，固定式拉杆的计算方法，尚有待研究，GB 12337—1998 标准中仅提供了可调式拉杆的计算方法。

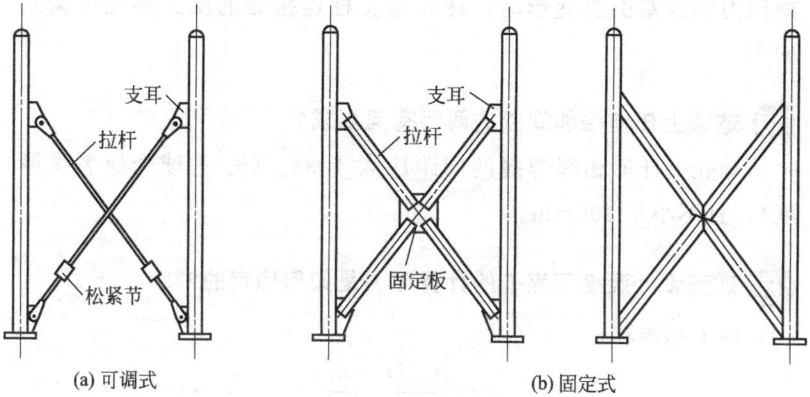

图 6-5 拉杆结构形式

19 球罐固定式拉杆有哪些特点？

固定式拉杆结构有以下特点。

① 将钢管焊接在支柱上形成刚性结构比较稳固，能有效地防止横向载荷造成的破坏。

② 可节省大量的零部件，不需任何机加工，制造比较简单。

③ 这种拉杆能承受拉伸和压缩载荷，而可调式拉杆只能承受拉伸载荷。另外支柱受力情况较好，当承受垂直载荷时，拉杆支承了部分垂直载荷，因而下段支柱所承受压缩力就小。当承受横向载荷时，固定式拉杆所承受的拉力比可调式的小，下段支柱所受的压缩力明显减小。因此此种结构比较安全。

④ 抗弯能力大。

⑤ 固定式拉杆可设计成受压的，拉杆的截面积比可调的大，刚性也大，因此球罐横向载荷产生的水平位移就小，偏移量小对球

罐上的接管有利。

⑥ 可调式拉杆虽能调节松紧，有利施工，但施工后因腐蚀则不起调节作用。固定式拉杆施工时调节好后，使用中不必再调整。

⑦ 固定式拉杆因支柱和拉杆是刚性结构，当球罐受横向载荷或压力和温差引起变形时，球壳与支柱连接处的反力要比可调式的大。

20 球罐上任何相邻焊缝的间距有何要求?

球壳上任何相邻焊缝的间距应大于 $3\delta_n$（δ_n 为球壳板名义厚度），且不小于 100mm。

21 球壳设计温度下壳壁的计算应力是如何确定的?

按下式确定：

$$\sigma^t = \frac{p_c(D_i + \delta_e)}{4\delta_e \phi}$$

式中 σ^t——设计温度下壳壁的计算应力，MPa；

δ_e——球壳有效厚度，mm；

p_c——计算压力，MPa；

ϕ——焊缝系数；

D_i——球壳内径，mm。

22 球罐排板时应遵循哪些准则?

球罐的壳体是由多块压制成球形曲面的球壳板组焊而成，这些球壳板如何组合成球形，即如何排板，应遵循下列准则：

① 必须满足所储存物料在容量、压力、温度方面的要求，且安全可靠；

② 受力状态最好；

③ 压制成形球壳板几何尺寸，尽量采用大的球壳板结构，使焊缝长度最短，减少安装工作量；

④ 根据钢板规格，尽量提高板材利用率；

⑤ 规格少，互换性好；

⑥ 能使所有相邻焊缝相互错开；

⑦ 焊缝位置的分布应使装配应力、拘束应力与残余应力最小，且分布均匀。

23 球壳板制造时对其表面质量有何要求?

球壳板不得拼接且表面除符合图样要求外，不允许存在裂纹、气泡、结疤、折叠和夹渣等缺陷。球壳板不得有分层。

24 球壳板相邻两板厚度差大于薄板厚度的25%或大于3mm时，应如何处理?

当发生上述情况时，厚板边缘应削成斜边，削边后的端部厚度应等于薄板厚度，其形状和要求见图6-6。

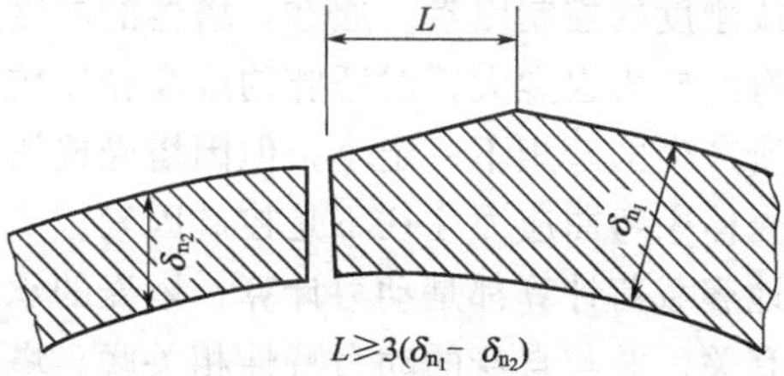

图6-6 厚板边缘形状和要求

第七章 钢制塔式容器

1 裙座支承的钢制塔器规定高度和高径比适用范围的原因是什么?

(1) 塔属高耸构筑物，除承受压力载荷与重量外，尚有风和地震载荷以及外部管道的载荷等。当压力较低时，风或地震载荷往往成为塔器强度或刚度的控制因素。通常，塔器的高度愈高，由侧向载荷而产生的弯曲应力也愈大；对矮胖的或高径比较小的塔器，尽管因风或地震所产生的弯矩不一定小，但因塔壳或裙座壳的抗弯截面模数较大，壳体中弯曲应力往往不是控制因素。

(2) 风和地震载荷计算都是动力计算，塔壳的承载能力不仅与自身几何尺寸有关，并与自身的动力特性相关联。塔的振动形式分为剪切振动、弯曲振动或剪切-弯曲联合振动。各种塔器究竟属何种振动形式主要取决于它的 H/D 比值。$H/D \leqslant 4$ 时以剪切振动为主；$4 < H/D \leqslant 10$ 时为剪切-弯曲联合振动；$H/D > 10$ 以弯曲振动为主。为简化塔自振周期和地震载荷的计算，排除 $H/D < 5$ 的剪切为主的振动，同时忽略 $5 \leqslant H/D \leqslant 10$ 的剪切分量的影响，仅考虑塔器的弯曲振动。即仅采用基底弯矩法便可满足要求。在 $5 \leqslant H/D \leqslant 10$ 范围内忽略剪切分量对计算的影响是较小的。由于剪切变形能降低塔的刚度，使自振周期增大，因而忽略剪切变形的影响，会使自振周期减小，根据地震反应谱曲线，地震影响系数将相应增加，使地震载荷计算结果略偏于安全。

综上所述，通过大量验算和震灾实地调查，在工程中做这种规定和简化是合理可行的。

2 塔器设计时应考虑哪些载荷？

设计时应考虑以下载荷：

① 设计压力；

② 液柱静压力，当塔器各部位或受压元件所承受的液柱静压力达5%的设计压力时，始考虑之；

③ 塔器自重（包括内件和填料等）以及正常操作条件下内装物料的重力载荷或液压试验的载荷；

④ 附属设备及隔热材料、衬里、管道、扶梯、平台等的重力载荷；

⑤ 风载荷和地震载荷。

必要时，尚应考虑以下载荷的影响：

① 连接管道和其他部件引起的作用力和弯矩；

② 因热膨胀差而引起的应力；

③ 压力和温度变化的影响；

④ 塔器在运输或吊装时承受的作用力。

3 SH/T 3098—2011《石油化工塔器设计规范》安全系数与GB 150—2011《压力容器》有何不同？其原因是什么？

《石油化工塔器设计规范》（简称《塔器》）中受压元件在压力载荷作用下的安全系数与《压力容器》的规定相同。

但计算风载荷和地震载荷作用下塔壳和裙座壳的组合拉、压应力时，塔器的组合拉、压许用应力值在《压力容器》第9章的基础上分别乘以载荷组合系数$K=1.2$，即降低了原来的安全系数，其原因如下。

① 从塔器承受载荷的时间长短视其载荷大致可分为长期作用载荷和短期作用载荷两类。压力、温度和重力属长期作用载荷；风和地震属短期作用载荷。地震载荷一般都是瞬间的。

我国风载荷规范规定，风载荷按30年一遇10min平均最大风速计算。结构在长期载荷作用下，其应力、应变应是恒定值，不随时间而变化。设计时将其应力水平限制在一定范围内，便能长期安全运行。短期载荷情况不同，它的作用不具有较长的持续期，即使应力水平稍高，也不致给容器造成危害。

② 从应力的分布看，压力载荷在塔壳中引起的轴向拉应力或压应力以及重量引起的压应力沿壳体截面呈均匀分布，而风弯矩和地震弯矩引起的轴向拉、压应力沿截面呈线性分布。

③ 国外著名压力容器规范，例如美国的 ASMEⅧ-2、英国的 BS5500、日本的 JPI 以及我国 SH/T 3001—2005《石油化工设备抗震鉴定标准》均针对地震、风等短期载荷的特性将许用应力值适当提高，其中以日本规范提高得最多，短期效应是长期效应许用应力的 1.5 倍。

④《塔器》风载荷计算根据国标 GB 50009—2012《建筑结构荷载规范》的规定，其风压高度变化系数、风振系数相对于《压力容器》都有一些改变。

综上所述，规定在《塔器》中区分长期效应和短期效应。同时为了与《压力容器》中的计算结果不致相差太大，故在《塔器》中引入载荷组合系数 K，将许用应力值增大 1.2 倍。

4 地震影响系数的含义是什么？

地震影响系数是单质点弹性结构在地震作用下的最大加速度反应与重力加速度比值的统计平均值，它与结构的自振周期和特征周期相关联。

5 什么是地震基本烈度？

一个地区的地震基本烈度是指该地区今后一定时期内，在一般场地条件下可能遭遇的最大地震烈度，即现行《中国地震烈度区划图》规定的烈度。

6 什么是抗震设防烈度？

抗震设防烈度是按国家批准权限审定，作为一个地区抗震设防依据的地震烈度。一个地区的抗震设防烈度与本地区地震基本烈度不一定相同。

7 什么是场地土类型？场地类别？场地所指区域范围有多大？

场地土类型是表层土刚度的表征，分坚硬、中硬、中软和软弱四类。

场地类别是场地条件的表征，按表土层软硬和覆盖层厚度划分为Ⅰ、Ⅱ、Ⅲ、Ⅳ四类。它与承载能力和特征周期相关。

场地所指区域范围，大体相当于厂区、居民点和自然村的区域范围的构筑物所在地，它具有相近的地震反应谱特性，是个较大的区域，并非仅指塔所在的局部位置。

8 什么是基本风压？

我国基本风压系以当地比较空旷平坦地面、离地 10m 高统计所得的 30 年一遇 10min 平均最大风速 v_0（m/s）为标准，按 $q_0=v_0{}^2/1600$ 确定的风压值（kN/m^2）称为基本风压。

世界各国确定基本风压值的条件不同，例如：

① 日本　按离地面 16m，50 年一遇瞬时最大风速计；

② 前苏联　高耸构筑物按 20 年一遇 2min 平均最大风速计，其他构筑物按 10～15 年一遇 2min 平均最大风速计；

③ 英国　按离地 12.19m（40ft），50 年一遇 3s 瞬时风速计，并按地形、地面粗糙度和构筑物寿命进行修正；

④ 美国　曾因风造成灾害的地区或重要构筑物按 100 年一遇计；一般构筑物按 50 年一遇计；无生命危险的构筑物按 25 年一遇计；其离地面高度均为 10.06m（33ft），其时距为变值，并按式 $t=3600/v$(s) 计算时距，式中，v 为最大风速，哩/h。

9 根据风速数据如何换算基本风压值？

风压 W 和风速 v 的关系式为：

$$W=1/2(\rho v^2)$$

式中，$\rho=1.25kg/m^3$（空气密度 ρ 因各地而异，工程中可设定 $\rho=1.25kg/m^3$）。

所以基本风压　$W_0=v_0{}^2/1600$　（kN/m^2）

基本风速 v_0 根据当地观测平均风速确定。平均风速随时间不同而变化，时距愈大，平均风速最大值愈小，我国规定的取样时距为 10min。

全国各地基本风压通常不需换算，可从《全国基本风压分布图》中查得，如工程中另有规定，则应采用工程规定中提供的基本风压值。

10 风载体形系数的含义是什么？

风载体形系数是指风作用在建筑物表面所引起的实际压力与来流风压的比值。它表示构筑物表面在稳定风压作用下的静态压力分布规律，主要与构筑物的体形和尺寸有关。圆筒形体形系数为0.7，球形的体形系数为0.4。

11 风振系数的含义是什么？

基本风压没有反映风速中的脉动成分，风振系数是为了考虑脉动风压对结构的不利影响。

它与塔结构阻尼比、结构基本自振周期、地面粗糙度、塔高和计算段高度等参数有关。

12 什么是直立设备的“自振周期”和“振型”？其对设备受载有何影响？

设备以其固有频率作自由振动时的振动周期称为“自振周期”，其值随设备的质量和高度增加而增大。表征振动时立式设备各质点位移轨迹的曲线或函数关系，称为“振型”。立式设备振动时具有多种振型，每种振型均对应有一个自振频率和自振周期。自振频率最小，即自振周期最大的称为第一振型或基本振型。自振频率由小到大还有第二、第三振型等。后者称为高振型。高振型振动将使地震弯矩增加。为此《塔器》规定，当长径比 $H/D<15$ 时，仅按第一振型计算地震弯矩；当 $H/D\geqslant 15$ 时，需考虑高振型的影响，但计算较繁，为简化计算，在工程上可将其地震弯矩取上述计算值的1.25倍。另外，风诱导振动产生的交变弯矩与自振周期的平方成反比，而高振型的自振周期小，故其诱导振动弯矩将大大高于第一振型弯矩。

13 什么是直立塔设备的“共振”？有何危害？如何防止？

受风诱导振动的频率与设备的自振频率相近或相等时，设备就发生共振，此时设备产生的挠度将达到峰值，严重时会导致设备破坏。直立设备按第一振型共振时的风速称为第一振型临界风速 v_{c1}；同理有第二临界风速 v_{c2} 等。若实际风速 $v<v_{c1}$，设备不会发生共振，此时不必进行诱导振动计算；若 $v>v_{c2}$，设备可能发生第一、二振型共振，此时第一、二振型共振均需计算。实际上第二振型共振仅细高设备有可能发生，而第三振型共振一般不会发生。

若使外力产生的激振频率远离设备的自振频率，就可防止共振发生。为此采用以下防范措施：

a. 增加壁厚，提高自振频率或临界风速；

b. 采用扰流装置，扰乱或防止涡流的形成，如在壁上沿轴向焊翅片或挡板等，平台、梯子也有扰流作用。

14 《塔器》中风载荷计算相对于国标 GB 150—2011《压力容器》主要有何不同?

《塔器》将陆地上风压高度变化系数由原来的一类改为 A、B、C 三类。

在大气边界层内，风速随离地面高度而增加，当气压场随高度不变时，风速随高度增加的规律，主要取决于地面粗糙度和温度垂直梯度。距地高度超过 300m，风速不再受地面粗糙度的影响。过去不考虑地面粗糙度的影响，在一定情况下会有较大误差，《塔器》中的 B 类风压高度变化系数基本与《压力容器》的规定相当，A 类和 C 类则有明显差别：

① A 类　系指近海海面、海岛、海岸、湖岸及沙漠等；

② B 类　系指空旷田野、乡村、丛林、丘陵及房屋比较稀疏的中、小城镇和大城市郊区；

③ C 类　系指多层和高层建筑且房屋比较密集的大城市市区。

原国标假定结构为单自由度体系，经简化后得出的风振系数公式不能反映实际。《塔器》按多自由度体系，考虑了结构阻尼比、基本自振周期、地面粗糙度、塔总高和计算段高度等参数的影响。

15 《塔器》规定的最小厚度和腐蚀裕量与《压力容器》有何不同？

(1) 最小厚度（不包括腐蚀裕量）见表7-1。

表7-1 《塔器》与《压力容器》规定最小厚度比较表

钢种	《塔器》	《压力容器》
碳素钢、低合金钢	$2D/1000$，且不小于4①mm	$2D/1000$，且不小于3mm
不锈钢	不小于3mm②	不小于2mm

① 适用于直径≤3800mm，因塔器筒节较长，厚一些是为了增强其刚度。

② 为节省不锈钢，不要求 $\delta_{min} \geqslant 2D_i/1000$，又因塔节较长，故将最小厚度定为3mm。

(2) 腐蚀裕量《塔器》中塔壳的腐蚀裕量与《压力容器》相同，但规定裙座壳腐蚀裕量 $C_2=2mm$。

16 裙式支座与塔体的常用连接方式有几种？其各自的适用条件是什么？

裙座与塔壳的连接，常用对接接头或搭接接头，其典型结构如下。

(1) 筒形对接接头裙座　在工程中用得最多，理论上应使裙座壳平均直径 D_{sk} 与扣除腐蚀裕量后的封头直边平均直径 D 取齐，但为方便制造和检验，裙座壳的外径应与下封头外径相等。

(2) 锥形对接接头裙座　当塔身太高，则塔裙座承受外加弯矩太大，且地脚螺栓间隔较小时采用之。但封头的局部应力可能超标，有时需要进行应力分析，通常半锥角不大于15°。

裙座壳与下封头直边搭接，焊缝轮廓线应平滑过渡且不得与邻近环焊缝连成一体。这种形式组装比较困难，要求封头外径与裙座壳内径间间隙适当配合。

长径比很大、外加弯矩极大的条件下，裙座壳上端不开坡口，直接与下封头直边段搭焊的结构可用于重量不大、外加弯矩较小的条件下。

17 高塔沿塔高壁厚不等，分段时应考虑哪些因素？

由地震载荷或风载荷控制的塔壳与受内压控制的塔壳不同，沿塔高可按不同厚度分为若干段。

塔壳按不同壁厚分段，通常应考虑如下诸因素：

① 板厚规格不能太多，以免增加备料和施工管理困难；

② 相邻段板厚差，建议碳素钢不宜小于 2mm，不锈钢板厚度差可据实际条件适当减小；

③ 每一段厚度不同的塔节应有一定的长度，在确定塔节长度时应兼顾所供钢板宽度，最好使塔节高度为钢板宽度的整数倍。

18 塔裙座壳体过渡段设计准则是什么？

塔壳设计温度低于−20℃或高于 250℃时，裙座壳顶端部分的材料应与塔下封头材料相同；推荐过渡段长度取 4 倍保温层厚度，但不小于 500mm。

对奥氏体不锈钢塔，其裙座顶部应有一段高度不小于 300mm、材料与底封头相同的过渡段。

裙座材料除过渡段外，亦均按受压元件用钢要求选取。

19 板式塔塔盘支承圈对塔体稳定能否起径向加强作用？其条件是什么？

板式塔塔盘支承圈可对塔体稳定起加强作用，但应同时满足下列条件。

① 塔壳上不受支承圈支撑的弧长不超过 90°范围。

② 相邻两支承圈，不受支撑的塔壳弧长相互交错 180°。

③ 塔壳计算长度 L 应取下列数值中的较大者：

a. 同方位相邻支承圈的最大距离；

b. 从封头切线至第二个支承圈中心的距离再加上 1/3 封头曲面深度。

④ 支承圈与塔壳间可采用连续焊或间断焊，支承圈每侧间断焊缝总长应不小于塔壳内圆周长的 1/3。

20 裙座与塔壳连接焊缝在什么条件下须进行无损探伤？

JB/T 4710—20《钢制塔式容器》规定在下列情况下须进行磁

粉或渗透探伤：

① 塔壳材料抗拉强度≥540MPa或铬钼钢、低温钢时，裙座与塔壳的连接焊缝；

② 裙座材料为16Mn，且名义厚度大于30mm的裙座与塔壳连接焊缝。

此外，锥形裙座当弯矩很大或半锥角较大时，可能在封头内引发高局部弯曲应力，此时亦应进行磁粉或渗透探伤。通常半锥角应尽量减小，必要时应作应力分析。

21 裙座基础环、地脚螺栓座有几种结构形式及其选用条件是什么？

裙座基础环、地脚螺栓座通常有四种结构形式（见图7-1）。

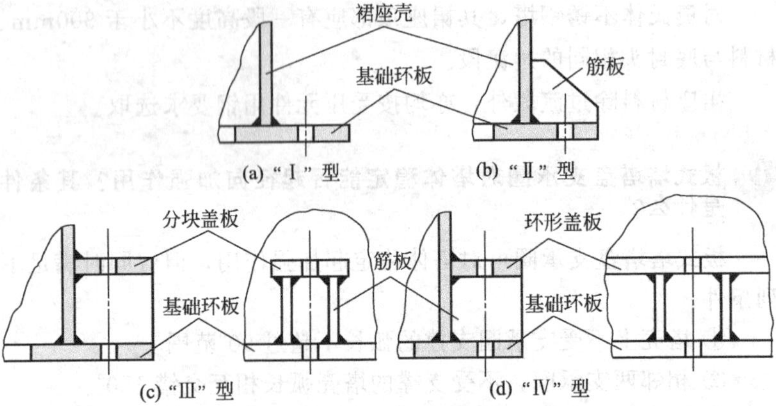

图7-1 裙座基础环、地脚螺栓座结构形式图

在一般情况下其选用条件：基础环板厚度≤12mm时，可采用"Ⅰ"型；基础环板厚度为12～19mm时可采用"Ⅱ"型；基础环板厚度≥20mm时，采用"Ⅲ"或"Ⅳ"型。为降低裙座应力或当"Ⅲ"型地脚螺栓座间隔太小不便施工时，常采用"Ⅳ"型环形盖板。

通常基础环板厚度不要小于环形盖板厚度。《塔器》规定基础环板厚度不论有否筋板，均不得小于16mm。

22 《塔器》中验算液压试验裙座壳轴向应力时，为何取0.3倍风弯矩？

式中取0.3倍风弯矩是人为设定的，主要基于：

① 人们通常不会选择在风力较大条件下，更不会在30年一遇的基本风压下进行液压试验；

② 液压试验时发生地震的概率很小；

③ 液压试验时塔的最大质量 m_{max} 是短期载荷；

④ 产生0.3倍风弯矩时的风压是比平时稍大的风压。

23 《塔器》中式 $M_{max}^{I-I}=\begin{cases}M_W^{I-I}+Me\\M_E^{I-I}+0.25M_W^{I-I}+Me\end{cases}$ 弯矩叠加考虑了哪些因素？

基于下列考虑：

① 取 $M_{max}^{I-I}=M_W^{I-I}+M$ 是因当30年一遇的大风时，发生设计烈度地震的概率很小，故不考虑地震影响；

② 发生设计烈度地震的同时刮30年一遇大风的概率很小，但刮较小的风是完全可能的。故设定取1/4倍风弯矩与地震弯矩 M_E^{I-I} 相叠加。

24 《塔器》在什么条件下需考虑高振型影响？如何简化计算？

高耸构筑物在地震作用下依据其本身刚度的不同，所产生的振型分量各异。高径比较小的塔，刚度比较大，因地震产生的高振型分量比重很小，只计算基本振型即可满足要求。对高柔度的塔，因高振型分量的比重增大，则不容忽视。在一般情况下，对一多自由度体系，在理论上有多少个自由度就有多少个振型，对塔而言，在工程设计中只考虑前三个振型即可。

通常塔器高径比 $H/D>15$ 或高度大于等于20m时需考虑高振型影响。

高振型计算方法参见《塔器》。此法缺点在于求各个振型反应时都利用加速度反应谱曲线求出各振型反应的最大值，但事实上各振型反应的最大值并不同时发生，使计算结果偏大。此外，此法计算较繁，故《塔器》规定，当塔的 $H/D>15$ 或 $H>20\text{m}$ 时，塔的地震弯矩可按下式计算：

$$M_{E}^{I-I}=1.25M_{EI}^{I-I}$$

即将基本振型的地震弯矩增大 1.25 倍。这种简化方法的缺点是它不能真正反映高振型对不同截面的不同影响，往往使该加强的截面被忽视，无需加强的截面反而加强。当前国外有关规范对塔式容器均未规定进行高振型计算。

25 《塔器》人孔及操作平台设置原则有哪些？

直径大于 800mm 的板式塔，为安装、检修、清洗塔盘等内件，通常每隔 10～20 块塔盘设人孔一个。在工程设计中可根据具体条件确定之，当物料清净且不会在塔盘上形成污垢、聚合或对塔盘无腐蚀，不需要经常维护时，人孔间隔可以大一些。

一般情况下，凡有人孔的地方都需设操作平台，设平台的部位除有人孔外，往往还设有回流接管侧线出口手动阀门、取样口、就地仪表及液位计等。因此，平台的设置不仅要考虑人孔，还必须考虑操作及巡回检查的需要等。

26 整体板式塔与分段板式塔（带设备法兰）按直径划分界限的原因及分段塔节设计中要注意哪些问题？

板式塔内具有较多塔盘板，为便于安装、维护或清理，工程设计中，通常把内径 $D_i\geqslant 800\text{mm}$ 的塔壳设计为整体，人及塔盘板等元件可通过人孔进出。塔内径 $D_i<800\text{mm}$ 时，因塔内空间及人孔尺寸限制，人不便进入，需将塔壳分为若干段，以法兰连接。此时应注意以下两点：

① 分段塔节长度一般为 3000mm，太长不便组装塔盘板，太短不仅费料，且增多泄漏点。

② 塔节法兰必须考虑风及地震等载荷影响，必要时需根据具体情况进行验算，选用压力等级不同的法兰；对置于框架内的非自立塔不在此列。

第八章 钢制压力容器制造、检验和验收

1 容器组装后对圆度有何要求？

当承受内压时：

① 壳体同一断面上最大内径与最小内径之差 e，应不大于该断面设计内直径 D_i 的 1%，且不大于 25mm；当被检断面位于开孔处或离开孔中心一倍开孔内径范围内时，则该断面最大内径与最小内径之差 e，应不大于该断面设计内直径 D_i 的 1%与开孔内径的 2%之和，且不大于 25mm；

② 对热套压力容器的单层圆筒成形后，沿其轴向上、中、下三个断面测量单层圆筒内径同一断面最大内径与最小内径之差应不大于设计内径的 0.5%；

③ 多层包扎容器，同一断面上最大直径与最小直径之差应不大于设计内直径的 0.5%且不大于 6mm；

④ 对钢板卷制的换热器壳体，内直径允许偏差可通过外圆周长加以控制，其外圆周长允许上偏差为 10mm，下偏差为 0；圆筒同一断面上最大直径与最小直径之差 $e \leqslant 0.5\% DN$；且当 $DN \leqslant$ 1200mm 时，$e \leqslant 5$mm；$DN > 1200$mm 时 $e \leqslant 7$mm。

承受外压及真空时：承受外压及真空容器的壳体圆度要求严于内压容器，用内弓形或外弓形样板测量其圆度 e 不得大于 GB 150—2011 中查得的最大允许偏差值 e。样板圆弧半径等于壳体设计的内半径或外半径，其弦长等于 GB 150—2011 中查得的弧长的两倍。

2 椭圆形封头形状和尺寸应进行哪些检查和控制？

主要有如下检查和控制：表面局部凹凸量；直径公差；最大和

最小直径差；曲面高度公差；最小壁厚；直边部位的纵向皱折深度。

3 为什么承受内、外压筒体，对圆度的要求不一样？

承受内压圆筒容器，在升压保压过程中，其横断面、形状的微小变形将经历由不圆逐渐变圆的调整过程。

承受外压或真空的圆筒容器，其破坏方式是稳定性失效，当其横断面形状不是标准圆形时，必然导致载荷的不对称，并在容器壁上引起附加的弯曲应力，任何承受外压的圆筒，其临界压力都与圆筒的几何参数和材料的力学性能有关，而承受外压的许用压力是以其临界压力除以圆筒的稳定安全系数 m 得出的，m 考虑两个因素：公式的可靠性；制造上所能保证的不圆度。不圆度由圆筒的外径、有效厚度、设计长度三个参数决定，因此其筒体的不圆度的要求比承受内压圆筒高。

4 相邻的两筒节的纵缝、封头拼接焊缝与相邻筒节的纵缝的距离有何规定？

相邻焊缝中心间距应大于筒体或封头名义厚度的 3 倍，且不小于 100mm。

5 接管或其补强板的焊缝或其他预焊件的焊缝与壳体的纵环焊缝的距离有何要求？

参照国外一些工程公司的工程标准，二者焊缝的距离应大于或等于壳体名义厚度的 3 倍，且不小于 50mm。

6 液位计接口在组装时应有何要求？

除特殊情况外，液位计的法兰面一般应采用平面，两个液位计接口长度公差为±1.5mm。组装时，应用模板使两个液位计的法兰面在同一平面上，或制造厂待液位计到厂后，把液位计的法兰与设备上液位计的法兰预组装后再焊液位计接口。

7 如何理解封头的最小厚度？

封头的最小厚度是指经加工成形后封头最薄处的厚度，该厚度应不小于图样上规定的要求。例如图样上规定为6.2mm时，则该处厚度就不应小于6.2mm。

8 压力容器组装时为什么不允许采用强力组装？

强力组装是指在对口错边量、对口间隙、棱角等超标时，采用千斤顶丝、导轮或其他机械方法强行使其变形达到要求，然后进行焊接。焊接后，再把强行组装的工具拆除，这种附加的局部应力将由焊缝承受。因此有可能产生裂纹。所以强力组装是不允许的。

9 容器制造中对表面机械损伤如何处理？

制造中应避免钢板的机械损伤，对一定深度的划伤、刻痕会造成应力集中，影响容器的安全性，对严重的尖锐伤痕应进行修磨，使其圆滑过渡。冷卷筒体修磨处的深度不得超过钢板厚度的5%，且不大于2mm；热卷筒体修磨处的壁厚应不小于图样规定厚度减去钢板负偏差，超过以上要求时允许焊补。焊补应符合焊接工艺规程，并应经无损探伤检验。

不锈钢板表面的局部伤痕、刻槽等影响腐蚀性能的缺陷应予修磨，修磨深度不得超过钢板厚度（复合钢板指复合层厚度）的负偏差C_1。

10 压力容器的钢板、锻件、焊缝在什么情况下的缺陷可不补焊？

压力容器使用的钢板、锻件及焊缝在符合下列条件时可不补焊。

(1) 钢板　钢板表面允许存在深度不超过负偏差一半的划痕、轧痕、麻点、氧化皮脱落后的粗糙等局部缺陷。超过此标准的缺陷以及任何裂纹、结疤、折叠、压入氧化皮、夹杂、焊痕、打弧弧坑、飞溅等均应予以打磨清除。清除打磨的面积应不大于钢板面积的30%，打磨的凹坑应与母材圆滑过渡，斜度不小于1∶3。打磨后，如剩余厚度不小于计算厚度和包括腐蚀余量在内的必要余量之和，且凹坑深度小于公称厚度约5%或2mm，允许不补焊。

钢板边缘的分层长度如≤25mm，可不予修补或清除。大于25mm的分层应予清除。

（2）锻件　锻件的厚度在某些局部区域内小于设计厚度，但围绕该区域的邻近区域具有足够的厚度，且能符合 GB 150 对补强（开孔）的要求时，该锻件允许使用，不必补焊。锻件表面（关键的机加工表面除外）允许存在深度不大于公称厚度 5% 或 1.5mm（取其小者），且长度不大于 20mm 的重皮、结疤、切削刀痕等表面不规则的缺陷。但裂纹之类呈尖锐切口状的缺陷，不论深度、长度均应清除，缺陷清除后剩余厚度不小于计算厚度和包括腐蚀余量在内的必要余量之和时，可不补焊。

（3）焊缝　除标准抗拉强度 $\sigma_b > 540$MPa 及 CrMo 低合金钢材和奥氏体不锈钢材制造的容器以及焊缝系数 ϕ 取 1 的容器外，其他容器焊缝表面的咬边深度不得大于 0.5mm，咬边连续长度不大于 100mm，焊缝两侧咬边的总长不得超过该焊缝长度的 10%。

11 压力容器筒体直线度允差有何规定？

筒体直线度允差 ΔL 应符合以下规定。

筒体长度：$H \leqslant 20$m 时，$\Delta L \leqslant 2H/1000$ 且不大于 20mm；

$20\text{m} < H < 30\text{m}$ 时，$\Delta L \leqslant H/1000$；

$30\text{m} < H \leqslant 50\text{m}$ 时，$\Delta L \leqslant 35$mm；

$50\text{m} < H \leqslant 70\text{m}$ 时，$\Delta L \leqslant 45$mm；

$70\text{m} < H \leqslant 90\text{m}$ 时，$\Delta L \leqslant 55$mm；

$H > 90$m 时，$\Delta L \leqslant 65$mm。

有内件装配要求的容器，ΔL 按图样要求。

筒体不直度检查是在通过中心线的水平和垂直面，即沿圆周 0°、90°、180°、270°四个部位拉 ϕ0.5mm 细钢丝测量。测量的位置离纵焊缝的距离不小于 100mm。当筒体厚度不同时，计算直线度应减去厚度差。

12 拼接封头对焊缝距离有何规定？

封头各种不相交的拼接焊缝中心线间距离至少应为封头钢材厚度 δ 的 3 倍，且不小于 100mm。凸形封头由成形的瓣片和顶圆板拼接制成时，瓣片间的焊缝方向宜是径向和环向的（如图 8-1 所示）。

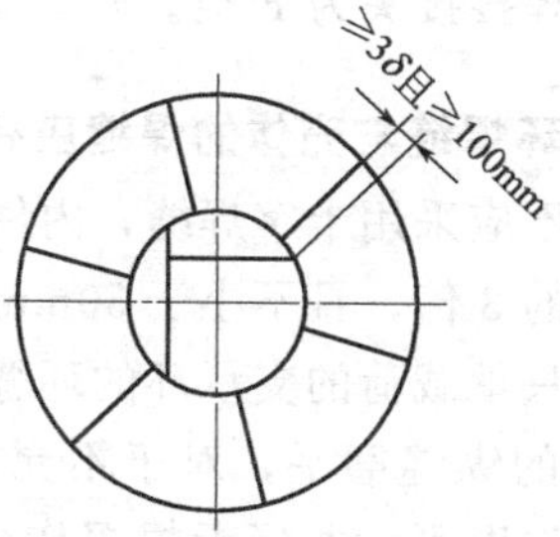

图 8-1 焊缝方向示意图

13 现场组装的环焊缝，对制造厂及安装单位分别有哪些要求？

(1) 对制造厂要求

① 开好坡口，用放大镜检查坡口表面，不得有裂纹、分层、夹渣等缺陷，对于标准抗拉强度大于 540MPa 的钢板和 Cr-Mo 钢的坡口，应进行磁粉或渗透探伤；

② 对接环缝应预组装，焊缝对口错边量应符合 GB 150—2011 的规定；

③ 预组装合格后，应在 0°、90°、180°、270°部位用油漆作出供现场组装的标志；

④ 坡口应涂上现场可以去掉的防锈漆。

(2) 对安装单位的要求

① 根据焊接工艺规程进行焊接；

② 对该焊缝进行 100%射线照相检验，必要时还应进行局部超声波检验；

③ 进行耐压试验；

④ 试压后应对焊缝表面进行局部探伤检验，所有 T 字焊缝处必须检验；若发现裂纹等超标缺陷，则应作全部表面探伤。

14 GB 150—2011 中焊接接头分类的依据是什么？为哪几类？

GB 150—2011 根据焊接接头在容器上的位置，即根据该焊接接头所连接两元件的结构类型以及由此而确定的应力水平，把压力容器中受压元件之间的焊接接头分成 A、B、C、D 四类，非受压元件和受压元件间的焊接接头为 E 类。

15 容器内件或支承环焊缝与壳体的焊缝应有哪些要求？

压力容器组焊时不应采用十字焊缝，内件焊缝与壳体纵环焊缝的距离应为壳体厚度的 3 倍，且不小于 50mm。支承环的焊缝与壳体的纵缝不得重叠，只承载荷的支承环的环缝与壳体的纵焊缝相交处不焊，而仅将壳体的纵缝磨平，对于不允许泄漏的塔板的支承环，则将壳体的纵缝先磨平，并经无损探伤合格后才组焊支承环，在上述相交处采用密封焊。

16 对受压容器两不同厚度的受压件连接的结构有何规定？

受压容器两零件不同厚度连接的结构有三种：两筒体不同厚度的连接；容器接管不带法兰与外部管道的连接；高压容器顶部法兰与筒体的连接。具体结构按处理见图 8-2～图 8-4。

① 两种不同筒体厚度连接的结构见图 8-2　B 类焊缝以及圆筒与球形封头相连的 A 类焊缝，当薄板厚度不大于 10mm，两板厚度差超过 3mm，若薄板厚度大于 10mm，两板厚度差大于薄板厚度的 30%或超过 5mm 按图 8-2。

② 容器接管不带法兰直接与外部管线连接的结构见图 8-3。

③ 高压容器顶部法兰与筒体连接的结构见图 8-4。

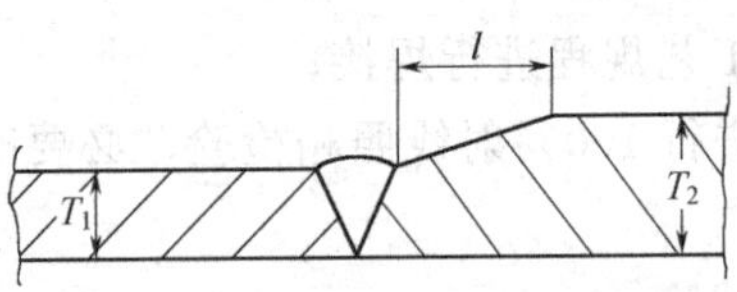

图 8-2　不同筒体厚度连接结构

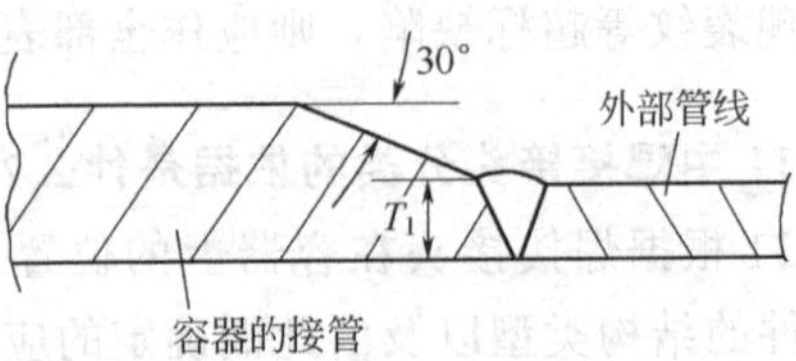

图 8-3　无法兰接管与外部管线连接结构

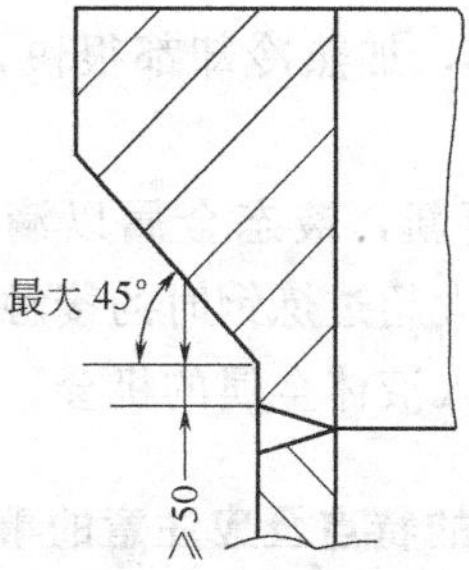

图 8-4　高压容器顶部法兰与筒体连接结构

17 容器接管法兰在组装时对法兰螺栓孔的安装方位有什么要求？

法兰的螺栓孔应跨过壳体主轴线或铅垂线。对于顶视图上法兰螺栓孔见图 8-5，法兰螺栓孔跨中目的是为了与外部接管相连时，螺栓承受外部的载荷较为均匀，且有利于紧固操作。

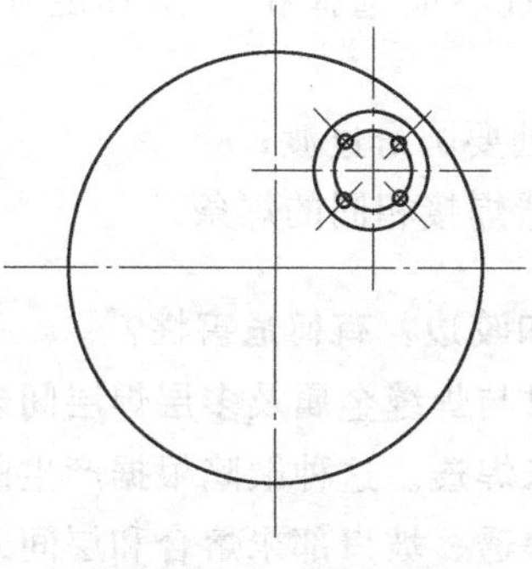

图 8-5　法兰螺栓孔

18 什么是焊接？焊接冶金过程的特点是什么？

焊接是通过加热或加压或两者并用，并且用（或不用）填充材料，使焊件达到二者结合的一种加工方法。

焊接的冶金过程与金属的冶炼一样，通过加热使金属熔化，在金属熔化过程中，金属、熔渣、气体之间发生复杂的化学反应和物理变化。

焊接过程不同于冶炼之处有：

a. 电弧温度高；

b. 焊接熔池体积小，加热冷却都很快，局部高温易引起变形和产生应力；

c. 熔池金属不断更新，液态金属以滴状进入熔池，使金属、气体和熔渣的接触面大大超过炼钢时的接触面，这虽然加速了冶金反应，也增加了气体浸入液体金属的机会。

19 定位焊（点固焊）的特点及应注意的事项有哪些？

定位焊焊缝较短，冷却较快，容易淬硬（主要对于淬硬倾向较大的钢种），焊接过程不稳定，易产生焊接裂纹等缺陷。

定位焊应注意事项：

a. 不得采用强制组装定位焊，定位焊所有纵环错边量应符合要求；

b. 如焊件要求预热，定位焊亦应预热；

c. 定位焊的位置不应选择在 T 形焊缝处或焊缝方向急剧变化处；

d. 起弧和收弧处要圆滑过渡；

e. 应采用与容器焊接相同的焊条。

20 什么是未焊透和咬边？有何危害性？

母材不同，母材与焊缝金属及多层焊层间未被熔化，留有可见的空间或夹渣称为未焊透。这种缺陷根据产生的部位和形成的原因不同，分为根部未焊透、坡口部未熔合和层间未熔合三种。其产生的原因：焊接电流太小；焊接速度太快；焊条施焊角度不当或电弧发生偏吹；坡口角度或间隙太小；焊接散热太快；氧化物和熔渣等阻碍了金属间充分的熔合。

咬边减小基本金属的截面积，使焊缝承载面积减少。压力容器受压元件不允许存有未焊透的结构。未焊透及咬边破坏了焊接的连续性，降低了焊接接头的力学性能，引起应力集中，当缺陷超标时会缩短使用寿命，危及安全，根据 GB/T 12469 缺陷分级中Ⅰ、Ⅱ级均不允许存在。

当标准抗拉强度大于 540MPa 的钢材及 Gr-Mo 低合金钢材制造的压力容器、奥氏体不锈钢制造的压力容器、低温压力容器、球形压力容器以及焊缝系数取 1 的压力容器，其焊缝表面不得有咬边。除此以外的压力容器焊缝表面的咬边，不得大于 0.5mm，咬边的连续长度不得大于 100mm，焊缝两侧咬边的总长不得超过该焊缝总长的10%。

21 压力容器焊接接头常见的缺陷有哪些?

焊接会使压力容器产生各种缺陷，较为常见的有裂纹、夹渣、未熔透、未熔合、焊瘤、气孔和咬边以及电弧擦伤、飞溅等缺陷。

22 压力容器焊接结构设计的基本原则是什么?

(1) 尽量采用对接接头　对接接头易于保证焊接接头质量。

(2) 尽量采用全熔透的结构　所谓未熔透是指基体金属和焊缝金属局部未完全熔合而留下空隙的现象。未熔透往往是导致脆性破坏的起裂点。

(3) 尽量减少焊缝处的应力集中　如对接接头尽可能采用等厚度焊接，对于不等厚钢板的对接，应将较厚板按一定斜度削薄过渡，然后再进行焊接，以避免形状突变，减缓应力集中程度。

23 什么是延迟裂纹? 如何防止?

延迟裂纹是冷裂纹的一种常见缺陷，它不在焊后立即产生，而在焊后延迟至几小时、几天或更长时间才出现，故称为延迟裂纹。有延迟裂纹倾向的材料如 R_b>540MPa 和 Cr-Mo 钢容器，应在焊完后最少 24h 后才能进行检验。防止延迟裂纹可采用焊后加热的办法。

24 焊缝预热的目的及预热的宽度有何规定?

预热是降低焊后冷却速度的有效措施，它可延长奥氏体转变温度范围内的冷却时间、降低淬硬倾向，有利于减少焊接应力、防止冷裂纹的产生。预热温度应根据碳当量高低来确定，还要考虑焊件的化学成分、焊件约束的程度、材料高温力学性能、工件的厚度等。

预热的宽度为整个焊缝横断面，并延伸预热到焊缝每侧150mm左右。

25 什么是钢材的可焊性？如何用碳当量来评定钢材的可焊性？

可焊性是指金属材料对焊接加工的适应性，即在一定的焊接工艺条件下，获得优质焊接接头的难易程度。它包括接合性能和使用性能。接合性能是形成焊接缺陷的敏感性，使用性能包括耐腐蚀性能和力学性能，对这两个方面的适应性叫钢材的可焊性。

国际焊接学会对碳当量的计算公式如下。

碳当量：$C_E=C+\frac{Mn}{6}+\frac{Mr+Mo+V}{5}+\frac{Ni+Cu}{15}$

《固容规》规定：$C\leqslant 0.25\%$，$C_E<0.45\%$。

碳当量是衡量材料可焊性的一个指标，碳当量越高，焊接越困难，预热温度亦要高。

26 什么是焊后消氢处理？

焊缝中的氢主要来自焊条、焊剂、空气中的湿气。在高温下氢分解成原子溶于液态金属中，冷却时，氢在钢中的溶解度急剧下降，由于焊缝冷却速度很快，氢来不及逸出，留在焊缝金属中，过一段时间后，会在焊缝或熔合线聚集。氢集聚到一定程度，就会导致焊缝或热影响区产生冷裂纹，即延迟裂纹。焊后立即将焊件加热到较高温度，提高氢在钢中的扩散系数，使焊缝金属中过饱和状态的氢原子加速扩散逸出，以降低容器产生延迟裂纹可能性的一种热处理。通常加热到200～350℃，保温时间一般不少于0.5h。需要消氢处理的容器，如焊后随即进行焊后消除应力热处理，可免做焊后消氢处理，但保温时间要控制在16～24h以内，这样可降低冷却速度使氢充分逸出，称为焊后消氢处理。这也是焊条要选用低氢型的原因。

27 什么是焊缝表面微裂纹？为什么未焊透咬边比焊缝内部的缺陷更具有危险性？

根据钢熔化焊接接头的要求和缺陷分类的标准GB/T 12469，

Ⅰ、Ⅱ级对未焊透及咬边不允许存在，对裂纹不论哪个级别均不允许存在，尤其容器内表面的微裂纹，咬边未焊透更具有危险性，因这些缺陷破坏焊缝的连续性，降低焊接接头的机械性能，而且引起应力集中。在承受载荷或疲劳应力作用下，这些缺陷是产生容器破坏和易遭受点蚀的根源，而这些缺陷有时较难发现，它比焊缝内部的缺陷更具有危险性，因此强调对容器内表面的无损探伤更具有实际的意义。

28 什么是焊接工艺评定？其目的是什么？

焊接工艺评定是按照所拟定的焊接工艺指导书，根据焊接工艺评定标准的规定焊接试件、检验试件、测定焊接接头是否具有所要求的使用性能。

焊接工艺评定的目的在于验证拟定的焊接工艺的正确性。

GB 150—2011 对焊接工艺评定有下列主要要求：

① 容器施焊前的焊接工艺评定，应按国家标准“钢制压力容器工艺评定”进行；

② 容器的焊接工艺规程应按图样要求和评定合格的焊接工艺制订；

③ 焊接工艺评定报告、焊接工艺规程、施焊记录及焊工的识别标记，其保存期≥7 年。

29 哪些焊接接头应进行焊接工艺评定？

压力容器上受压元件的所有焊接接头均应进行焊接工艺评定。压力容器产品施焊前，制造单位应对受压元件间的对接焊接接头和要求全焊透的 T 形接头或角接接头，受压元件与承载的非受压元件之间的 T 形或角接接头以及受压元件的耐窝蚀堆焊层均应进行焊接工艺评定。

30 压力容器不允许采用哪些焊接接头形式？

压力容器中如图 8-6 所示接头形式均不允许采用。

其中，图 8-6(a)～(c) 为不允许采用的角焊缝；图 8-6(d)～(f) 为不允许采用的筒体和封头的焊缝；图 8-6(g) 为不允许采用

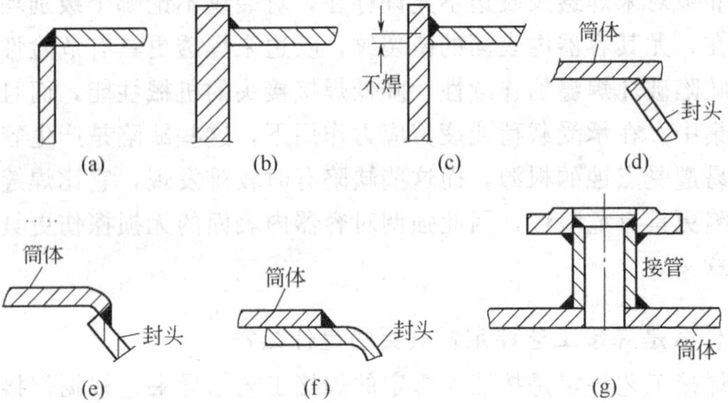

图 8-6 焊接接头形式

的接管与筒体连接的焊缝。

31 什么条件下每台容器应制备产品焊接试板？

凡符合下列条件之一者，每台容器须制备产品焊接试板：

① 设计压力大于或等于 10MPa；

② 壳体厚度大于 20mm 的 15MnVR；

③ 壳体为 Cr-Mo 低合金钢；

④ 壳体材料标准抗拉强度（按下限值）大于或等于 540MPa；

⑤ 低温压力容器或设计温度小于 0℃，且壳体名义厚度大于 25mm 的 Q245R 和大于 38mm 的 Q345R；

⑥ 须经热处理达到设计要求的材料力学性能和弯曲性能；

⑦ 设计图纸上或用户协议书中要求按台做检查试板；

⑧ 现场组装的球形压力容器；

⑨ 图样注明盛装毒性程度为极度和高度危害的介质（搪玻璃压力容器除外）。

32 压力容器制作产品试板和试样的目的是什么？

是为了检验产品的焊接接头和其他受压元件的力学性能和弯曲性能，对应焊制产品焊接试板或抽取试样毛坯，以便进行拉力、冷弯和必要的冲击韧性试验。

33 产品焊接试板、焊接接头应进行哪些试验项目？

没特殊要求时，一般应进行拉伸试验、弯曲试验、冲击试验。

34 什么是焊接接头、焊缝及其特征？

焊接接头是指用焊接方法连接的接头，包括焊缝、熔合区和热影响区。

焊缝是指焊接后所形成的结合部分，即焊肉。焊接接头的特征见图 8-7。

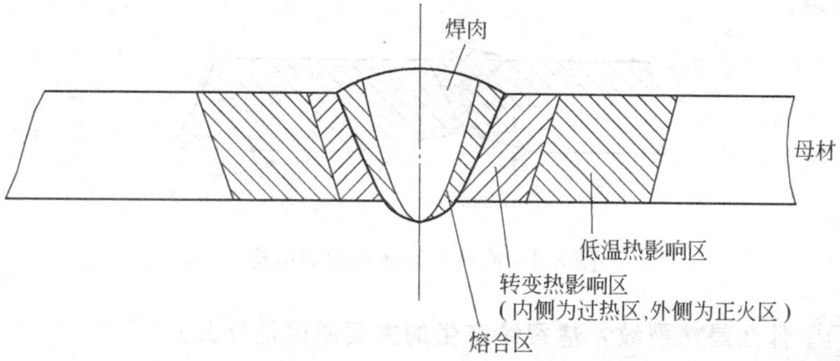

图 8-7　焊接接头特征图

35 单面 V 形对接焊和双面 X 形对接焊有何区别？如何正确选用？

焊接是容器制造的重要环节，焊接又是容器中的薄弱环节，在焊接过程中，由于焊接接头热胀冷缩，使焊接接头产生变形和应力，改变了容器尺寸，因此选择焊缝结构尺寸、焊接工艺、焊接参数、线能量等是控制变形的因素。

当钢板厚度≤20mm 时，一般采用单面 V 形坡口对接焊，钢板厚度在 20～40mm 时，采用 X 形坡口；当筒体内径＜600mm 时，一般采用单面焊，筒体内径≥600mm，采用双面焊。单面焊焊缝系数低，焊缝系数反映焊缝材料被削弱的程度和焊接质量的可靠程度，它与焊接方法、坡口形式、残余应力、焊接工艺水平及钢材类别等因素有关。

在相同的厚度和坡口，单面V形对接焊比双面X形对接焊变形大。单面V形对接焊焊接由内向外焊，由于外侧焊后收缩，内侧突出，外侧尺寸比双面X形对接焊约大一倍。双面X形对接焊，从中性轴开始焊，然后交错焊接，这样收缩量较小，且焊接质量亦好。因此设计应尽可能采用双面焊。单面焊按规范规定应带垫板，目的是为了全焊透。目前大部分采用氩弧焊或采用单面焊双面成形不带垫板的工艺，对于有应力腐蚀和有疲劳应力的容器应尽量采用双面焊。对于换热器壳体，当采用单面焊时，可采用如图8-8所示的结构形式。其焊缝收缩基本与筒体内径一致，这样便于管束的安装。

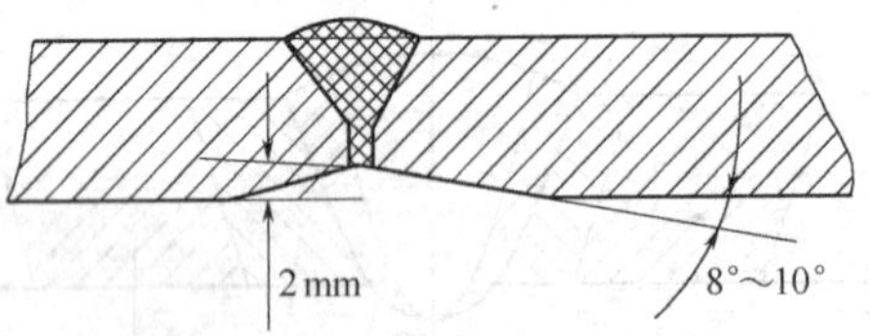

图8-8 换热器壳体单面焊结构

36 什么是热裂纹？热裂纹产生的主要原因是什么？

热裂纹一般是稍低于凝固温度产生的凝固裂纹，也有少量在凝固温度区发生，在300℃以上的高温下产生的裂纹叫热裂纹。热裂纹是由拉应力通过晶界上的低熔共晶体而造成的。焊接拉应力是产生裂纹的外因，低熔共晶体是产生裂纹的内因，如焊缝中P、S含量偏高，而这些杂质与Fe是形成低熔点共晶体的主要因素。热裂纹是由焊缝金属化学成分、杂质成分的多寡、焊接条件、接头形状尺寸、接头应力所决定。在压力容器焊接时，降低线能量或采用多层焊是防止产生热裂纹的一种有效方法。

37 焊后热处理的定义是什么？

焊后热处理系将焊缝全部或局部均匀加热到规范规定的温度并保持一定时间，并按规范控制升温及冷却的速度，为了不使升温及冷却产生过大的温度梯度，从而达到改变焊缝的性能、消除焊接残余应力等有害影响。

38 压力容器焊后热处理的目的是什么？

压力容器焊后热处理是将焊件整体或局部加热到A1线（铁碳合金状态图）以下某一温度进行保温，然后炉冷或空冷的一种热处理。其主要目的是消除和降低焊接过程中产生的应力；避免焊接结构产生裂纹，恢复因冷作和时效而损失的力学性能；改善焊接接头及热影响区的塑性和韧性，提高抗应力腐蚀的能力。

39 压力容器制造中热处理分为哪两类？

按热处理的目的可以分为焊后热处理、恢复或改善性能（力学性能、耐腐蚀性能、加工性能）热处理两类。按热处理对象可分为原材料热处理、零部件热处理和产品热处理三种。

40 焊后热处理所指的厚度是什么？

焊后热处理所指的厚度为焊接母材的名义厚度，母材厚度不同时按下列规定：

① 两个厚度不同的筒体对接焊时，指较薄的板厚；

② 壳体与管板、平封头，其他与之相类似部件焊接时，指壳体厚度；

③ 接管与壳体或封头焊接时，指壳体或封头厚度；

④ 接管与法兰焊接时，指接管厚度；

⑤ 非受压元件与受压元件焊接时，指角焊缝厚度；

⑥ 复合钢板的厚度指基层厚度与复合层厚度之和（强度计算只考虑基层厚度）。

41 不锈钢复合板如何进行焊后热处理？

不锈钢复合板热处理厚度为基层的厚度与不锈钢复层的厚度之和，不锈钢复合板消除焊接残余应力应以基层材料所规定的热处理温度为准，为避免铬在晶界析出与碳化合形成碳化铬而使不锈钢贫铬，因此不锈钢复层宜选用超低碳不锈钢或稳定化元素的不锈钢，不锈钢复合板热处理的温度可在500～550℃进行，采用延长热处理的时间来达到消除焊后残余应力的目的。

42 压力容器采用分段进行焊后热处理，其重复加热的长度是多少？

压力容器焊后热处理，当采取分段热处理时，其重复加热长度不小于 1500mm，炉外容器部分应采用保温措施，以避免产生过大的温度梯度。

43 什么条件下采用局部热处理？

下列情况可采用焊后局部热处理：

① B 类焊缝、球形封头与圆筒相连的 A 类焊缝，以及缺陷修补焊缝；

② 高压特厚无缝钢管的环焊缝；

③ 10MoWVNb 高压抗氢无缝钢管的环焊缝。

44 环缝局部热处理加热的宽度是多少？

环缝局部热处理有加热带和保温带，加热带的宽度为焊缝最宽处每侧最小，为母材名义厚度的 2 倍，靠近加热带的壳体应设保温带，以降低温度梯度，且不影响材料的组织和性能。

45 为什么电渣焊焊后要进行正火处理？

由于电渣焊是一次焊成，所需热量大，焊缝形成粗大的柱状结晶，力学性能较差，尤其是冲击功明显下降，所以焊后应进行正火处理，达到恢复力学性能和消除残余应力的目的。

46 焊后热处理时整台容器最大温差是多少？

容器在炉内进行焊后热处理时，不应使火焰直接辐射到容器上，以免容器产生局部过热。在处理过程中，应使容器各处均匀受热，在保温期间，整台容器的各处温度与规定温度的偏差不得超过±25℃，温度计应连在工件上，温度计分布在容器顶、中、底及结构上不连续处和刚性较大的地方或温度容易发生变化的地方。

47 容器受压元件堆焊后是否要热处理？

容器受压元件堆焊耐蚀层的容器，决定焊后热处理的厚度应为基层厚度。

48 冷弯管子变形率多大时要进行热处理？

钢管冷弯后，变形率超过下列范围时应进行热处理：

① 碳素钢、低合金钢的钢管弯曲后的外层纤维变形率应不大于钢管标准规定伸长率 δ_s 的一半，或外层材料的剩余伸长率应不小于10%；

② 对于有冲击韧性要求的钢管，最大变形率应不大于5%。

49 压力容器锻件补焊后是否须经热处理？有何规定？

锻件补焊后符合下列任一项者，应做焊后热处理：

① 锻件材料任意厚度都须进行焊后热处理者；

② 补焊深度大于6mm或单个补焊区面积大于3750mm^2 者。

50 用淬火加回火钢板制造的容器焊后热处理有何规定？

根据国外工程公司工程标准建议，淬火加回火钢制容器焊后热处理的温度应比回火温度低28℃，主要为避免强度降低。

51 什么是无损探伤？常用的无损探伤有哪些方法？

无损探伤是指对容器的材料、结构和焊缝等内部和表面质量进行的检查，而这种检查不会使被检工件受伤、分离或损坏。

常用的无损探伤方法（NDT）有：射线探伤（RT）、超声波探伤（UT）、磁粉探伤（MT）、渗透探伤（PT）、声发射（AE）、泄漏试验（LT）、目测检测（VT）、涡流探伤（ET）等。

52 简述无损探伤对压力容器安全使用的重要性。

超标的缺陷是压力容器发生破坏的原因之一，因此对压力容器从原材料如钢板、管子、锻件和连接焊缝等进行无损探伤，对安全使用具有非常重要的意义。利用无损探伤对制造过程中的每一环节进行检测，对超标的缺陷加以修补。另一方面在容器使用过程中，根据《固容规》的规定定期进行检测，对原有允许的缺陷如果发展成为超标的缺陷或新发现的超标缺陷可及时加以处理，消除隐患，以保证容器的安全运行。

53 焊缝采用的超声波探伤与射线探伤对比有何优缺点？

(1) 与射线探伤相比，超声波探伤有以下优点：

a. 对危害性的缺陷如裂纹、未熔合等检测灵敏度高；

b. 可检测厚度达数米的材料，而X射线目前一般仅能探测40～60mm，只有采用9MoV直线加速器才能探测400mm；

c. 可以从材料任一侧进行检测，可以对在用容器进行检测和监控；

d. 探伤速度快，能对缺陷的深度位置测定；

e. 设备简单，检测费用低；

f. 对人体无伤害。

(2) 与射线探伤相比，超声波探伤有如下缺点：

a. 探伤不直观，定性比较困难；

b. 探伤结果无原始记录；

c. 探伤结果受人为因素影响较大。

54 《固容规》与GB 150规定的哪些容器对接焊焊缝必须全部进行射线或超声波探伤？

压力容器对接接头的对接焊缝，凡符合下列条件之一的，必须全部进行射线或超声波探伤。

① 第三类压力容器；

② 设计压力大于等于5MPa的；

③ 第二类压力容器中易燃介质的反应压力容器和储存压力容器；

④ 设计压力大于等于0.6MPa的管壳式余热锅炉；

⑤ 钛制压力容器；

⑥ 设计采用焊缝系数为1.0的容器；

⑦ 不开设检查孔的容器；

⑧ 公称直径大于等于250mm，接管与长颈法兰、接管与接管连接的B类焊缝；

⑨ 选用电渣的容器；

⑩ 用户要求全部探伤的容器；

⑪ 名义厚度 δ_n 大于 38mm 的碳素钢，名义厚度大于 30mm 的 16MnR 钢制容器；

⑫ 名义厚度 δ_n 大于 25mm 的 15MnVR 和奥氏体不锈钢制压力容器；

⑬ 材料标准抗拉强度大于 540MPa 的钢制压力容器；

⑭ 名义厚度 δ_n 大于 16mm 的 12CrMo、15CrMo 钢制容器，其他任意厚度的 Cr-Mo 低合金钢制容器；

⑮ 进行气压试验的容器；

⑯ 图样注明盛装毒性程度为极度或高度危害介质的容器；

⑰ 嵌入式接管与筒体封头的对接焊缝；

⑱ 侧开孔中心为圆心，1.5 倍开孔直径为半径所包容的焊缝；

⑲ 凡被补强圈、支座、垫板、内件等所覆盖的焊缝，以及先拼焊后成形的封头上的所有拼焊焊缝。

55 除上条外，还有哪些容器对接焊缝要求百分之百射线或超声波探伤？

凡压力容器内部衬耐火砖或保温砖，外部又有水夹套的容器，不论容器属于哪种类别，容器所有对接焊缝均应进行百分之百射线探伤或超声波探伤，因为它无法进行定期无损探伤检验。

56 在什么条件下，对接焊缝才允许采用超声波探伤？

压力容器对接焊缝应选用射线探伤，若由于结构等原因，确实不能采用射线探伤时，才允许选用超声波探伤。

57 电渣焊缝进行超声波探伤，为什么设在正火后进行？

由于电渣焊的焊缝形成粗大的柱状结晶，使超声波衰减增大，同时还会产生晶界反射，从而使缺陷难以分辨。正火后晶粒细化，使探伤能分辨缺陷。所以，电渣焊缝超声波探伤要在正火后进行。

58 对压力容器对接焊接的接头进行射线探伤或超声波探伤的合格标准是什么？

钢制压力容器，应按 GB 3323《钢熔化焊对接接头射线照相和质量分级》的规定执行。射线照相的质量要求不应低于AB级；全部射线探伤的压力容器对接焊缝Ⅱ级合格；局部射线探伤的压力容器对接焊缝Ⅲ级合格，但不得有未焊透缺陷。

钢制压力容器对接、焊接接头的超声波探伤，应按JB 1152《锅炉和钢制压力容器对接焊缝超声波探伤》的规定执行。全部超声波探伤的压力容器对接焊缝Ⅰ级合格；局部超声波探伤的压力容器对焊缝Ⅱ级合格。

59 哪些容器焊缝除全部射线探伤外还要进行超声波探伤?

对标准抗拉强度大于540MPa的材料，且壳体厚度大于20mm的钢制压力容器，每条对接接头的对接焊缝除射线探伤外，应增加局部超声波探伤；当压力容器壁厚大于38mm时，其对接接头的对接焊缝，如选用射线探伤，则每条焊缝还应进行局部超声波探伤；如选用超声波探伤，则每条焊缝还应进行局部射线探伤，其中应包括所有T形焊缝。

60 20%局部射线或超声波探伤的含义是什么?

20%局部射线或超声波探伤是指每条焊缝检查长度不得小于每条焊缝长度的20%，且不小于250mm。位置由制造单位检验部门决定，但所有T形连接部分，拼接封头的对接接头，必须进行全部射线探伤。

61 哪些焊缝表面应进行磁粉或渗透检验?

下列情况的焊缝表面应进行磁粉或渗透检验：

① 材料标准抗拉强度$R_b>540$MPa的钢制容器，名义厚度$\delta_n>16$mm的12CrMo、15CrMo钢制容器，其他任意厚度的CrMo低合金钢制容器中的C类和D类焊缝；

② 层板材料标准抗拉强度$R_b>540$MPa的多层包扎压力容器层板纵焊缝；

③ 堆焊表面；

④ 复合钢板的复合层焊缝；

⑤ 标准抗拉强度$R_b>540$MPa的材料及Cr-Mo低合金钢材经

火焰切割的坡口表面，以及该容器的缺陷修磨或补焊处的表面，卡具和拉筋等拆除处的焊痕表面；

⑥ 材料标准抗拉强度 R_b＞540MPa，且公称直径小于 250mm 的接管与长颈法兰，接管与接管连接的 B 类焊缝。

62 受压容器与支座、保温环、吊耳、平台、鞍座、扶梯、管架相焊接时，应做哪些无损探伤检查？

这些承载不受压的元件，它们与容器的焊接都属于角焊缝，如该容器的受压元件焊接时须预热，则这些元件与容器受压元件相焊时亦应预热，并应进行磁粉或渗透检验；对于承受重载荷的吊耳，还要在容器的内侧对其焊缝进行超声波探伤。

63 铬钼钢压力容器第一道焊缝背面挑焊根应进行什么检验？

铬钼钢焊缝背面挑焊根应进行磁粉或渗透探伤检验。当第一道焊接时工件处于冷态，在起弧及焊接过程中易在根部产生未焊透、焊渣、咬边、微裂纹等缺陷。为了保证下一道焊接的质量，应在根部挑焊根，除去缺陷，并应进行磁粉或渗透探伤。

64 焊缝射线探伤时，对焊缝表面有何要求？

焊缝射线探伤前，应对焊缝规定的形状尺寸和外观质量进行检验，合格后，才能进行探伤。焊缝表面的焊渣、药皮等在探伤前应清理干净。焊缝表面的不规则程度应不妨碍底片上缺陷的辨明，否则应事前加以修整。

65 磁粉和渗透探伤时对工件有何要求？

磁粉和渗透探伤前，应对受检表面及附近 30mm 范围内进行清理，不得有污垢、锈蚀、焊渣、氧化皮等。当受检表面妨碍显示时，应打磨或抛光处理。

66 压力容器锻件在什么情况下应进行磁粉或渗透探伤？

压力容器Ⅲ、Ⅳ级锻件应进行超声波探伤；凡是 $R_b \geqslant$540MPa 的锻件、CrMo 钢的锻件应进行磁粉或渗透探伤。

67 超声波探伤对工件表面有何要求？

为了保证探头与工件表面的良好偶合，尽量减少表声能损失，对受检工件表面应有一定的要求。锻件表面经粗加工后，其粗糙度应达标，表面平整均匀、无划伤、油污和污物等附着物；对接焊缝的探伤表面应清除探头移动区的飞溅、锈蚀、油污及其他污物。探头移动区的深坑应补焊，然后打磨平滑，露出金属光泽，以保证良好的声学接触；钢板应清除影响探伤的氧化皮、锈蚀和油污。

68 容器压力试验的目的是什么？

容器压力试验的目的是为了全面考核缺陷对压力容器安全性的影响，压力容器制成后或定期检验（必要时）中，需要进行耐压试验。耐压试验是在超设计压力下进行的，可分为液压试验、气压试验和气液组合压力试验。

对于内压容器，耐压试验的目的是：在超设计压力下，考核缺陷是否会发生快速扩展造成破坏或开裂从而造成泄漏，检验密封结构的密封性能。对于外压容器，在外压作用下，容器中的缺陷受压应力的作用，不可能发生开裂，且外压临界失稳压力主要与容器的几何尺寸、制造精度有关，跟缺陷无关，一般不用外压试验来考核其稳定性，而以内压试验进行“试漏”，检查是否有穿透性缺陷。

69 容器液压试验应符合哪些条件才认为合格？

凡符合下列情况者，即认为合格：无渗漏；无可见异常变形；试验过程中无异常的响声。

70 外压容器和真空容器的液压试验压力如何确定？

外压容器和真空容器以内压进行压力试验。液压试验压力按下式确定：

$$p_T = 1.25p$$

式中，p 为设计外压力，MPa。

71 液压试验时对液体的温度有何规定？

Q345R、Q370R 制压力容器液压试验时，液体温度不得低于

5℃；其他碳素钢、低合金钢制压力容器，液体温度不得低于15℃。如果由于板厚等因素造成材料无延性转变温度升高，则相应提高液体温度。其他材料制压力容器液压试验温度按设计图样规定。铁素体制低温压力容器液压试验时，液体温度不得低于受压元件及焊接接头进行夏比冲击试验的温度再加20℃。

72 容器受压元件使用不同材料，压力试验的温度折算系数是如何规定的？

容器受压元件使用不同材料，压力试验用的温度折算系数 $[\sigma]/[\sigma]^t$ 值应取受压元件中之最小值。

73 在什么情况下只进行气压试验？

压力容器一般应采用液压试验，对于容器不允许有微量残留液体，或由于结构原因不能充满液体时，可采用气压试验。在气压试验以前，应对承受压力的纵环焊缝全部进行射线探伤检验。由于结构原因，确实不能采用射线探伤时，可用超声波探伤，对接管的焊缝及容器外部的预焊件的焊缝均应进行磁粉或渗透探伤检验，合格后才能进行气压试验。气压试验时应有安全措施，该安全措施须经试验单位技术总负责人批准，并经本单位安全部门检查监督。

74 为什么气压试验比液压试验危险大？

气压试验爆破所产生的能量远比液压试验大。例如两容器分别盛放水和空气，二者容积相同，当爆破压力为200MPa、爆破的温度为30℃时，分别计算其爆破时产生的能量。

当容器用水试压时的爆破能量：

$$E=pVZ$$

式中，p 为爆破压力，$p=200\text{MPa}=200\times10^6\text{N/m}^2$；$V=1\text{m}^3$；$Z$ 为水的压缩系数，在200MPa时约为6%。

则 $E=200\times10^6\times0.06\times1=12\times10^6(\text{N}\cdot\text{m})$

当容器用空气试压时的爆破能量：

$$E=(p_1V)/(K-1)\times[1-(p_2/p_1)^{(K-1)/K}]$$

式中，p_1 为爆破压力，$p_1=200\times10^6\text{N/m}^2$；$V=1\text{m}^3$；$K$ 为

绝热系数，$K=1.4$；p_2 为最终压力，$p_2=10^5\text{N/m}^2$。

$$E=(200\times10^6)/(1.4-1)\times\{1-[10^5/(200\times10^6)]^{0.4/1.4}\}$$
$$=443\times10^6(\text{N}\cdot\text{m})$$

二者爆破释放能量比$=(443\times10^6)/(12\times10^6)=36.9$

由此可见，在液压试验当容器发生事故时，只会释放出在升压过程中积聚的能量；当气压试验时发生事故，不仅要释放出升压过程中积聚的能量，而且气体要恢复原有的体积，将产生强大的冲击波，对环境和人身的危害极大。因此 GB 150 规定：“气压试验应有安全措施。该安全措施须经试验单位技术负责人批准，并经本单位安全部门检查监督。”

75 试压用的压力表有何规定？

低压容器试压用的压力表精确度不应低于 2.5 级；中压及高压容器试压用的压力表精确度不应低于 1.5 级。表盘的刻度最好是预定的最大试验压力的两倍，但决不能低于 1.5 倍，也不要超过试验压力的 3 倍，表盘直径应不小于 100mm。

76 为什么气压试验选用洁净的空气、氮气和其他惰性气体？

气压试验经常选用易获得的干燥、洁净的空气、氮气和其他惰性气，在试压发生事故时，这些非易燃无毒的介质不会对财产、人身、环境产生更大的危害，对具有易燃介质的在用压力容器，必须进行彻底清洗和置换，否则严禁用空气作为试验介质。

77 带夹套容器如何进行检验和试压？

带有夹套的压力容器试压及检验步骤如下：

容器内筒制造完毕后，按规范规定进行射线探伤或其他无损探伤，合格后进行液压试验。如有要求时应进行气密性试验。无损探伤和压力试验合格后再焊接夹套。

夹套应按规范要求进行射线探伤或其他无损探伤，合格后焊到内筒上。根据图样确定的试验压力，对内筒的有效厚度，校核在该试验压力下内筒承受试验外压的稳定性，如果不能满足稳定性的要求，则应在进行夹套的压力试验时，必须同时在内筒保持一定的内压，以使整个试验过程（包括升压、保压和卸压）中的任一时间内，夹套和内筒的压力差不超过允许压差。所以设计者应在图纸上注明这一要求和允许压差。

78 在什么条件下应进行气密性试验?

介质毒性程度为极度、高度危害或设计不允许有微量泄漏的压力容器，必须进行气密性试验。气密性试验应在液压试验合格后进行。

79 内压容器液压试验时，介质和压力如何选取?

凡在试验时，不会导致发生危险的液体，在低于其沸点的温度下，都可用作液压试验介质。一般应采用水。当采用可燃性液体进行液压试验时，试验温度必须低于可燃性液体的闪点。以水为介质进行液压试验，其所用的水必须是洁净的。奥氏体不锈钢压力容器用水进行液压试验时，则水中的氯离子含量不超过 25mg/L，对于有特殊要求的设备，其氯离子含量可根据图样要求。试压后应将水渍去除干净。

内压容器试验压力 p_T 按下式确定：

$$p_T=1.25p[\sigma]/[\sigma]^t$$

式中 p——设计压力，MPa；

$[\sigma]$——在试验温度下的容器元件材料许用应力，MPa；

$[\sigma]^t$——容器元件材料在设计温度下的许用应力，MPa。

a. 容器各元件（圆筒、封头、接管、法兰及紧固件等）所用材料不同时，应取各元件 $[\sigma]/[\sigma]^t$ 之比值中最小者。

b. 直立容器卧置做液压试验时，试验压力应为立置时的试验压力 p_T 加液柱静压力。

80 气压试验有哪些特殊要求和具体规定?

气压试验压力 p_T 按下列公式选取：

$$p_T=1.10p[\sigma]/[\sigma]^t$$

取两者中的较大值。

式中 p_T——试验压力，MPa；

p——设计压力，MPa；

$[\sigma]$——容器元件材料在试验温度下的许用应力，MPa；

$[\sigma]^t$——容器元件材料在设计温度下的许用应力，MPa。

a. 容器各元件（圆筒、封头、接管、法兰及紧固件等）所用材料不同时，应取各元件 $[\sigma]/[\sigma]^t$ 之比值中最小者。

b. 气压试验应有安全措施。该安全措施须经试验单位技术总负责人批准，并经本单位安全部门检查监督。试验气体应为干燥、洁净的空气、氮气或其他惰性气体。

c. 碳素钢和低合金钢的容器气压试验时，介质温度不得低于15℃。

其他钢种制容器气压试验温度按图样规定。

81 容器压力试验后焊缝返修是否需要重做压力试验？

压力试验后焊缝一般不得返修，确需返修者，返修后应经探伤合格。因泄漏而进行的返修或返修深度大于1/2壁厚者或法兰密封面达不到粗糙度的要求而泄漏等，均应重做压力试验。

82 试压用的垫片有何要求？

试压用的垫片应与设计图样所要求的垫片一致，试压后的垫片不能再向用户提供。当使用焊接垫片时，试压时可在两焊接垫片之间放置石棉橡胶垫试压，试压后去掉石棉橡胶垫。焊接垫片由用户焊，焊后应经磁粉或渗透探伤检验。

83 压力容器的油漆、包装、运输应按何规定进行？

容器的油漆、包装、运输按 JB 2536《压力容器油漆、包装、运输》的规定。

84 容器包装形式有哪几种？

容器包装形式有下列几种。

（1）裸装　具有足够刚性的不可分拆的大件和特大件，下部设置托架支承，上用拉紧箍拉紧，以防止滚翻和窜动。

（2）框架　用型钢或方木等制成牢固的框架，将容器或零件可靠地固定其中。

（3）包扎　不易损伤、不会散失、件数较少、不必要装箱的零部件，用草绳或革帘包好，并用钢丝或扁钢牢固扎紧。

（4）暗箱　系内衬油毛毡（或油纸、沥青纸）用木板钉成的密闭木箱。此木箱用以包装精密度高、容易损伤、怕潮、防腐以及容易失散的小零件。

（5）空格箱　对不需用暗箱又不宜包扎的零、部件采用此种箱包装。必要时箱内可衬油毛毡。

85 常用的不锈钢设备表面处理的种类有哪些？

有两种，即表面抛光处理和表面钝化处理。

86 奥氏体不锈钢容器在什么情况下应进行酸洗钝化？钝化的目的是什么？

接触腐蚀性介质的不锈钢表面应除垢并进行酸洗、钝化。不锈钢的酸洗、钝化可采用酸洗液、钝化液浸泡。在采用液体不便的场合，允许涂刷酸洗钝化膏进行处理，表面处理后应用清水冲净，并用酚酞试纸检查冲净程度。

钝化的目的是使不锈钢表面形成一层致密的钝化膜，以增强抗腐蚀能力。在钝化处理前常进行碱洗和酸洗。钝化膜的质量用红光或蓝光试验法检查，在30s内出现金色点即为合格。

87 奥氏体不锈钢设备在海运时应具备什么条件？

为了防止海水中氯离子对奥氏体不锈钢内部的腐蚀，在海运时应在设备内充以0.05MPa氮气进行密封。外部应用帆布或其他材料覆盖。

88 多层及套合高压容器在运输时对泄放孔应做何防护？

多层及套合高压容器在运输时为防止水从泄放孔进入层板及套合层，故在运输前应将所有泄放孔用橡胶或塑料制的塞堵塞住。

89 压力容器铁路运输时，应注意哪些事项？

铁路运输的容器，不论采用何种包装形式，其截面尺寸不应超过 GB 146《标准轨距铁路机车车辆界限和建筑接近界限分类和基本尺寸》的规定，对尺寸重量超限容器的包装，应在产品包装设计前与有关运输部门取得联系后决定包装形式。

90 容器包装图应包括哪些内容?

包装图至少应包括下列 4 项：

① 外表尺寸，即长、宽、高；

② 净重和包装后毛重；

③ 容器重心和吊装位置；

④ 容器位号、发货单位、收货单位。

在容器上所有标记应用防水油漆，禁焊要求的容器应注明不得在容器上进行焊接的禁焊标志。

第九章 钛制压力容器

1 工业纯钛在静载荷作用下，其主要的变形机制是什么？

主要变形机制是滑移。随着塑性变形的进行，大量的滑移带不断出现，晶粒和孪晶被拉长、扭曲，当塑性变形超过一定限度时即发生开裂。当在复杂应力状态下，以剪切滑移为主，即滑移主要沿着与拉力成45°的两组平面上进行。随着滑移的循序进行，裂纹不断扩展，其端部仍保持尖锐缺口。接近裂端的晶粒因严重变形而被拉长，每个晶粒就好像是一个受周围制约的单晶体，它们因滑移而相继断开。

2 钛在静载荷下的强度特性与压力容器常用的钢材有哪些不同？

钛在静载荷下的强度特性与压力容器常用的钢材不同，它没有明显的物理屈服，而产生锯齿状屈服、声发射现象、热塑性、冷蠕变、伪弹性和形状记忆效应等特殊行为。

3 工业纯钛为什么在－196℃温度下仍具有较高的韧性？影响其低温韧性的因素有哪些？

工业纯钛的强度随温度的降低而提高，但塑性降低得不多，而且仍有较好的延性和韧性，故适宜用作低温压力容器的结构材料。钛在低温下具有高塑性的原因，是由于它在低温下的主要变形方式是生成孪晶。在同一变形程度内，随着温度的降低，使晶粒内生成孪晶密度和晶粒数量增加，同时改变孪晶的夹层形状。随着变形程度增加，将使多晶集合体完全长成孪晶，达到晶粒自身的强化，然后开始晶间变形。

影响钛低温性能的主要因素是间隙元素的含量，低间隙元素

(N、O、H、C）和铁含量的工业纯钛，抗冷脆性能较好。其次是钛设备的制造工艺对低温性能也有影响。除工艺条件控制不严，侵入气体杂质影响性能外，冲压成形的冷变形量对低温性能也产生影响。当冷变形量超过一定限度后，会导致低温脆性。

4 为什么说各向异性的钛材按各向同性的钢制压力容器的设计准则会带来较大的浪费？

工业纯钛和 α 型钛合金在常温下为密排六方晶体，其金属晶格具有明显的择优取向现象，造成了钛单晶的各向异性。这种各向异性在钛材的轧制过程中进一步加强，从而使轧制的钛材具有明显的各向异性，所以钛制压力容器具有较好的双向强化效益，即钛材在双向应力作用下的强度比单向强度大大地提高，且在任意双向应力比的情况下均有强化效应。对于球形钛制压力容器的强化效应，理论上和实验结果分别达到 50%和 40%。对于圆筒形钛制压力容器，当周向与板材轧制方向重合，其强化效应的理论值和实验值分别达到 42%和 36%；当周向与板材轧制方向垂直，理论值和实验值分别达到 48%和 37%。所以钛制压力容器的壁厚计算方法按 GB 150—2011《压力容器》的规定，要多消耗 20%～40%的钛材。

5 为什么轧制的钛换热管的环向承载能力明显地高于轴向？

由于工业纯钛和 α 型钛合金晶格的择优取向，造成了钛单晶的各向异性。这种各向异性的程度，随着轧制过程进一步加强。特别是轧制的钛管通常是正交各向异性，即轴向、环向和径向分别为三个各向异性主轴方向；而且一直沿用一个方向轧制，故轧制钛换热管的各向异性程度高于板材。根据钛管在轴向和环向承载试验结果，其环向屈服限和强度限均高于轴向，其中屈服限的差值达 33%，所以轧制钛管的环向承载能力明显地高于轴向，而且在双向应力下钛管的屈服强度和极限强度比在单向应力下有明显提高。

6 钛的蠕变极限为什么随温度升高呈波浪式变化？

工业纯钛具有冷蠕变特性，荷重越大，产生的变形度也越大。

钛的蠕变极限通常先随温度升高而降低，但到120℃时，蠕变极限开始重新升高，到200℃时达最大值。此后蠕变极限又随温度继续升高而降低。钛的蠕变极限随温度升高呈波浪式变化的原因，主要是由于随变形而产生的时效效应，造成蠕变极限的提高。这和钛经过冷加工后提高室温下的蠕变极限的道理一样。

7 钛在焊接或热加工过程中会产生哪些相变？这些相保留到室温后对钛的性能会产生什么影响？

工业纯钛在常温时的稳定态为密排六方晶格，称α相。在焊接或热加工过程中，当被加热到882.5℃以上时，它就转变为体心立方晶格，称β相。在焊后或熟加工后的冷却过程中，从882.5℃冷却到室温时，β相又转变成α相。当冷却速度很快时，β相还来不及完全转变成α相，在α相中会保留一部分β相；同时还有一部分β相转变为针状马氏体，称α′相。由于钛中α相和β相的比例不同，对其抗拉强度、塑性、蠕变、可焊性和成形性等产生明显的影响。焊接接头中出现α′相，也可能会使接头在一定程度上变脆，但不十分显著。

8 工业纯钛中的杂质元素（如O、N、C、H等）为什么称为间隙元素？这些元素对钛的性能有何影响？

工业纯钛中，由原材料遗留下来的杂质元素以及在熔炼、加工和热处理工艺中不免混入一些其他的微量元素，均非有意加入，统称为杂质元素。主要有氧、氮、氢、碳、硅和铁等。其中除铁外，其他元素均间入金属晶格，位于钛的孔洞或钛原子间的空隙中，形成有限的间隙式固溶体，故称为间隙元素。

这些元素的存在使工业纯钛的强度升高，塑性下降，甚至影响到断裂韧性、低温韧性、耐蚀性和可焊性。随着氧、氮、碳和铁含量的增加，强度和硬度升高，塑性下降。其中氮对强度和硬性的影响最大，但由于含量低，其变化对机械性能的影响不大；而氧对机械性能的影响最大，铁次之；氢对钛材的主要影响是冲击韧性，当氢含量超过一定限度时，易导致氢脆。

9 钛和钛合金的压力加工为什么比碳钢困难？如何克服这些困难？

钛材的压力加工比碳钢困难，是由钛材的下列特性所决定：

a. 屈服强度高，所需的变形压力较大；

b. 屈强比大，允许的塑性变形范围很窄，冷加工时易产生裂纹；

c. 屈服强度与弹性模量的比值大，故在冷态下压力加工时回弹量较大；

d. 相对延伸率和相对断面收缩率低，对压力加工变形不利；

e. 各向异性，特别是面内异性和表面异性对成形性有不良影响；

f. 对变形速度敏感；

g. 对切口和表面缺陷的敏感性高；

h. 与其他金属的亲和力强，摩擦系数大，成形时易被划伤和粘模；

i. 钛比钢的线膨胀系数小，热成形时易卡在模具内；

j. 冷加工硬化倾向较大；

k. 加热时具有高塑性，在400℃以上时，易被污染，降低其塑性。

为了克服钛和钛合金在压力加工时出现的困难，首先必须根据零件形状的复杂程度和精度要求，选择合适的压力加工温度，如制造形状不复杂的零件，可在冷态下加工；制造形状复杂、且毛坯变形大的零件，宜采用高温加热的压力加工。其次就是模具设计要合理，润滑剂选择要恰当。若采用煤气炉加热，炉内应保持微氧化性气氛，且火焰不能直接喷在工件上。

10 钛材在冷冲压或冷弯时为什么回弹较大？影响因素有哪些？

钛材在冷冲压或冷弯时的回弹量较大，这是因为钛材的屈服限与弹性模量的比值大。冷冲压或冷弯成形是塑性和弹性变形相结合的加工工艺，当被冲压或压弯工件卸载后，弹性变形部分就力图使工件恢复原状而回弹。弹性回弹使工件的体积、角度和半径等都发生变化，影响工件的加工精度。

影响回弹的因素很多，其中最主要的有以下几点：

a. 材料愈硬，回弹量愈大；

b. 弹性模量愈低，屈服限愈高，回弹量愈大；

c. 弯曲角为一定值时，工件愈厚，外边缘的应力愈大，塑性变形量也愈大，则回弹量小；

d. 变形程度愈大，回弹量也愈大；

e. 单向弯曲时的回弹量比多角弯曲时的回弹量大；

f. 自由弯曲时的回弹量比用模具冲压时的回弹量大 3 倍；

g. 金属的冷作硬化程度愈高，回弹量愈大；

h. 随着工件冲压或弯曲时的温度升高，回弹量降低。

11 钛材在切削加工时应注意哪些事项?

钛材在切削加工时应注意到钛的如下特性：

① 钛的摩擦系数大，在切削过程中切屑易产生高温，使刀具磨损加速；

② 钛的热导率小，切屑坚韧不卷曲，与刀尖摩擦所产生的热量几乎全部集中在刀刃和刀具的前倾面上，使刀刃烧损，因此进刀量不宜太小，切削速度不宜过高，否则容易粘刀和细钛屑燃烧而造成事故；

③ 由于钛的弹性模量小，对细长工件进行深切削时易产生挠曲，工件易离开刀具，故在加工中需安装防振架；

④ 钛具有高温活性，在加工过程中易导致工件表面污染；

⑤ 由于钛中含有硬度较高的氧化物、氮化物和碳化物，所以在切削加工中易导致刀具切削刃很快磨损；

⑥ 切削钛时，切削力较小，切削加工不易产生刀痕，因此能够进行表面光洁度较高的加工。

12 钛为什么不能和异种金属（例如铁）熔焊？如果结构需要焊接时怎么办?

要使异种金属很好地熔焊在一起，首先这两种金属必须在熔焊后不产生脆性，并且具有类似的结晶化学及热物理特性。钛与铁或其他金属在这方面的性质相差很大。铁在工业纯钛和α型钛合金中的溶解度极小，当铁在钛中的浓度>0.10%时，则要析出TiFe型的金属间化合物。TiFe相是脆硬的金属间化合物，它剧烈地提高钛的强度与降低钛的塑性；它还与钛形成低熔点的共晶体，这些都是脆性相。另外，钛与铁的热物理特性相差也很大，铁的比重和线膨胀系数分别是钛的1.7倍和1.6倍；而热导率为钛的5.5倍。由于存在不同的特性使焊接接头在冷却过程中收缩不一，形成较大的内应力，导致焊缝开裂。由于它们的熔点和比重相差较大，故互熔特性就很差。因此钛与铁或其他类似金属不能直接熔焊。

如果结构需要钛与铁或其他金属焊接时，可采用钎焊和爆炸焊。采用过渡层焊条熔焊钛与铁，目前尚未在工程上采用。

13 当钛与其他金属发生滑动接触时，为什么会出现黏着或冷焊现象？消除这种现象应采取哪些措施？

当钛与其他金属发生滑动接触时，会出现黏着或冷焊现象。这是由于钛与其他金属的亲和力强和摩擦系数大造成的。

为了防止产生黏着或冷焊现象，通常采取：

a. 在钛与其他金属间用摩擦系数低的润滑剂（如以液态矿物油为基体，加入40%石墨粉的润滑剂）；

b. 钛表面渗氮、氧化处理或阳极化处理，改善钛表面的滑动性能；

c. 采用与钛表面摩擦系数小的材料制成摩擦副。如钛与大多数金属间的摩擦系数约为0.65～0.68；钛与金属氧化物间的摩擦系数则降为0.2。

14 钛和钛合金的锻造有哪些特性？如何根据这些特性制定合适的锻造工艺？

钛和钛合金锻造的主要特性是化学活性高、变形抗力大、锻造温度范围窄（其下限温度取决于变形抗力和抗裂性，上限温度取决于相组织及机械性能的要求）和缺陷敏感性高。

根据上述特性制定钛材的锻造工艺如下。

(1) 选择合适的毛坯加热和锻造温度 因为钛材的变形抗力受温度影响很大，当温度升高到钛的晶格由密排六方体向体心立方体转变时，塑性显著提高，变形抗力大大降低。但温度过高，会造成气体严重污染，晶粒粗化，锻造质量变坏。

(2) 采用合适的锻造方法 由于钛的变形抗力对变形速率比较敏感，对于大型锻件，用压力锻造比较有利；对于中、小型锻件，由于钛的锻造温度范围窄、热容量小、温降快，采用锻锤快速锻较好。

(3) 热加工的污染及处理 锻造温度在800℃以上时，气体对钛的污染很严重。如果时间过长，会出现疏松的氧化粉末，这种氧化皮不能阻止继续氧化和吸收气体，因此在高温下锻造，且工件不再经大量切削加工时，必须在钛表面涂涂层保护。在800℃以下锻造时，钛表面生成的氧化膜较致密，发展缓慢；而且可用酸洗方法除去。所以在温度较低时锻造，以及表面要求不十分严格的工件，可在空气中短时间进行加热。氢对钛的危害性比氧、氮大，为防止加热时吸氢，若无涂层保护，可采用微氧化性气氛炉加热。

(4) 锻坯的表面处理 由于钛对缺陷的敏感性高，所以当钛坯表面有划伤、裂纹和其他缺陷时，必须用砂轮或其他方法除去。锻坯表面上的油污、灰尘等在进炉前应清理干净。

15 为什么说钛和钛合金的焊接比钢的焊接难？焊接过程对钛的机械性能有何影响？

由于钛材的熔点高、热容量小、电阻大、导热性差和具有强的化学活性，因此钛的焊接比钢难。

焊接对机械性能影响如下。

① 杂质元素对焊缝金属和高温热影响区的影响：焊缝金属和高温热影响区易被氧、氢、氮、碳等元素污染，使接头的性能变坏。钛在元素周期表中属于过渡族元素，具有很强的化学活性，在250℃温度时开始吸氢，400℃时开始吸氧，600℃时开始吸氮，并能与它们起激烈反应。焊接时若不采取保护措施或保护不良，空气进入焊接区域或者由于焊件、焊丝清理不干净，带入油污等杂质便

在电弧热的作用下分解为氢、氧、氮和碳等。这些元素能溶解于钛形成间隙固溶体，当它们进入钛晶格中会使钛的晶格歪曲、畸变，从而改变钛的机械性能。当这些元素含量超过在钛中的溶解度时，又会与钛形成各种化合物。由于这些化合物均属硬脆性质，又会使钛的性能更为恶化。

② 钛焊缝和高温热影响区的组织发生变化，使接头性能变坏。由于钛熔点高、热容量小、电阻系数大、导热性差，因此焊接时高温热影响区较宽，高温停留时间较长，使焊缝和高温热影响区晶粒长大明显。在冷却较快时，又会有部分β相转变为针状马氏体（即α′相），使接头塑性降低。

③ 易产生气孔、裂纹等焊接缺陷，使接头的承载能力降低。

16 为什么钛-钢复合板的热成形温度通常不高于600℃？在高温下加热钛-钢复合板时应注意哪些事项？

钛-钢复合板的热成形温度通常不高于600℃，这是因为钛复层和钢基层的交界面上在高于600℃时易产生互相扩散、渗透，形成脆性的金属间化合物或脆性层，减弱它们之间的结合强度；由于钛与钢的热膨胀系数和弹性模量不同，随着温度的升高，它们之间的热变形量差增大，将使交界面处产生较大的热应力，导致钛复层剥离，温度越高，钛复层表面氧化也越严重。

在高温下加热钛-钢复合板时应注意控制加热温度和温度升、降速率，避免钛复层和钢基层间产生较大的温差；加热最好在真空炉中进行，或在微氧化性气氛的加热炉内进行，复层表面涂涂层保护，且火焰不得直接喷在工件上。

17 钛在热力学上是一种不稳定的金属，为什么仍具有较好的耐蚀性？

钛是一种非常活泼的金属，但在碱性、中性、氧化性酸和稀还原性酸等介质中具有较好的耐蚀性。因为钛易钝化，而且钝化范围宽，只要暴露在含氧或氧化性的介质中，其表面就立刻生成一层坚固、致密的氧化膜。即使氧化膜遭到损伤，只要有充分氧或氧化性介质存在，膜就能立刻愈合或重新生成，把腐蚀介质和钛隔开，起到耐蚀作用。钛表面的氧化膜通常是在和水接触的情况下形成，只要有微量水或水蒸气存在，氧化膜就可以产生。如果钛暴露在完全不含水的强氧化性环境（如发烟硝酸、干氯气）中，就会发生快速氧化，并常常引起燃烧。溶液中有铜离子或铁离子等高价金属离子存在，也能降低钛的腐蚀速度。相当于用贵金属合金化或阳极钝化，提高了钛的耐蚀性。

18 当钛在介质中被钝化时，其力学性能是否发生变化？为什么？

当钛在介质中被钝化时，金属基体性能并未发生变化，只是金属表面在介质中的稳定性发生改变，故金属钝化仅是一种界面现象。钛钝化表明表面生成一层致密的保护性氧化膜，这层氧化膜的成分、结构和厚度取决于环境、钛晶格结构、晶粒尺寸以及外加电位等。通常钛在大气中生成一层天然的氧化膜，其厚度在 1×10^{-8} m 以下，经过表面处理的钛表面，生成氧化膜的厚度也只在 1×10^{-7} m 左右。因此这层很薄的氧化膜对钛的力学性能不会产生影响。只有当温度超过 538℃时，钛的氧化速率变快，形成附着于表面的氧化磷皮和硬的富氧的 α 相近表层（皮下层）。此近表层性脆，才影响钛的力学性能。

19 钛在湿氯气中的耐蚀性超过其他常用金属，为什么在干氯气中会产生崩溃性的破坏？

由于钛具有强烈的钝化倾向，在湿氯气中容易钝化，而且钝化膜不易被氯离子破坏，这是不锈钢等金属所不及的。如在 0.1mol 氯化钠溶液中，不锈钢钝化膜被击穿的点蚀电位为 0.28V，而钛高达 12V，所以钛在湿氯气中的耐蚀性超过其他常用金属。但钛在干氯气中会发生崩溃性破坏，因为钛的化学性质非常活泼，在干氯气或不含水的液氯中，钛与氯发生剧烈的化学反应生成四氯化钛，此反应是放热反应，因此会使反应物温度不断升高，反应速度不断加快，与液氯接触的钛，很快就会作为反应物消耗殆尽。与干氯气接触的钛，则可能因为反应释放的热量，使反应达到很高的温度，当温度达到钛的熔点时，可引起钛的燃烧、爆炸。但是如果氯气或液氯中含有足够的水分，四氯化钛会与水作用生成氢氧化钛，而且将形成一层极稳定的表面膜牢固地附着在钛表面，阻止钛与氯继续发生反应。为了保证接触氯气或液氯的钛设备安全使用，氯中的含水量应大于0.6%。

20 处理红烟硝酸的钛设备为什么会产生爆炸？

虽然钛在较高浓度和温度的硝酸中具有较好的耐蚀性，但在红烟硝酸中却有自燃、爆炸的危险，这是因为钛与红烟硝酸接触时，将与硝酸中的 NO_2 发生反应，使钛表面形成黑色膜。这层膜呈应力腐蚀开裂迹象，导致表面产生细粒钛沉淀。由于钛与二氧化氮的反应放热，温度升高，如遇到冲击、摩擦和电火花，细粒钛就会着火自燃、爆炸。特别是冷变形量大于65%的冷硬状态的钛设备，在含水量小于2%、二氧化氮含量大于6%的红烟硝酸中使用是不安全的。所以接触红烟硝酸的钛设备，则要求硝酸中的含水量必须大于2%，才能保证安全使用。

21 为什么在化工中使用的钛设备所发生的恶性事故，几乎都是由氢脆破裂造成？如何防止氢脆破裂？

因为钛材极易吸氢，即使在温度不高的环境中，由于氢的扩散速度大，也易使钛吸氢脆化和产生晶间微裂纹。氢的来源有下列几方面：

a. 钛材中含有的杂质元素——氢；

b. 由于环境中的氢达到一定浓度，处于高温状态下的钛或表面钝化膜被破坏的钛材易吸氢脆化；

c. 由于选材错误，在不应采用钛材的环境中使用钛材；或者由于结构设计不合理（如存在缝隙或与异种金属接触产生电偶腐蚀）引起局部腐蚀，导致吸氢脆化；

d. 加工制造工艺不当（如错误的酸洗配方或过长的酸洗时间、焊接时未能充分保护和制造过程中钛材表面被铁污染等）引起吸氢脆化。

防止钛设备产生氢脆的措施如下。

a. 选用含氢少的钛材。

b. 防止在加工制造过程中吸氢：要避免在切削、冲压、卷板，焊接等加工制造过程中钛材表面嵌入铁粒，热加工和热处理加热必须在微氧化性气氛的加热炉进行；对于一些结构复杂的钛设备，背面难以实现气体保护的焊接接头，要防止焊接时污染吸氢。

c. 选择合适的使用环境：当温度在71～316℃的干氢和湿氢的环境中，如含有一定的氧和水分可以防止吸氢。钛在氧化性介质、中性介质、弱还原性介质或含有氧化剂的还原性酸中，通常不会发生吸氢或极缓慢地吸氢；但当表面被污染、表面缺陷、局部发生腐蚀或异常工况出现时，则可能产生吸氢脆化。钛在发生全面腐蚀或局部腐蚀的环境中，易发生吸氢脆化。

d. 通过表面处理（高温氧化、阳极化处理等）可改善抗氢性能。

e. 采用耐蚀钛合金，提高钛的耐蚀性，防止吸氢脆化。

22 钛在哪些介质中易产生应力腐蚀破裂？造成应力腐蚀破裂的因素有哪些？

实践证明，在不锈钢产生应力腐蚀破坏的环境中，通常钛不产生应力腐蚀破裂。但陆续发现钛在发烟硝酸、甲醇、三氯乙烯、高温氯化物、液态的四氧化二氮、熔融金属盐、四氮化碳、尿吡啶、有机溶剂、氢气和溴蒸气等介质中发生应力腐蚀破裂。

造成应力腐蚀破裂的因素如下。

（1）环境　该因素中包括离子的种类与浓度、溶液的pH值、温度、电导、添加剂和流速等。

（2）力学因素　在发生应力腐蚀破裂的体系中必须存在拉应力。拉应力来源于加工制造过程中产生的残余应力和工作应力，通常只有当该体系的应力强度因子大于临界应力强度因子，且应变速度超过某一范围后，才发生应力腐蚀破裂。

（3）冶金因素　工业纯钛随着氧含量增加，应力腐蚀破裂的敏感性增加。

23 在设计钛设备时应采取哪些措施防止缝隙腐蚀？

① 在结构上要尽可能消除缝隙和滞留区。如尽可能用焊接代替螺栓连接或铆接；用对接焊缝代替点焊搭接；改善溶液在设备内的流动状态，避免形成死角和滞留区。

② 在缝隙处选用耐缝隙腐蚀的材料或表面经过处理的材料。如选用耐缝隙腐蚀性能较好的 Ti-0.15Pd 钛合金代替工业纯钛；在钛表面涂钯、氧化和阳极化处理等均可能改善钛的耐缝隙腐蚀性能。

③ 采用特殊形式和成分的垫片材料，改善缝隙腐蚀的环境等。

24 钛在哪些介质中与其他金属接触易产生电偶腐蚀？如何避免或减轻这种腐蚀？

根据介质不同，钛的电偶腐蚀可分成两类：第一类介质如盐溶液、硝酸、醋酸和海水等，钛在这类介质中具有优异的耐蚀性能，如果与另外一种金属，由于钛表面氧化膜使其具有惰性，保证它在电偶中成为阴极，致使另一种形成阳极的金属产生电偶腐蚀；第二类介质如盐酸、硫酸和草酸等，钛在这类介质中既可能处于活态，又可能处于钝态，如果与其他金属接触，既可能使钛的腐蚀率增加，又可能使其他金属的腐蚀率增加。

为了避免或减轻钛与其他金属接触时产生的电偶腐蚀，通常采取下列措施：

a. 在两种金属间增加完全隔离的绝缘材料，避免形成腐蚀电池；

b. 避免在两种金属间形成大阴极、小阳极的腐蚀电池；

c. 拉开不同金属之间的距离和改变它们之间的位置，避免阴极污染；

d. 采用阴极保护等。

25 工业纯钛具有较好的耐磨蚀性能，为什么在有些介质中仍产生较严重的磨蚀现象？在设计时应采取哪些防护措施？

在某些强腐蚀性介质中（如尿素-甲铵溶液）仍发生较严重的

腐蚀现象，如尿素合成塔的二氧化碳进口管，由于管端有大量的二氧化碳气体溶解在尿素-甲铵溶液中，引起溶液对管壁的冲击，使表面的钝化膜遭到破坏而加剧腐蚀。被腐蚀的表面又加剧了冲击磨损，使其形成蚀坑。

为了防止磨蚀的产生，在设计时应采取下列措施：

a. 尽量降低介质的流速，避免流道截面尺寸和方向的突然变化，减少介质对钛表面的冲刷作用；

b. 对钛表面进行氮化、氧化等表面处理，提高耐磨蚀性能；

c. 对不可避免的磨蚀表面应增设可拆或可更换的衬里（例如衬套）或采用更耐磨蚀的材料。

26 钛设备的加工制造工艺对其耐蚀性能有什么影响？

钛设备在制造过程中采用各种加工方法完成零、部件的加工和组装，如铸造、锻造、压力加工、机械加工、焊接和热处理等。在大多数情况下，这些加工工艺对钛的耐蚀性能不会产生明显影响。但在某些情况下，由于加工工艺使金属的内应力增加及引起化学成分、金相组织的变化，导致钛设备的腐蚀加剧和发生局部腐蚀。如由于焊接热循环的作用，改变了钛的β相含量、尺寸、分布或产生新相，而导致焊缝产生β相或新相的选择性腐蚀。由于焊接或其他加工工艺产生的残余应力，导致钛设备产生应力腐蚀破裂。由于焊接、热加工和热处理工艺不当，钛表面保护不好，或在高温区暴露的时间过长，均可能增加焊缝的氢含量，导致焊缝产生氢脆。由于焊接缺陷（如气孔、夹杂、裂纹等）引起钛表面产生点蚀或缝隙腐蚀。

27 为什么说钛是一种化学性能非常活泼的金属？它对钛的熔炼、焊接、热加工等有何影响？

钛是元素周期表中第四周期的副族元素。副族元素的价电子不限于最外层的电子，有时次外层上的一部分或全部 d 电子也是价电子。从钛原子的电离势和电离能来看，钛原子的 2 个 4s 电子和 2 个 3d 电子的电离势都小于 50eV，因而很容易失去，故钛是一种很活泼的金属。

由于钛有很强的化学活性，在较高温度下可与许多元素和化合物发生反应，特别是在高温时与氧、氮、氢、一氧化碳、二氧化碳、水蒸气以及许多挥发性有机物发生反应，不仅在钛表面生成化合物，而且还会侵入钛的晶格，引起钛的严重钝化。同时钛还与一些金属元素、非金属元素作用，生成离子化合物、金属间化合物、有限固溶体或无限固溶体，对钛的性能产生有害的影响，所以钛在熔炼、焊接、热加工和热处理等加工时必须采取措施，防止温度在300℃以上的钛表面与上述介质接触。

28 钛制压力容器包括哪几种？各用于什么场合？

钛制压力容器实际上包括全钛焊制、钛衬里钢制和钛-钢复合板焊制压力容器。

通常根据操作压力、温度、介质腐蚀性、容器直径和形状的复杂程度以及经济性等条件来选用。如操作温度超过150℃，选用全钛焊制压力容器就不一定合适。这是由于钛的强度随温度升高而明显降低、钛的冷蠕变特性、焊接较厚的钛板比较困难，以及不经济等因素决定的。当温度在150～200℃的范围内，且壁厚超过12mm时，选用钛衬里钢制压力容器可能最经济，当温度超过200℃或壳壁须进行传热的容器，选用钛-钢复合板焊制的较为合适，因为温度较高时，在开停车时钛衬里将承受较大的热应力，或钛衬里和钢制外壳间留有间隙，影响传热，故选用钛衬里钢制压力容器就不合适。

29 为什么钛制压力容器壳体及其他受压元件厚度的设计仍须考虑腐蚀裕量？

钛虽然具有较好的耐蚀性能，但在腐蚀介质中仍会产生轻重程度不同的腐蚀，为保证钛制压力容器安全使用，厚度的设计仍需考虑腐蚀裕量。腐蚀裕量的大小系根据介质的腐蚀性和容器的使用寿命确定。

30 为什么《固容规》规定设计温度：纯钛板不应高于 230℃；钛合金不应高于 250℃；钛-钢复合板不应高于 350℃？

因为工业纯钛和压力容器用钛合金分别在 230℃和 250℃左右时，其冲击韧性最低；其许用应力分别约为常温下的 1/2 和 2/3，且其耐蚀性能随温度升高明显降低，故《固容规》规定纯钛和钛合金制的全钛压力容器的设计温度分别不应高于 230℃和 250℃。钛-钢复合板制的压力容器，由于钛复层的厚度不计入设计厚度，故其设计温度不应高于基层材料所允许的温度和钛复层急剧吸氢、氧化、氮化的温度，所以《固容规》规定钛-钢复合板制压力容器的设计温度不应高于 350℃。

31 为什么《固容规》规定钛制压力容器的焊缝系数比钢制的低？

按《固容规》规定，钛制焊接压力容器所采用的焊缝系数比钢制的低，因为钛的化学活泼性，在高温下易与大气中的氧、氮、氢和碳等元素发生化学反应，生成的化合物使钛焊缝性能变差；在焊接热循环的作用下使焊缝和热影响区产生 β 相粗晶、马氏体（α′相）粗大晶粒和其他过热组织，使焊接接头在一定程度上变脆；焊接接头易产生冷裂纹和气孔等缺陷，及产生较大的焊接残余应力等，使接头的承载能力降低，所以必须采用较小的焊缝系数，以补偿焊接时可能产生的强度削弱。钛焊缝系数的大小取决于焊缝形式、焊接工艺、焊缝探伤检验的严格程度等，但所取值比相应钢制的低。

32 为什么钛衬里钢制容器和钛-钢复合板制容器，在强度计算时不计入钛衬里或钛复层的厚度？

由于钛与钢不能熔焊，钛衬里或钛复层不能与钢壳连成整体，所以钛衬里钢制容器和钛-钢复合板制容器，在强度计算时不计入钛衬里或钛复层的厚度？

33 为什么规定纯钛或钛合金焊制的全钛压力容器最小壁厚为 2mm？

在低压力下工作的全钛压力容器，按承受内压计算所得的壁厚较小时，往往不能满足制造、运输和吊装的要求，故规定全钛制压力容器的最小壁厚为2mm。主要考虑在制造时满足焊接工艺对厚度的要求和保证几何尺寸公差的要求，满足制造、运输和吊装过程中所需的刚度要求，以及节约钛材，降低设备成本。

34 我国目前用于压力容器壳体及其他受压元件的工业纯钛、钛合金有几种？为什么仅允许用这几种？

我国目前用于制造压力容器壳体及其他受压元件的钛材有各级工业纯钛和Ti-0.2Pd、Ti-0.3Mo-0.8Ni两种钛合金。

因为压力容器用钛材必须满足下列要求：

① 优良的综合力学性能，即既有合格的强度，又必须具备较高的延伸率和冲击韧性；

② 良好的工艺性能，能满足制造压力容器的各种工艺对材料性能的要求，特别是焊接性能良好；

③ 性能的稳定性和均匀性；

④ 使用经验或国外现行压力容器标准或规范确认为许用材料。

35 压力容器采用的钛材除符合国标或行业标准的技术要求外，在什么情况下须提出附加要求？

压力容器采用的钛材，除符合国标或行业标准的技术要求外，应根据使用环境或条件的需要，对化学成分、力学性能、工艺性能和表面质量等提出附加要求。如制造板式换热器所用的TA1钛材，为了保证钛板在冲压过程中有足够的塑性，不产生裂纹，需提出氧含量$\leqslant 650\times 10^{-6}$、晶粒度为5～6级等附加要求。又如尿素生产装置中氨气提塔，为保证选用钛材有足够的耐蚀性，要求铁含量$\leqslant$0.1%；板材的钛含量$\geqslant$99.8%；管材的钛含量$\geqslant$99.5%。

36 为什么在选择钛制压力容器的焊接材料时，常选择纯度高一档或与母材化学成分相同的焊丝？

在选择钛焊制压力容器的焊接材料时，除要求焊丝的氧、氮、氢和碳等杂质的含量必须控制在技术条件的允许范围内，还应满足焊接接头的强度、塑性、韧性和耐蚀性等要求。由于钛材在焊接过程中容易与氧、氮、碳等元素发生化学反应，生成的化合物使钛的硬度和强度升高，而塑性严重下降，故通常要求选用纯度比母材高一档的焊丝。如果惰性气体的保护性可靠，亦可选用与母材同成分的焊丝。焊丝使用前应对它的含氢量进行测定，超过规定时应进行真空退火消氢处理，合格后方可使用。

37 为什么钛制压力容器的壳体及其受压元件所用的钛材必须经过退火处理？

因为退火可改变或软化加工状态的组织，降低强度，提高塑性，得到较好的综合性能。退火温度一般选在相变温度以下 120～200℃，这时所得到细晶粒等轴 α 相组织，其综合性能较好。若温度升到 β 相区，就会发生过度氧化，并产生晶粒粗大倾向，同时急速冷却生成针状的马氏体，缓慢冷却生成粗大的圆柱状的魏氏体组织，这两种金相组织使钛材的强度和硬度提高，而使塑性和冲击韧性大大降低。

38 用于高压或重要场合的钛制管壳式换热器的换热管应提出哪些技术要求？

应提出下列技术要求。

① 化学成分　钛换热管的化学成分应符合 GB 3620《钛及钛合金牌号和化学成分》和图样的技术要求。

② 力学性能　钛换热管的室温和操作温度下的力学性能应分别符合 GB 3625《热交换器及冷凝器用无缝钛管》和图样技术要求的有关规定。

③ 工艺性能钛换热管应进行扩口或压扁检验，其检验结果应符合 GB 3625 的有关规定。

④ 超声波和（或）涡流探伤检查评判标准按图样技术要求。

⑤ 尺寸偏差和表面质量　直径和壁厚偏差、长度偏差、弯曲度以及表面质量应符合 GB 3625 的有关规定。

⑥ 水压试验和致密性试验按 GB 3625 的规定和图样的技术要求。

⑦ 钛换热管应退火状态供货　距管端500mm范围内管子表面应进行软化（脱氧）处理。

39 用于钛制压力容器的壳体及其受压元件的钛材，在什么情况下须经超声波探伤检查？

凡符合下列条件之一者需经超声波探伤检查：

① 温度低于－60℃；

② 设计压力等于或大于6MPa的板材，设计压力等于或大于10MPa的管材；

③ 厚度大于20mm的板材或锻件；

④ 用作多层受压圆筒的内筒材料；

⑤ 用作三类压力容器和换热器的衬里材料。

40 用作换热器管板等特殊用途的钛-钢复合板除符合GB 8547《钛-钢复合板》一类板的技术要求外，还需提哪些附加技术要求？

还应根据使用需要提出下列附加技术要求。

(1) 瓢曲度和波浪度　按GB 8547规定每米波浪度和瓢曲度不得大于15mm，但仍不能满足制造管板的用材要求，故需在订货时提出附加要求或者由制造厂进行压平处理。

(2) 结合状态　按GB 8547规定，一类钛-钢复合板的单个不结合长度小于75mm，其面积小于$45cm^2$，不结合区的总面积小于复合钢板总面积的2%。用作管板的钛-钢复合板要求在钻完管孔后，管孔周围不允许出现复层剥离现象，以免在换热管与管板焊接时进一步扩大复层的剥离区域。故上述复合板标准不能满足钻较小管孔的管板的使用要求，需在订货时提出附加要求。此外对布管区之外的不结合状态，如造成壳程介质外漏时，也需对该区的检查提出要求。

(3) 剥离强度　按GB 8547规定只保证复层与基层间的剪切强度大于1.4MPa，不提供剥离强度的保证值。如设计需要，亦可在附加技术要求中提出。

41 如何选择钛材？

在设计钛制压力容器时，选择钛材必须考虑下列因素。

(1) 强度 应根据受压元件对强度的要求，选择不同等级的工业纯钛。但选用时应注意随着强度的增加，钛材的缺点也增加。故对一般的钛制压力容器，通常选用中等强度的工业纯钛（如 TA2）作为壳体和其他受压元件的材料。对于钛-钢复合板制压力容器和换热器，钛复层通常选用 TA1 或 TA2；换热器则选用 TA2 或 TA3。

(2) 成形种类 对于最苛刻的成形（如板式换热器中的板片），必须采用尽可能软的工业纯钛（如 TA1）。对于困难较少的成形（如压力容器的衬里），可采用中等强度的工业纯钛（如 TA2）。上述工业纯钛很容易冷成形，较高强度的工业纯钛需要在 200～300℃温度下成形。

(3) 耐蚀性 Ti-0.2Pd 和 Ti-0.3Mo-0.8Ni 钛合金比工业纯钛具有更高的耐蚀性，特别是耐缝隙腐蚀和耐弱还原性酸腐蚀的性能较优越。但 Ti-0.2Pd 合金的价格较贵，仅用作有缝隙腐蚀的法兰密封面。

(4) 可焊性 虽然压力容器所用各级工业纯钛和钛合金均有良好的可焊性，但 Ti-0.3Mo-0.8Ni 钛合金的焊接较工业纯钛难。

(5) 价格 所有钛合金的价格都比工业纯钛要高，特别是 Ti-0.2Pd钛合金由于含有贵重合金元素——钯，其价格是工业纯钛的 10 倍左右。Ti-0.3Mo-0.8Ni 钛合金的价格比工业纯钛贵百分之几十，但它的强度较高，而且随温度升高降低较少。

42 根据钛材性能的特点，对钛制压力容器的结构设计有哪些特殊要求?

必须符合下列要求。

① 在设计钛制压力容器时，其结构必须简单，便于清洗焊缝附近的表面，焊接时便于用惰性气体保护拖罩、保护焊缝及其热影响区的正、背面。

② 工业纯钛和钛合金本身或相互之间是可以焊接的，但不能与其他金属熔焊。在需要与其他金属连接时，只能采用粘接、钎焊、爆炸焊和螺栓连接。

③ 钛具有明显的冷蠕变特性，要求保持严格形状的设备不宜采用钛材。

④ 钛的冲击韧性值较低，在设计钛设备时要保持结构的连续性和焊缝的平滑，尽量避免出现应力集中。

⑤ 钛的塑性变形范围狭小，而且有明显的加工硬化现象，钛制零、部件的弯曲和翻边通常应采用较大的弯曲半径，胀管时采用较小的胀管率。

⑥ 钛在某些介质中易产生缝隙腐蚀，在设计处理这些介质的设备时，应避免出现缝隙和滞留区；或用焊接代替螺栓连接、铆接和胀接；或在法兰连接处的密封面采用耐缝隙腐蚀的钛合金或涂层。

⑦ 在设计处理导电性腐蚀介质的设备时，判断钛能否与其他金属接触，应根据介质的性质、材料的电极电位、阴阳极面积的比例和能否导致钛吸氢等因素决定。如发现不能接触，但又不能避免与其他金属接触时，可在结构上采取措施（如采用第三种材料作为过渡层）和采取阳极保护等。

⑧ 钛在高流速和流速突然变化的某些腐蚀介质中，易产生冲刷腐蚀和冲击腐蚀，所以在设计处理上述介质的设备时应采取低流速，并避免流速或流向的突然变化；或在易产生冲刷腐蚀、冲击腐蚀的部位设置防护挡板或套筒。

⑨ 在设计时必须注意钛材仅用在有腐蚀的部位，而不作为不接触腐蚀介质的支承构件。只要有可能，设备承受的全部载荷，应当用碳钢或其他类似的廉价材料制的构件来承担。

43 在结构设计时如何实现“钛材仅用在有腐蚀的部位，而不作为不接触腐蚀介质的支承构件”？

由于钛材的价格通常是不锈钢的 3 倍以上，因此在设计钛设备时必须注意钛材仅用在有腐蚀的部位，而不作为不接触腐蚀介质的支承构件，所以在设计钛制压力容器时，各种形式的裙式支座、鞍式支座、悬挂式支座、支承式支座和支腿等外部构件，以及法兰和法兰盖等均采用碳钢制造。对于壁厚超过 12mm 的压力容器，只采用钛衬里铜制容器或钛-钢复合板制容器。

44 钛制压力容器的设备法兰和接管法兰的密封面形式，按什么原则选择？常用的垫圈材料有哪几种？

通常按下列原则选择。

（1）一般介质（如弱酸、弱碱和盐溶液等） 压力≤0.6MPa、温度≤200℃，密封面可选用平面；如压力和温度的一项或两项偏高时，则选用凹凸面；当压力≥2.5MPa时，无论温度高低，宜选用榫槽面。

（2）易燃、易爆和有毒介质（如氢气、烃类、液氨、液态丙烯和各种溶剂） 无论压力和温度高低，均选用凹凸面密封。

（3）极度和高度危害介质 无论压力和温度高低，宜采用榫槽面密封。

法兰垫片材料的选择，应根据操作压力、温度和介质的性质来选择。对于可能产生缝隙腐蚀的设备，通常选用润湿性和膨润性较小的非金属材料或金属制垫片。

45 全钛制和钛-钢复合板制压力容器的凸形封头形式为什么仍采用钢制的封头形式？

虽然钛的冲压成形较碳钢和不锈钢困难，但目前全钛制和钛-钢复合板制凸形封头的形式和尺寸仍采用钢制封头的标准，主要是为了减少模具的种类和费用，而且标准凸形封头的受力情况也较好。

46 钛制压力容器的物料进出口管处在什么情况下需设置防冲挡板和防涡流挡板？

① 虽然钛材具有较好的耐磨蚀性能，但在物料进出口管处，由于流速较大和流速突然变化，仍出现严重的磨蚀现象。所以在设计钛制压力容器时，凡符合下列情况之一时，应在设备进口接管处设置缓冲板。

a. 当介质有腐蚀性或磨蚀性时，且$\rho v^2 \geqslant 740\text{kN/m}^2$（$\rho$为介质密度，$\text{kg/m}^3$；$v$为流体线速度，m/s）；或介质无腐蚀性或无磨

蚀性，且 $\rho v^2 \geqslant 2355 kN/m^2$；

b. 需要缓慢加料，使内部液位保持稳定时；

c. 进料管正对器壁，并且其间距离小于2倍管外径时。

② 为了防止设备底部溶液出口管产生涡流，破坏液封和液面稳定，以及减少磨蚀，凡符合下列条件之一时，应设置防涡流挡板。

a. 设备底部出口管直接与泵相连；

b. 设备底部需进行液相分层的底部出口管；

c. 为防止因漩涡而将设备底部杂质带出，影响产品质量和使泵发生堵塞或抽空的液体出口；

d. 为减少夹带气体造成损失的液体出口。

47 全钛制压力容器的对接焊缝的钝边间隙为什么比钢制的要小？为什么要保证全焊透？

由于钛的熔点高、导热性差、热容量小和电阻系数大，焊接熔池金属的流动性大，故全钛制压力容器对接焊缝的钝边间隙比钢制的小。按《固容规》规定钛制压力容器的A、B类焊缝须经百分之百的X射线探伤检查合格，故必须保证A、B类焊缝全焊透。因为钛材及其焊接接头对缺口的敏感性高，未焊透处往往会成为钛制压力容器破裂的裂源。

48 全钛制压力容器的设备法兰和接管法兰为什么一般采用松套法兰？在什么情况下密封面环采用翻边或焊接领环或焊环？

全钛制压力容器的设备法兰和接管法兰，除接管口结构较复杂，采用松套法兰会造成结构上的困难；或者公称直径小于25mm，采用松套法兰不一定经济的情况外，通常均采用松套法兰。其主要原因是为了节省钛材，降低设备价格。但板式松套法兰的适用压力均小于或等于1.6MPa。

按照美国ANSI B31.3规范中对松套法兰使用规定：平焊环松套法兰不应使用于压力或温度剧烈波动的环境，而翻边环形式则允许。

当输送介质为极度或高度危害的毒性介质时，翻边环法兰的使用温度≤200℃，公称直径≤100mm。因为翻边环采用钢板冲压而成，厚度有限，不能加工成凹凸面或榫槽面。焊环法兰不受此限。

49 全钛制压力容器的支座、吊耳和其他外部附件的设计应遵循什么原则？

应遵循以下原则。

(1) 真空设备除本身应有足够的刚度外，要避免或尽量减少壳体上的外加载荷（如工艺管道的重量、支座反力和起吊偏心载荷等）。如果需装设支座、吊耳和其他外部附件，则在相应的部位增设整体垫板。支座、吊耳和其他外部附件采用碳钢制造，用螺栓或卡子固定在垫板上。

(2) 内压设备的支座、吊耳和其他外部附件，通常用碳钢制造，然后将它卡在或者用螺栓固定在壳体的定位板或罐耳上。

(3) 全钛制压力容器的外壳上应尽量避免焊接其他附件。

50 全钛制压力容器的平盖、人孔盖、手孔盖、法兰盖为什么均采用衬钛钢制盖或钛-钢复合板盖？其结构如何？

全钛制压力容器的平盖、人孔、手孔盖和法兰盖均采用衬钛钢制盖或钛-钢复合板盖。其目的是为了节省钛材，降低设备成本。

在操作温度等于或低于200℃时，选用衬钛钢制盖，即在钢盖上衬以厚度等于或大于6mm的钛材。当密封面需要机加工时应衬以较厚的钛板，或采用较厚的密封环与较薄的盖衬里板焊接。在易产生缝隙腐蚀的环境中，密封环材料可采用Ti-0.2Pd钛合金，其余部分可衬以大于1.5mm厚的工业纯钛。在衬板的中心和靠近边缘的圆周上用M6～M16的钛制埋头螺钉或插销把钛衬板固定在钢盖上。螺钉或插销的直径和数量根据盖的直径、操作压力、温度而定。螺钉头或插销头与衬板连接处需用氩弧焊封焊。钛衬板的外径应比碳钢盖的外径至少小6mm，钛衬板的周边应用钎焊密封或敛边，并在碳钢盖上钻检漏孔。操作温度高于200℃时，应采用钛-钢复合板制造，钛复层厚度为3～10mm。

51 钛-钢复合板的对接接头和角接接头形式有几种？在设计钛-钢复合板制压力容器时如何确定接头形式与尺寸？

根据 GB/T 13149—91《钛及钛合金复合钢板焊接技术条件》推荐采用的接头形式，详见标准中表 1 和表 2。除Ⅰ型对接接头用于非受压元件外，其他对接接头形式均可用于压力容器的壳体和其他受压元件。

在设计钛-钢复合板制压力容器时，通常根据操作压力、温度和介质选定焊接接头形式和尺寸。如Ⅱ类和Ⅲ类对接接头用于真空、低压、内表面要求平滑的设备。这类接头形式能保证碳钢基层焊透，且能进行射线探伤检查；钛复层的焊接要求采用既不熔到钢面，又能获得最大熔深的焊接工艺。第Ⅲ类接头形式的抗疲劳性能、拉伸强度、焊后残余应力均较Ⅱ类有明显改善。Ⅴ类和Ⅵ类对接接头形式可用于中、低压压力容器，碳钢基层的焊接要求同Ⅱ类；钛复层与钛盖板或钛半圆管的角焊缝，要求根部焊透，焊缝表面呈微凹形。Ⅳ类对接接头形式通常用于高、中压压力容器。为减少盖板变形和改善接头的受力状况，未复合区需先用钛条填满，然后用不焊透熔焊与钛复层焊接。为了提高这种焊接接头的承载能力，再用钛盖板覆盖其上，然后与钛复层搭接焊。搭接焊缝应为熔透的多道焊，焊缝横截面呈微凹形。

52 钛-钢复合板制压力容器的接管和人、手孔颈为什么均采用衬里结构？如何保证衬里质量？

钛-钢复合板制压力容器的接管和人、手孔颈通常采用碳钢锻件或无缝钢管制作。它们与壳体碳钢基层的焊接需为全熔透焊。接管和人、手孔颈的内壁、法兰密封面和接管口附近区域均采用钛衬里保护。因为压力容器开孔部位往往需要补强，只有碳钢接管才能与壳体的碳钢基层熔焊，起到补强作用，故其内表面只能用钛衬里保护。

当接管直径≥75mm 时，接管口附近部分钛衬里应采用机加工制成一个相配的圆环，然后分别与接管衬里和壳体钛复层焊接。当接管直径＜75mm 时，可选用合适的钛管翻边，然后插入管内分别与壳体钛复层和法兰密封座焊接。法兰密封面形式应根据设备的操作压力、温度和介质等条件选定。密封面环应进行机加工，且应在法兰表面和接管口之间的嵌入钛垫环上与接管衬里焊接。密封面环外径比法兰外径小 6mm，周边采用钎焊连接，亦可采用钛螺钉将密封面环固定在碳钢法兰上。每一接管衬里后面应设置 2 个直径为 6mm 的检漏孔，一个位于接管颈部，另一个位于壳体最高或最低点上。每一个检漏孔应具有一个内孔为 ϕ6mm 的螺纹管接头，采用连续角焊焊接在设备的外表面上或接管上。对于高压设备接管，且磨蚀较严重时，可选用厚壁无缝钛管。

53 在钛-钢复合板制压力容器内的钛复层上焊接内件，为使复层不剥离和保证连接焊缝的质量，应采取哪些措施？

在钛-钢复合板制压力容器内的钛复层上焊接内件，为使复层不剥离和保证连接焊缝的质量，通常应采取下列措施：

① 在焊接内件前需用超声波检查待焊处周围 50mm 范围内复层贴合情况，不允许在复层剥离区附近焊接内件；

② 当需要在设备内焊接内件时，应采取措施以减少有危害作用力传到钛复层上；

③ 在设备内安装导管和挡板等内件时，应尽量减少振动，避免内件与钛复层的连接焊缝产生疲劳破坏；

④ 内件与钛复层的连接焊缝应为熔透的角焊缝，且表面须通过液体渗透探伤检查。

54 为什么钢制压力容器衬钛比衬其他金属材料困难？通常采用哪几种衬里方法？

钢制压力容器衬钛比衬其他金属材料困难，其原因主要在于钛材屈强比高、塑性变形范围狭窄、回弹较大以及焊接时空气、油脂和其他金属的污染，都能导致钛焊缝发脆，而且钛衬里与碳钢外壳不能熔焊。为了保证钛衬里层的衬里质量，通常采取下列方法。

(1) 活套衬里法 它是把衬里筒节直接套入碳钢外壳中。其衬里方法简便、衬里纵焊缝可通过射线探伤检查，可用在温度不高、操作压力不大，且不在真空下操作，直径小于 ϕ500mm 的圆筒或接管上。

(2) 机械撑紧法 该法是将最后一条纵缝未焊接的衬里筒节放入制好的钢外壳内，借助机械撑胎撑紧后，完成衬里纵缝的焊接。但由于松开撑胎后，衬里焊缝的收缩和回弹，很难保证衬里贴紧。可通过热压胀紧法，进一步改善衬里的贴合状况。

(3) 热套法 此法是将碳钢外壳加热，使其内径增大，随后套入钛衬里筒节，冷却后钢壳内径收缩，从而将钛衬里包紧。此法优点是贴合率高、钛衬里筒节纵焊缝衬前能进行射线检查；但热套长度受外壳轴向弯曲度的限制，且对钢壳内表面和钛衬里筒节外表面的尺寸精度和平直度要求较高。

(4) 滚压法 通过挤压使钛衬里产生塑性变形而紧贴于钢外壳内表面。由于钛在冷塑变形时具有显著的硬化倾向，因此在滚压过程中易出现裂纹。

(5) 爆炸衬里法 用水作为传压介质，利用爆炸时产生的巨大能量，使衬里产生一定的塑性变形而贴紧在外壳的内壁上。但由于保证外壳和衬里之间的间隙比较困难，故多用在封头衬里上。

(6) 多层包扎衬里法 多层包扎衬里法有的用钛作内筒，在它的外面包扎层板，但所需的钛板较厚。为了克服上述缺陷，有的采用钛-钢复合板作内筒。另一种是用碳钢作内筒，在包扎层板前用机械撑紧或热套法先衬里，衬里完成后再包扎层板。利用包扎层时的拉紧力和纵焊缝的收缩力，使衬里贴紧，但后者的贴紧度较差。

55 哪些形状的碳钢外壳有利于提高钛衬里的质量?

钛衬里钢制压力容器的外壳，其形状应尽可能为圆筒形，上、下封头应尽可能采用凸形封头、锥形封头，变径段、平盖和锻制紧缩口封头等。只要有可能，容器端盖尽量采用法兰连接，以便于衬里。设备上开孔最好位于容器两端，平盖上开孔的中心线尽可能与容器轴线平行；其他形式封头上开孔，开孔轴线应在封头的法线方向。两个或两个以上的开孔，尽可能合拼成一个开孔。接管伸出长度应尽量短。钢壳的贴衬表面必须平整，不得有大于 3mm 的凸凹度。所有转角处应尽可能采用较大的圆弧半径，其圆角半径一般不小于 5mm。衬里钢壳与接管的焊接，应采用与设备内壁切齐的焊缝结构，且焊缝表面应圆滑平整。需伸入钢壳内部的接管应尽量采用可拆式插入管结构。

56 钛衬里厚度如何确定？

钛衬里厚度通常根据下列因素决定。

（1）设备的使用寿命　钛设备的使用寿命通常定为 15～20 年。

（2）腐蚀和磨蚀速度　取自设备实测的腐蚀数据或参考有关的腐蚀手册数据，经分析后选定。

（3）制造和维修工艺的要求　如采用多层包扎衬里工艺，则钛内筒的厚度由包扎层板时所需的内筒刚度决定。焊接缺陷对较厚的衬里层不易产生穿漏，但对薄衬里层则是导致焊缝过早发生损坏的原因，而且薄衬里的修复很困难。

（4）衬里形状的复杂程度　由于容器壳体内表面或衬里表面的不规则性等原因，造成有些部位的衬里层与容器外壳不能接触，则需要用较厚的衬里，避免在使用过程中衬里发生损坏。

（5）使用条件　主要指设备的操作压力、温度、介质性质以及压力、温度和负荷的波动情况。当操作压力和温度较高，或波动较频繁的工况，通常采用较厚的衬里。

（6）费用　当采用较厚的衬里，比较稳妥可靠，但增加了设备的成本。

57 为了支承钛衬里的重量及防止衬里产生位移，通常采取哪些方法固定衬里？

通常采取下列几种方法固定衬里：

① 衬里的一端或两端固定在法兰盘上；

② 在衬里的一端或两端各用一段钛-钢复合板制造筒节，以固定衬里；

③ 用钛螺钉或钎焊或爆炸焊固定衬里。

58 钛衬里的焊接接头形式有几类？纵、环焊缝连接处的丁字焊缝如何处理？

钛衬里的焊接接头形式有下列几类。

（1）加垫板对接焊　在外壳上开槽，加垫板对接焊、衬里两端翻边加三角垫或平垫对接焊。这类接头形式适用于各类压力容器。

（2）对接焊加盖板　在碳钢外壳上对接焊钛衬里，为了防止钛与钢熔焊在一起生成脆性的金属间化合物，钛衬里采用不熔透的对接焊。为了提高焊接接头的承载能力，在不熔透的对接焊缝上面加盖板搭接焊。这类接头形式适用于高、中压容器。

（3）搭接焊　搭接焊焊接接头形式有加平盖板搭接焊、瓦片式搭接焊、加槽形盖板搭接焊、加半圆管角焊 4 种，适用于中、低压容器。

在钛衬里纵、环焊缝连接的丁字焊缝处，通常采用一个单独的带有圆弧转角的丁字形或方形盖板。为了对盖板的搭接焊缝检漏和在焊接时便于焊缝背面通氩气保护，每条与衬里对接焊的垫板上至少钻 2 个 ϕ6mm 的检漏孔，而且检漏孔的位置应尽量靠近两端的环焊缝。为了能及时查明泄漏发生在哪一段筒节上和减少焊接时背面保护的氩气消耗量，各个筒节的检漏孔互不串通。因此丁字形盖板及其下面的垫板，与另一个筒节的纵焊缝连接时，必须用钎焊封死。

59 钛衬里钢制压力容器的检漏系统应如何设计？

为了在碳钢外壳内焊接衬里时，提供保护焊缝背面的惰性气体通道，检验衬里焊缝的焊接质量，在使用过程中排出衬里和壳体间的空气或气体，及时发现衬里渗漏，钛衬里钢制压力容器必须有灵敏的检漏系统，能及时、准确地报告衬里焊缝泄漏的位置。因此衬里背面必须留有通畅的检漏通道，以便渗漏出来的腐蚀介质能很快地通过检漏孔排放出来。有的检漏通道是靠在外壳筒体上开 $R=2.5$mm的纵向和环向槽提供；有的是靠垫板留有的间隙提供；有的是靠盖板背面留有的间隙提供。检漏孔的结构随着衬里结构和制造厂的不同而不同。有的检漏孔是在衬里之前，先在碳钢外壳上钻出通孔，然后插入检漏管并在两端焊好，焊缝经打磨后再放入垫板，最后衬里；有的是在筒节衬里完成后，先后在衬里和外壳筒体上分别钻出 ϕ50mm 和 ϕ16mm 的孔，然后插入检漏管与内筒焊接。焊缝经打磨后，再放入垫板与衬里焊接。垫板上钻有 ϕ3mm 的小孔，最后在垫板上加焊 ϕ80mm 的盖板。有的是在钛内筒或钛-钢复合板内筒外包焊层板完成后，在碳钢壳体上钻 ϕ50mm 孔，然后在钛内筒外边放爪形垫板，再在垫板上进行堆焊。最后在堆焊层上钻检漏孔，并在孔端攻丝以连接检漏管。有的是在各层碳钢筒节热套完后，钻检漏孔。然后插入检漏管与内层筒体焊接，焊缝经打磨后，再热套钛内筒。

60 设计钛衬里钢制压力容器的开孔时应考虑哪些问题?

设计钛衬里钢制压力容器的开孔时，开孔应尽量开在封头上，且开孔的中心线尽量与容器的中心线平行。如果必须在筒体上开孔，或者在封头上其他位置开孔，必须要考虑壳体衬里和接管衬里不同方向、不同膨胀量而产生的相对位移，可能导致此处的连接焊缝开裂。因此要保证壳体衬里和接管衬里交接处有足够的挠性。

61 在钛衬里上焊接内件时为防止内件作用的载荷损坏衬里，应采取哪些措施?

在钛衬里上焊接内件（如支承圈、托架和盘管支架等）应采取下列措施防止内件产的载荷损坏衬里：

① 把内件的支承装置固定在接管的法兰盖上，避免内件的振动载荷等传至钛衬里上，导致钛衬里损坏；

② 把焊接内件处的衬里加厚，并用钛螺钉或碳钢螺钉将此处的衬里固定在碳钢壳体上，然后封焊或加罩封焊，使其载荷由碳钢壳体承担；

③ 把内件的支承装置焊在穿过碳钢壳体的钛螺栓上，螺栓的一端与钛衬里密封焊，另一端用螺母固定在碳钢外壳上。内件产生的载荷基本上由外壳承担。

62 设计操作温度较高的钛衬里钢制压力容器时，如何减少钛衬里承受的热应力?

操作温度较高的钛衬里钢制压力容器，由于内外壁存在着温差及衬里与外壳材料的线膨胀系数、弹性模数的不同，因此容器上的各个部分产生不同的热变形。当衬里的热变形受到自身的约束、外壳的约束和连接接管等障碍物的约束时，便使衬里产生热应力。这些热应力将导致衬里产生热屈曲或疲劳破坏。为了减少钛衬里承受的热应力，通常采取下列措施：

① 使钛衬里的盖板具有足够的挠性，如采用半圆管盖板、槽形盖板等，以补偿钛衬里与碳钢外壳的热变形差值；

② 严格控制开停车时升降温速率，通常规定升降温速率小于12℃/h，或者使衬里与外壳的温差小于50℃；

③ 加强容器的保温，一方面可减少衬里承受的热应力，另一方面可减少热损失。

63 为什么钛衬里钢制压力容器不推荐采用夹套，而采用钛制盘管等内部换热元件?

钛衬里钢制压力容器通常不采用夹套，而采用内置式的钛制盘管。因为钛衬里和碳钢外壳之间有间隙，存在的死气层影响传热。再由于夹套加热时，碳钢外壳的温度高于钛衬里温度，且碳钢的线膨胀系数较钛大，碳钢外壳的膨胀量较钛衬里大，而使它们之间的间隙进一步扩大，导致钛衬里在内压作用下而被拉裂。

64 设计钛衬里钢制压力容器时应考虑哪些问题?

设计钛衬里钢制压力容器时，应根据下列因素考虑衬里设计：

a. 操作温变范围；

b. 操作压力范围；

c. 介质的腐蚀性；

d. 介质的流速和磨蚀性，特别是物料的进出口处；

e. 内表面衬里的可能性；

f. 容器内部是否需要焊接内件，以及内件的振动情况；

g. 开车和停车状态；

h. 在容器制造厂衬里，或在已安装的容器内衬里；

i. 需衬里的已使用过的容器的情况；

j. 费用等。

65 钛衬里钢制压力容器的衬里产生失效的原因有哪些？如何修理？

钛衬里压力容器的衬里失效的主要表现形式是衬里泄漏和屈曲。衬里产生失效的原因如下：

① 衬里产生均匀腐蚀和局部腐蚀；

② 物料进出口接管及其附近处产生磨蚀；

③ 操作压力和温度波动，使衬里产生变形和撕裂；

④ 焊接缺陷，如贯穿性针孔、裂纹等；

⑤ 由于在制造过程中湿气集存在衬里背面，受热膨胀；由于在操作过程中高压下的腐蚀介质渗漏到衬里背面被堵住，卸压后钛衬里承受较高的外压；由于操作疏忽，使设备内压力突降或形成真空；由于在衬里和外壳间通氨或空气检漏时超压等原因，使衬里产生鼓包或破裂。

衬里层在进行任何修理之前，应先清除原衬里的损坏部分和腐蚀产物，使壳体的待衬里表面彻底清洁并处于完好状态。然后根据衬里的损坏情况，决定进行补焊、贴补或更换衬里。在进行任何修理焊接前，应通过焊接工艺评定和焊工考试，坡口表面及其附近表面应清洗干净，焊缝的正背面应通氩气保护。修复的焊缝须通过外观检查和液体渗透探伤检查，最后进行水压试验和衬里焊缝的致密性试验。

66 为什么在设计钛制管壳式换热器时，其结构尺寸不能完全套用钢制的？

因为钛的弹性模数、冷变形硬化倾向、对缝隙腐蚀的敏感性和价格等均与碳钢存在较大差别。如在使用工况相同的情况下，钛制管壳式换热器的支承板间距，就不能套用钢制的。因为钛的弹性模数仅是碳钢的 1/2，而且钛换热管的壁厚也较钢管薄。当套用钢制的间距，其固有的振动频率较低。当卡曼漩涡频率（f_v）与管子最低固有频率（f_n）之比大于0.5时，易导致管束发生振动破坏。由于钛的价格较贵，通常选用管径较小和壁厚较薄的换热管。钛对缝隙腐蚀敏感，故换热管与管板的连接通常采用焊接；如需采用胀接，则换热管与管板孔径的间隙应取较小的值，这是由于钛管的胀管性能差的缘故。

67 钛的热导率较碳钢低，为什么在许多钛制换热器应用实例中，其传热系数并不比钢制的低？

虽然钛的热导率较碳钢低，但在许多钛制换热器应用的实例中，由于下列原因，其总的传热系数并不比钢制的低：

① 钛的强度高、耐蚀性好，故换热管的壁厚可以取得较薄；

② 钛在某些介质中的耐磨蚀性能优于常用的不锈钢、铝等，故可取较大的流速；

③ 钛的表面光洁，具有较小的黏附力，可防止结垢；

④ 钛的表面不易润湿，蒸汽或其他工艺气体在钛的表面冷凝，多呈滴状凝结，故可提高该侧的传热系数。

68 换热管（无缝钛管）的尺寸公差为什么必须符合GB 3625—83《热交换器及冷凝器用无缝钛管》的规定？

因为该标准规定的钛管直径公差、壁厚公差、弯曲度和表面质量均较GB 3624《钛及钛合金无缝管》严格，并且对胀管所需的工艺性能试验和超声波或涡流探伤检验作了规定。如果壁厚公差太大，将使胀管参数发生较大波动，不仅导致胀口性能不稳定，而且在过胀时还会使紧固力和致密性下降，从而成为泄漏和胀管裂纹发生的原因；欠胀时也同样会使胀口性能下降。管子与管孔的间隙过大，焊接时易产生漏液；过小，无法焊透，且穿管困难。所以换热管符合GB 3625的规定，是保证换热管与管板连接质量的关键。

69 适合于钛换热管胀接或焊接的管板材料有几种？如何选用？

适合于与钛换热管胀接或焊接的管板材料有全钛、钛-钢复合板、钛螺钉固定的钛衬里或钛-钢复合板衬里的钢管板、非钛金属和非金属材料制管板等。

全钛管板一般用在腐蚀介质走壳程和管程，而且所需管板厚度不大的情况下。钛-钢复合板管板通常用作高、中压换热器的管板，钛复层的厚度在 2～13mm 范围内。复层的最小厚度必须保证管子与管板焊接时碳钢基层不会熔入钛焊缝中。在管板上开有隅板槽时，其复层厚度为 1～7mm。对于承受高压或管程与壳程温差较大，且波动频繁的情况下，复层厚度取 10mm。螺钉固定的钛衬里管板仅用在中、低压的情况下，但由于防止管程或壳程介质向外渗漏的措施较麻烦，所以应用较少。

70 根据什么原则确定钛换热管与管板的连接形式？钛换热管与管板的连接形式有几种？

(1) 通常根据下述原则确定钛换热管与管板的连接形式

a. 满足密封要求；

b. 能承受管程和壳程的压力差及其膨胀差而产生的热应力；

c. 对换热管的弯曲和振动有防护作用；

d. 能防止管子与管板连接处产生缝隙腐蚀、应力腐蚀和腐蚀疲劳破裂。

(2) 钛换热管与管板的连接形式

a. 胀接　胀接是采用机械、爆炸和液压等方法扩胀管子直径，使其产生塑性变形、管板孔壁产生弹性变形，利用管孔回弹，对管子施加径向应力，达到紧固和密封的一种机械连接；当采用机械胀管时，钛管的可胀性较差，易产生胀管裂纹；由于钛材的冷蠕变特性，使胀接处产生应力松弛，导致胀管失效，而且胀接处易产生缝隙腐蚀，因此胀接应用较少。

b. 焊接　由于焊接比胀接更能保证密封性，能承受较大的拉脱力，且制造维修方便，无论压力和温度高低，均可采用焊接。为了保证焊接质量，推荐采用多道焊。

c. 胀焊并用　通常用于连接处承受振动或疲劳载荷和壳程易产生缝隙腐蚀的情况下，多采用强度焊加贴胀。

71 管箱和壳体的物料进口管在什么情况下须设置防冲导流装置?

管箱和壳体的物料进口管在下列情况下需设置防冲导流装置:

① 当管程必须采用轴向入口接管或当换热管内流体的流速超过 3m/s 时，应设置防冲导流装置，以防止流体分布不均匀;

② 当壳程物料进口管距管板较远，易造成流体 $\rho v^2 > 2230\text{kN/m}^2$ 大的情况时，应设置设置导流筒;

③ 当壳程入口介质为非磨蚀性的单相流体，$\rho v^2 > 2230\text{kN/m}^2$ 者; 有磨蚀性的液体（包括沸点以下的液体），$\rho v^2 > 40\text{kN/m}^2$ 者; 除上述介质及气体、蒸汽和气液混合物，都应设置防冲挡板或导流筒。

72 为什么《压力容器安全技术监察规程》规定钛材的许用应力应取设计温度下的值?

因为工业纯钛和 Ti-0.2Pd 等钛合金的抗拉强度、抗压强度和剪切强度都随温度升高而降低。在温度超过 150℃时，机械强度迅速下降。如温度从室温升高到 100℃时，其抗拉强度约下降 26%; 升高到 200℃时，其抗拉强度约下降 48%。所以《固容规》规定许用应力应取设计温度下的值。

73 为什么《压力容器安全技术监察规程》规定钛制压力容器受压元件的强度计算方法可参照 GB 150 规定执行?

因为钛材的力学性能与钢材相似，钛制压力容器的失效形态与钢制的相同，所以钛制压力容器受压元件的强度计算方法参照 GB 150 的规定是可行的。但由于钛材在力学性能上具有明显的各向异性，按上述的各向同性材料的强度计算方法，不能充分发挥钛材的双向强化效应带来的省材效果。

74 钛制凸形封头冲压成形的方法有几种? 成品封头须经哪些检验?

（1）钛制凸形封头的几种冲压成形方法

a. 在压力机上采用模具冲压成形　由于钛在冷态下冲压后回弹较大，一般采用温压或热压。钛板热冲压时表面应涂高温保护剂，并严格控制压制温度和压延变形速度，加热炉内的气氛必须保持微氧化性，火焰不得直接喷在工件上，为了防止工件在冲压过程中被划伤或粘模，钛表面应涂摩擦系数较低的润滑剂。

b. 旋压 旋压的优点是设备比压力机简单、不需专用模具、成形准确、可旋压各种规格的封头，特别是大直径的薄壁封头，但旋制太深的工件（如球形封头）时较为困难。

（2）成品封头需经的检查

a. 外形尺寸的检查 直径公差、椭圆度、表面凹凸量、曲面高度、直边高度允差以及壁厚减薄量的检查。

b. 表面质量的检查 封头表面不允许有裂纹、刻痕、降低强度的皱纹、突起、斑疤和其他缺陷。

c. 封头折边端面是否垂直于封头轴线。

75 弯制钛管的常用方法有几种？弯制后的成品须经哪些检查？

（1）弯制钛管常用的方法

a. 压（顶）弯 该法是在压力机或顶弯机上进行，可冷弯或热弯弯曲半径（R）大于10倍管子外径的弯管。当管内加特殊支撑时可弯制弯曲半径大于或等于管子外径的弯管。

b. 滚弯 在卷板机或型钢弯曲机上冷滚，可弯制弯曲半径大于10倍管子外径的弯管。

c. 回弯 属于这类弯曲方法有辗压式和拉拔式两种。通常在立式或卧式弯管机上进行。冷弯无芯的弯曲半径大于或等于1.5倍管子外径；有芯的弯曲半径大于或等于2倍管子外径；热弯充砂的弯曲半径大于或等于4倍管子外径的弯管。

d. 挤弯 挤弯有型模式和芯棒式两种。型模式是在压力机上冷挤，芯棒式是在推挤机上热挤，其弯曲半径均大于或等于管子外径。

（2）弯制后的成品须经的检查

a. 外观检查 管子外形不得有弯扁、折皱、裂纹、超过壁厚负公差的划伤、凹痕和其他缺陷。

b. 尺寸公差 管子弯曲处的椭圆度不得超过管子内径的8%，

弯管外圆弧处的壁厚减薄量不应超过17%名义厚度。

c. 通球试验　对于U形管还须以直径的0.7～0.85倍管子内径的圆球进行通球检查。

76 怎样完成钛制壳体和接管的卷边？卷边的表面有哪些要求？

卷边通常是在压力机的冲模中经过几道工序后完成的。开始卷不大的角度，然后逐渐增大卷边角度，最后在平面阳模上完成。在冷态下卷边时，卷边系数（卷边部分的外径/薄壳中线直径）采用1.35～1.85。对于焊接接管和薄壳筒体推荐在热态下进行卷边，卷边系数取1.07～1.30。

由于卷边的表面多作为法兰密封面，故须平整光滑，不得有径向刻槽和伤痕以及影响密封性能的其他缺陷。

77 防止钛和钛合金在加热过程中被气体污染的方法有哪些？采用涂层保护对涂层有何要求？

① 由于钛和钛合金在高温下化学性质非常活泼，在热加工过程中很容易被环境气氛所污染，导致性能变坏，故在加热过程中需要保护、防止污染。常用的方法有下列几种：

a. 采用感应加热，并尽可能缩短加热时间，工件表面应进行除油和除去其他污物，必须在干净的条件下进行加热；

b. 采用惰性气体保护加热或密封加热；

c. 在真空炉中加热；

d. 采用涂层保护后加热。

② 对钛和钛合金的热保护涂层的一般要求如下：

a. 在热加工过程中使钛和钛合金与加热气氛隔绝，从而达到热保护、防污染的作用；

b. 涂层与钛材不能发生化学反应，从而保证不改变钛材的性能；

c. 在涂层烧成之前，涂层与钛材的结合性能良好，热加工过程中损失小；

d. 针对不同的热加工温度，涂层的转化温度要适当，避免涂层烧成前，钛材被气体污染；

e. 高温黏附性好，不流淌；

f. 自愈合性能好，涂层能自愈合在加工过程中引起的损伤；

g. 涂层在冷态下易于清除，对热处理涂层应能自行剥落；对热加工涂层，同一涂层在前一道工序结束后不脱落，便于下道工序加热继续使用；

h. 涂层应易于涂施，可用刷、浸和喷等方法施涂，工艺简单，施工方便；

i. 涂料应无毒或低毒、安全、原料来源充足、价格低廉。

78 在切削加工钛和钛合金时，应如何根据钛材的特性，选择合适的加工工艺？

在切削加工钛和钛合金时，应根据钛材的特性，制定合适的钛材切削加工工艺，必须遵循以下基本原则：

① 为防止温升过高，应采用较低的切削速度；

② 由于进刀量对温升的影响很小，可采用大的进刀量；

③ 在切削过程中不要停止走刀，否则会引起加工硬化或产生烧结、挤裂而损坏刀具；

④ 刀刃要锋利，否则刀具极易磨损；

⑤ 使用足够的切削液进行润滑冷却，将刀刃上的热量带走，并冲去切屑。尤其在精加工高速切削时，若不加冷却液，往往发生切屑燃烧，造成事故；

⑥ 在加工细长工件时需安装防振架。

79 对钛制凸形封头的拼板焊缝间距或距中心轴距离有何要求？为什么？

钛制凸形封头由两块或左右对称的三块钛板焊接时，对接焊缝距封头中心线的距离应小于 1/4 的封头公称直径；封头由瓣片和顶圆板拼焊而成时，焊缝方向只允许是径向和环向的。径向焊缝之间的最小距离应大于 3 倍封头厚度，且不小于 100mm。中心顶圆板直径应小于 1/2 的封头公称直径。

前者是使拼接焊缝尽量远离封头冲压时易产生大变形的部位，避免拼接焊缝在大变形区开裂。虽然拼接焊缝是在冲压之前进行，且经过100%的射线探伤检查，但由于钛焊缝的塑性和韧性较低，故在大变形处仍然易开裂。后者是避免在形状突变的高应力区与焊接残余应力叠加以及相距太近的两条焊缝的焊接应力叠加，对安全使用产生不良的影响，所以上述规定对提高钛制凸形封头的质量和改善受力状况很有必要。

80 《固容规》对钛制压力容器的焊接有哪些要求？

《固容规》对钛制压力容器的焊接要求如下：

① 焊接接头的坡口表面必须采用机械方法加工，在焊接前，坡口及其两侧必须进行严格的清洁处理；

② 焊接材料必须进行除氢和严格的清洁处理；

③ 承担焊接接头组对的操作人员，必须戴洁净的手套，不得触摸坡口及其两侧附近区域，严禁用铁器敲打钛板表面及坡口；

④ 焊件组对清洗完成后，应立即进行焊接；

⑤ 焊接用氩气和氦气的纯度应不低于99.99%，露点应不高于－50℃；

⑥ 在焊接过程中应采取措施防止坡口污染；

⑦ 应采取有效措施避免在焊接时造成钢与钛互熔；

⑧ 在焊接过程中，每焊完一道，都必须进行焊层表面颜色检查，对表面颜色不合格的应全部除去，然后重焊，表面颜色检查应参照有关标准的规定；

⑨ 必须采用惰性气体双面保护电弧焊焊接或等离子焊接。

81 工业纯钛及α型钛合金的焊接接头中易产生哪些焊接缺陷？形成原因是什么？

工业纯钛及α型钛合金的焊接接头中易产生气孔和裂纹等焊接缺陷。焊接接头中产生的气孔主要是氢气孔，此外一氧化碳也可能形成气孔。所以熔池中含有较多的氢、氧和碳等元素，是形成气孔的先决条件。如果从气体的脱溶到气泡的形成在熔池结晶前来不及进行，或者虽然形成了气泡，但在熔池结晶前有充分的时间逸出熔池，那么即使熔池金属中含有较多的气体，也不会形成气孔。所以只有减少熔池金属中的氢、氧和碳的含量和选择适当的焊接规范参数，决定合适的熔池存在时间，才能防止或控制气孔的产生。

钛焊接接头产生的裂纹多属于冷裂纹，主要是氢的作用造成的。因为氢在钛的β相和α相中的溶解度不同，前者大、后者小。若熔池金属中含有较多的氢，在熔池金属结晶时，氢可以溶解在β相中，形成间隙固溶体。随着焊缝金属的继续冷却，β相转变成α相，由于氢在α相中的溶解度下降，可能产生氢在α相中过饱和。特别是当温度冷却到125℃以下时，氢的理论溶解度只有0.0010%～0.0029%，这个值远低于钛材标准中规定的氢含量，此时含有过饱和氢的α相将发生共析反应，析出氢化钛。一方面，由于氢化钛具有低的断裂强度，使焊缝的韧性下降；另一方面，伴随共析反应，产生体积膨胀而引起很大的晶间应力，所以具有较低断裂强度的焊缝，在大的晶间应力作用下可能产生晶间微裂纹，并扩展成裂缝。特别是当焊缝中含有较高的氧、氮和碳等杂质以及焊缝和高温热影响区晶粒易长大，而降低了焊缝的塑性时，晶间裂纹扩展成宏观裂纹的可能性就更大。所以氢是使钛焊缝产生裂纹的根源，氧、氮、碳和晶粒粗大是促进裂纹形成的因素。

82 确定钛的焊接工艺方案时必须注意哪些问题？

确定钛的焊接工艺方案时必须注意以下主要问题。

(1) 正确地选择焊接方法　由于钛与氧、氮、氢的亲和力大，所以一般只能选用在惰性气体或真空中进行焊接的方法。若设备条件许可，且工件尺寸允许，最好选用真空电子束焊，对尺寸较大、形状简单的长焊缝，则尽量用等离子弧焊，其他情况则用比较灵活、适应性又强的氩弧焊。

(2) 选择质量可靠的焊接材料　首先要严格控制母材和焊丝的纯度，其中氧、氮、氢、碳等杂质的含量要控制在技术条件允许的范围内。焊丝应经真空退火，使用前应进行酸洗，氩气的纯度应不低于99.99%，氧含量应低于0.002%，氮含量应低于0.005%，氢含量应低于0.002%，水分应在0.001mg/L以下，相对湿度应不大于5%或最高露点为−50℃。

(3) 采取可靠的保护措施　在焊接钛材时，不仅要保护焊缝区和电弧区，而且对加热温度超过400℃以上的热影响区和焊缝背面也要保护，以防止气体杂质的污染，其具体措施如下。

a. 合理选择保护气体的流量　流量过小，则不能有效地将电弧区周围的空气排出；流量过大，则保护气流由层流转变为紊流，使周围的空气卷入。保护气体的流量要根据喷嘴及保护罩的结构及其大小而合理选择。

b. 合理设计气体保护装置　除用喷嘴保护外，还得用保护罩保护喷嘴后面和背面的焊缝。喷嘴应有合适的形状和尺寸。后续保护罩的设计要既能保护与喷嘴缝隙处的焊缝，又不干扰喷嘴喷出的气流。背面保护罩则有时由背面水冷铜垫通氩气的孔槽来代替。

(4) 合理选择焊接参数　在钛材焊接时，选择较小的焊接电流施焊，不但能减少焊接接头在高温下与氧、氮、氢等气体反应的机会，而且能防止过热，避免晶粒粗大。但焊接电流也不是越小越好，为了保证焊透，电流小时势必得减慢焊速，增加焊接层次，反而会使各层次的高温停留总时间增加，使气体污染的机会增加。所以按焊接过程中各层次在400℃以上高温停留时间总和最短的原则确定焊接工艺参数是合理的。

(5) 制定严格的焊前清理工件和焊丝表面制度　焊接前应选用酒精、丙酮等溶剂除去工件和焊丝表面的油污及灰尘，然后用硝酸-氢氟酸溶液酸洗。如工件无法进行酸洗，可用硬质合金刮刀刮削坡口及待焊边缘15～20mm范围内的表面，除去约0.025mm厚的金属表面，以保证除净氧化膜。

83 钛制压力容器施焊前为什么要进行焊接工艺的评定和焊工考试？施焊时为什么必须由考试合格的焊工承担？

焊接工艺的评定是压力容器焊接质量管理的重要环节之一。它是在钛材焊接性能试验基础上，结合压力容器结构特点、技术条件，在制造单位具体条件下进行的焊接工艺验证性试验。还用以证明施焊单位是否有能力焊制出符合法规、标准和技术条件要求的焊接接头。所以钛制压力容器在施焊前必须进行焊接工艺的评定。但要保证钛制压力容器焊接质量只做焊接工艺评定是不够的，还必须做好焊工考试等一系列的质量管理工作。焊工是焊接工艺的具体贯彻者，焊接工作必须由考试合格的焊工担任，这是保证焊接质量不可忽视的一环。

84 焊接钛材时，对焊接环境有哪些要求？为什么？

根据《固容规》作如下规定。

① 钛材的焊接应在清洁的环境中进行，严禁在含铁等灰尘的空气中施焊。

② 钛材的焊接应在独立的钛加工车间进行。若在钢铁作业的车间内进行，钛材的焊接区应与钢铁作业区隔开，并且最好是在钢铁作业区下班之后再进行钛制品的焊接。

③ 钛材焊接时应远离通风口和敞开的门窗等地方。

④ 当焊接环境出现下列任一情况，又无有效的防护措施时，禁止施焊：

a. 风速≥10m/s；

b. 相对湿度>90%。

由于钛具有的化学活泼性，使其在较高的温度下可与许多元素和化合物发生反应，生成离子化合物、金属间化合物、有限固溶体和无限固溶体等，使焊缝金属的性能变坏。所以钛的焊接必须在上述规定的焊接环境中施焊。

85 钛制压力容器壳体及其受压元件在消除应力退火时，应采取哪些措施防止气体污染？

在制定钛的热处理工艺时，应采取如下措施防止气体污染。

(1) 加热炉选择　如果热处理后可经密削或其他机械加工将工件表面氧化层除去时，可选择任何形式的加热炉。当最后的加工工序为热处理时，为防止气体污染，最好采用真空炉。无条件采用真空炉时可采用微氧化性气氛的加热炉（如电炉、感应炉等），并尽可能缩短加热时间。热处理完毕后，必要时可进行酸洗或轻微的密削，除去污染层。

（2）加热方法　由于工厂条件的限制，目前大多采用在空气中加热，故须采取保护措施。如钛工件可装在封闭的碳钢容器中抽真空和通入氩气后加热，钛工件表面涂保护涂料后加热；防止火焰直接喷射在工件上等措施。

86 钛制管壳式换热器的换热管与管板的胀接方法有几种？影响胀接质量的因素有哪些？

（1）钛制管壳式换热器的换热管与管板的胀接方法

a. 机械胀管　采用滚柱胀管器胀管。这种胀接方法存在胀管参数的再现性差、管板易变形、钛管易产生胀管裂纹和加工硬化等缺点。

b. 爆炸胀管　这种胀管方法的胀管区略有加工硬化现象，而且胀口紧固力误差高达±30%。但管子与管板的轴向变形较小，且多根管子可同时胀管。

c. 液压及橡胶胀管　这类胀管均属于给管子内壁以静止、均匀的内压的胀管工艺，可克服机械胀管和爆炸胀管存在的缺陷。

（2）影响胀接的质量因素

a. 欠胀或过胀都不能保证胀接质量。

b. 采用光滑管孔时，拉脱力和耐压力随胀管长度的增加而增加；管板孔带环向槽时，拉脱力主要由沟槽部分承受，增加胀接长度，对拉脱力无显著增加。

c. 提高管孔的光洁度可增加耐压力，但有降低拉脱力的倾向；为提高耐压力，管端应抛光。

d. 孔间距 $t<1.25d_0$（d_0 为管子外径）时，胀管时互相干扰严重；$t<1.35d_0$ 时，可认为无干扰。

e. 管端经软化处理，可避免产生过分冷作硬化而影响胀口质量。

f. 管子与管孔间隙过小，则穿管困难，且管子变形小，易引起欠胀；间隙过大，易引起冷作硬化和过胀。

87 在制造工艺上应采取哪些措施提高钛制管壳式换热器的换热管与管板连接焊缝的质量？

通常采取下列措施。

① 焊接工艺评定和焊工考试。为了进行评定和考试至少要焊接 7 根管子进行下列检查：

a. 外观检查　焊波均匀、饱满，且表面不存在裂纹、无熔合、咬边、气孔、夹渣和弧坑等缺陷。

b. 表面颜色　检查表面颜色应为银白色或金黄色。

c. 硬度检查　焊缝和热影响区与母材的硬度差大于 30 度（HV10），则为不合格。

d. 液体渗透探伤检查合格。

e. 焊接接头断面的金相检查　断面无裂纹、气孔和夹钨等缺陷；管子熔深在 0.7 倍管子壁厚之内。焊缝肩宽不小于管壁厚度；金相组织为 α 相和少量 α′相。

f. 剥层检查每刨去 1mm 后，应用液体渗透探伤检查，检查结果应符合图样技术条件要求。

g. 力学性能试验和其他试验项目同常规的焊接工艺评定。

② 在焊接前焊缝坡口及其附近表面和焊丝应进行彻底清洁和脱脂，焊接时焊缝及其温度在 300℃以上的区域，要进行良好的惰性气体保护等。

③ 加强产品焊缝的检查：焊接接头的外观检查、表面颜色检查和硬度检验同焊接工艺评定；焊缝表面进行液体渗透探伤检查；管程和壳程分别进行水压试验；壳程进行氨或氟利昂或氦渗漏试验，检查管子与管板连接焊缝的致密性。

88 为什么《固容规》规定钛制压力容器的对接焊缝必须经过百分之百的射线探伤？

《固容规》规定钛制压力容器的对接焊缝必须进行百分之百的射线探伤检查。由于钛的化学活泼性在高温下易吸收氢、氧、氮等气体，而且还容易与碳、铁、钨、铬、铜等元素反应，生成脆性的化合物，使焊接接头的塑性和韧性严重下降。同时还由于钛的熔点高、热导率低、热容量小和电阻系数大，导致熔池在高温区的停留时间长和冷却速度慢，晶粒粗大，使接头的塑性降低。因此在焊接钛材时，如果焊缝坡口和焊丝清理不干净，焊接时惰性气体保护不好，焊接参数控制不当，在焊接应力的作用下，均可能导致焊接接头产生裂纹等焊接缺陷。只有经过百分之百的射线探伤检查，才能保证钛制压力容器的安全使用。

89 钛管的涡流探伤和超声波探伤有何不同？为什么有的钛管既要求涡流探伤又要求超声波探伤？

涡流探伤是以电磁感应原理为基础，利用金属材料在交流磁场作用下产生涡流，根据涡流大小和分布可查出钛管缺陷。它对钛管表面或近表面的缺陷，有较高的检出灵敏度；而且探伤的速度快，对钛管探伤每分钟可检查几十米。由于涡流探伤的“趋肤效应”，探伤的有效范围仅局限于工件表面的有限深度内，其信号显示难以判断缺陷类型等。超声波探伤是利用均匀材料中存在的缺陷，造成材料的不连续，其阻抗发生变化。超声波在两个不同声阻抗物体的交界面上将发生反射，反射能量的大小取决于交界面两边物体声阻抗的差异与交界面的取向和大小，借以判断缺陷的大小和位置，所以它对深埋的裂纹较敏感。由于超声波的“表面盲层”现象，对表面和近表面的缺陷不敏感。

对于壁厚较厚且使用条件较苛刻的钛管，既要求涡流探伤，又要求超声波探伤。其目的是为了既能检测出钛管表面和近表面的缺陷，又能检测出钛管内深埋缺陷，可以互相补充，确保钛管质量。

90 钛制压力容器为什么要进行表面处理？

钛制压力容器的进行表面处理是为了改善钛及钛合金高温下抗氧化性能，提高抗腐蚀性能，改进耐磨和耐辐射性能；或是改变外观，提高防护、装饰性能。

91 钛制压力容器的表面处理方法有几种？

钛制压力容器的表面处理方法有下列几种。

(1) 阳极化处理　它是以钛及钛合金作阳极，以不锈钢或其他材料作阴极，在一定的电介质中通以直流电而进行的电化学加工过程。用这种方法处理，使钛材表面形成的氧化膜具有一定的厚度，适当的改善钛的耐蚀性、耐密性和阻止吸氢，同时清除钛表面的铁污染。

（2）大气加热氧化处理　加热氧化温度和保温时间，根据改善耐蚀、耐密性能和抑制氢吸收效果而定，并与钛设备的热处理工艺结合起来。

（3）酸洗、钝化处理　酸洗的目的是为了除去钛材在热加工过程中产生的气体污染层以及在制造过程中带来的铁污染。钝化是为了使钛材表面生成一层致密的氧化膜，提高钛的耐蚀性。酸洗液的成分通常根据钛材在溶液中的阳极溶解行为来选择。由于钛极易溶解在氢氟酸中，故它是酸洗液的主要组分。采用氢氟酸作酸洗液时，须与硝酸混合使用。因为硝酸可防止酸洗时渗氢。钛材的钝化一般是在中低浓度的硝酸中进行。

第十章 铝制焊接容器

1 《固容规》对铝制压力容器有哪些要求？

《固容规》对用铝和铝合金制造的压力容器有以下要求：

① 母材和焊接接头的腐蚀试验，应符合专门的技术条件和设计要求；

② 接触腐蚀介质的表面，不应有机械损伤和飞溅物；

③ 卧式压力容器，应保证各支座与压力容器壳体保持充分接触；

④ 焊接接头的坡口面应采用机械方法加工，表面应光洁平整，在焊接前应作专门清洗。

2 铝和铝合金用于压力容器受压元件时有哪些要求？

铝和铝合金用于压力容器受压元件时，根据《固容规》规定，应符合下列要求：

① 设计压力不应大于 8MPa，设计温度为－269～200℃；

② 设计温度高于 75℃时，一般不选用含镁量大于或等于 3％的铝合金。

3 铝制焊接容器中具备什么条件属压力容器？

《固容规》将铝制焊接压力容器作为有色金属压力容器之一而纳入其监察范围。因此《固容规》所规定的压力容器条件，亦即铝制焊接压力容器的条件，具体如下：

① 最高工作压力（p_w）大于等于 0.1MPa（不含液体静压力）；

② 内直径（非圆形截面指断面最大尺寸）大于或等于 0.15m，

且容积（V）大于或等于0.025m^3；

③ 介质为气体、液化气体或最高工作温度高于或等于标准沸点的液体。

4 铝材的安全系数和许用应力是如何确定的？这与钢制容器有何不同？

许用应力即根据安全系数计算得到，或直接查表得到。当温度低于40℃时，取40℃时的许用应力。

铝制容器的安全系数及许用应力与钢制容器的主要区别有：

① 铝制容器最高使用温度200℃，因此只考虑n_b和n_s即可；而钢制容器在高温时还需考虑持久和蠕变的问题，也要考虑n_D和n_n；

② 在规定的n_b和n_s中不同，铝制容器$n_b \geqslant 4$，$n_s \geqslant 1.5$；而钢制容器中，对碳素钢、低合金钢、铁素体高合金钢$n_b \geqslant 2.7$，$n_s \geqslant 1.5$，对奥氏体高合金钢，$n_s \geqslant 1.5$而不考虑n_b；

③ 铝制容器当温度低于40℃时取40℃时的许用应力；而钢制容器当温度低于20℃时取20℃时的许用应力。

5 铝制焊接容器的最小壁厚如何确定？

为满足制造工艺要求以及运输和安装过程中的刚度要求，根据工程实践经验，对壳体元件规定不包括腐蚀裕量的最小厚度为3mm。

6 铝制焊接容器中使用的铝材有哪些常用的种类？

铝制焊接容器中的铝和铝合金，主要有工业高纯铝（LG）、工业纯铝（L）和防锈铝（LF）；此外在锻件、棒材、螺栓中还有硬铝（LY）和锻铝（LD）等。

7 选择容器用铝材时，应注意哪些问题？

① 铝制焊接容器所采用的铝材，如用规定牌号以外的铝材，应进行必要的试验，非受压元件用铝材，当与受压元件焊接时，也必须是焊接性良好的铝材。

② 选择容器用铝材必须考虑容器的使用条件（如设计温度、设计压力、介质特性和操作特点），材料的焊接性能、冷热加工工艺性能和经济合理性。

③ 容器用铝材的质量及规格应符合相应的国家标准、行业标准或有关技术条件。容器制造厂必须取得材料生产厂的铝材质量证明书（或其复印件），并按此对铝材进行验收，必要时应进行复验。

④ 受压元件用铝材应保证屈服强度值。

⑤ 设计温度大于 75℃时，一般不选用含镁量大于或等于 3%的铝合金。当含镁量等于或大于 3%的铝镁合金用于 65℃以上压力容器的主要受压元件时，只能采用退火态材料，且不推荐长期使用。

⑥ 铸铝不得用于焊接结构。

⑦ 当对铝材有特殊要求时（如要求高温性能、提高无损检验要求，换热管和允许偏差等），设计单位应在图样或相应技术文件上注明附加技术要求。

8 受压元件用铝和铝合金板材的机械性能检验有哪些要求？

① 对厚度≤10mm 的受压元件用板材，应至少取张数的 10%检验其机械性能，但同一炉号、同一厚度和相同热处理的，至少要检验一张板机械性能。

② 对厚度>10mm 的受压元件用板材及规定牌号以外的板材，应逐张检验机械性能。

③ 受压元件用板材，需进行弯曲试验，弯曲 180°后，表面不应有裂纹。

9 受压元件用铝和铝合金板材应使用哪种供货状态？

受压元件用铝和铝合金板材使用的供货状态有退火态（M）和热轧态（R）两种，通常对于较薄的板为退火态，较厚的板为热轧态。

10 铝和铝合金管应进行哪种密封试验？

铝和铝合金管应按下列方法之一进行密封试验：

① 直径≤38mm 的管子，通入≥0.4MPa 的空气在水中无泄漏；

② 直径>38mm 的管子，通入≥0.6MPa 的空气，保持 15s 以上无压力损失；

③ 采用涡流试验。

11 常用螺栓用铝材是什么牌号？是什么供货状态？

螺栓用铝材通常采用硬铝 LY12 或锻铝 LD2，它们的供货状态分别为淬火自然时效（CZ）和淬火人工时效（CS）。螺栓可用热挤压状态，此时其许用应力则按热挤压状态选取。

12 内压圆筒和内压球壳的计算采用什么公式？与 GB 150—2011《压力容器》的公式是否相同？按第几强度理论？

铝制容器的内压圆筒公式如下：

$$\delta(\text{mm}) = pD_i/(2[\sigma]^t\phi - p)$$

铝制容器内压球壳公式如下：

$$\delta(\text{mm}) = pD_i/(4[\sigma]^t\phi - p)$$

铝制容器内压圆筒和内压球壳的计算公式与 GB 150—2011《压力容器》是一致的。铝材是塑性材料，从塑性材料出发，第四强度理论较为合适，上述公式亦即以弹性失效准则为基础的中径公式，足够精确，计算也简便。

13 带折边锥形封头计算中，为什么不列入小端壁厚的计算？

在锥形封头的壁厚计算中，在同一压力条件下，大端应比小端厚，而对于铝制锥形封头，同一锥体取一种厚度规格，即取大端较厚者是合理的，同时美国、日本规范中也只列入大端计算公式。

14 等面积法允许开孔范围是如何规定的？与《压力容器》的要求是否相同？

铝制焊接容器等面积法允许开孔范围与 GB 150—2011《压力容器》的要求是一致的。

15 在焊缝及其附近开孔有什么要求?

① 凡符合开孔允许范围并按补强方法予以加强者，可以位于焊缝上。

② 对于可不另行补强的开孔接管，可位于封头和壳体间或壳体各段间的环缝上，但应对开孔中心两侧 1.5d 长度的焊缝进行射线检查。

③ 对于可不另行补强开孔的接管，壳体厚度在 38mm 以下，但不满足上述 2 条的要求，其开孔边缘应离主焊缝边缘 13mm 以上。

16 当补强件的许用应力大于、等于或小于筒体或封头的许用应力时，补强面积应如何计算?

① 外加补强件材料许用应力值大于或等于筒体或封头材料的许用应力值，对于大于情况，其增大部分不得利用，即不得减少补强面积。

② 外加补强件材料许用应力值小于筒体或封头材料许用应力值时，所需补强的截面积须乘以两许用应力的反比值。

17 法兰计算采用什么方法? 铝制法兰推荐哪几种形式?

铝制法兰的计算方法与钢制法兰一样，采用 Waters 法。

铝制法兰的形式没有钢制法兰那么多，从实用性出发，推荐以下三种：活套法兰，即可有带颈的和不带颈的活套法兰；整体法兰；平焊法兰。

18 铝制卧式双鞍座容器的设计计算方法与钢制卧式容器是否相同?

铝制双支座卧式容器设计计算与 GB 150—2011 中钢制卧式容器的设计计算方法一样，都采用齐克（L. P. Zick）所提出的方法，为便于工程设计人员运用，其表达形式除弯矩的计算公式外，均与钢制卧式容器设计一致。

19 制卧式容器中为什么经常采用多支座支承？多支座时，如何进行设计计算？

对于铝制卧式容器来说，由于铝材强度低、弹性模量小，一般只用于低压工况，故筒壁较薄，当容器较大时，在较大的液体载荷作用下，容器容易发生挠曲，为防止筒体产生过大的变形，减低筒体中的应力，铝制卧式容器还常采用多支座支承。

铝制多支座卧式容器可视为一受均布载荷的外伸连续梁，根据力学方法，如三弯矩方程（对于三支座），可得出各支座处的反力和弯矩，然后以此来计算筒体中各处的应力，其设计计算方法可按《铝制焊接容器设计技术规定》。

20 铝制直立容器的设计计算与钢制直立容器是否相同？

铝制直立容器的设计计算与 GB 150—2011 钢制直立容器完全相同。

21 超压泄放装置的设计计算与钢制压力容器是否相同？

铝制压力容器超压泄放装置的设计和计算与钢制压力容器完全相同。

22 铝制平封头通常用于什么场合？

因为平封头受力不好，且铝的强度低，容易变形，因此平底封头多用于常压储槽。在有压容器中使用时，通常用于压力低的小直径封头。

23 封头与筒体焊接连接采用什么接头形式？当两者厚度差大于3mm 时如何处理？

封头与筒体焊接连接采用对焊接头连接。当两者厚度差大于3mm 时，应将厚者削薄至同等厚度再进行连接。

24 接管与法兰的连接常有哪些形式？试用图例说明其使用场合。

接管与法兰的连接有平焊法兰和活套法兰两大类，活套法兰中又有直接翻边、焊接翻边、整体活套和焊环活套 4 种，因此常用有

5 种，详见图 10-1。

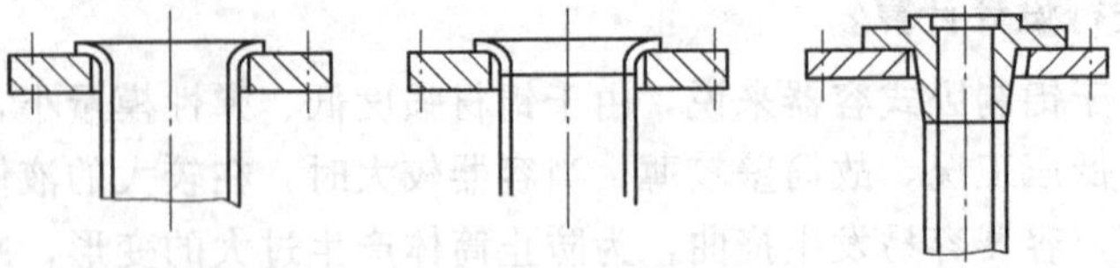

(a) 适用于薄壁接管　(b) 适用于外圆直径较大时接管翻边的结构　(c) 适用于压力较高、真空、外压、深冷用小直径厚壁管

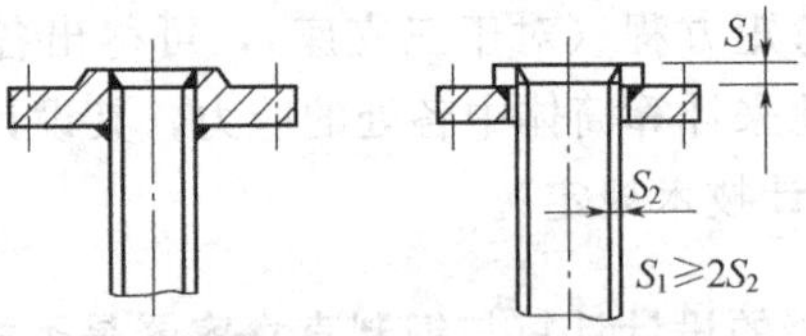

(d) 适用于纯铝小直径厚壁管和铝镁合金制的法兰　(e) 适用于常压或压力不高，密封面要求较严的场合

图 10-1　接管与法兰的连接形式及常用场合

25 外伸小接管在什么情况下应设置筋板以防弯曲？

对于公称直径≤25mm，伸出长度≥100mm，以及公称直径＝32～50mm，伸出长度≥150mm 的任意方向的接管，均应设置筋板予以加固，见图 10-2。

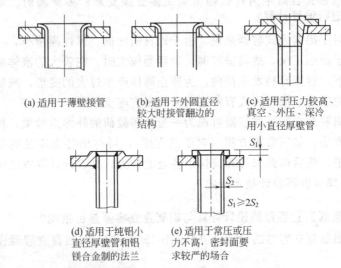

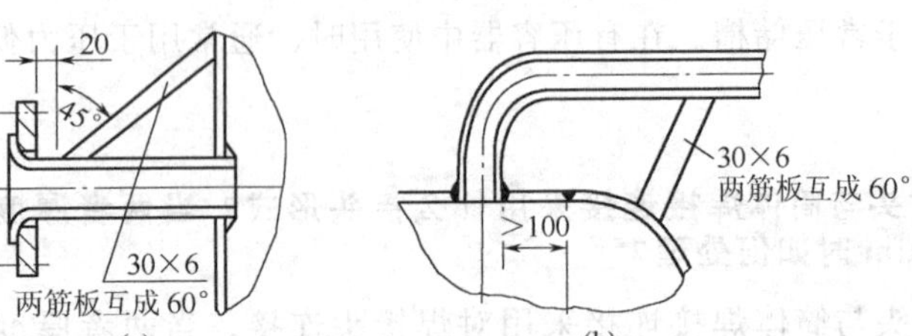

(a)　(b)

图 10-2　筋板结构形式

26 开孔补强有哪些结构形式？试用图例说明其使用场合。

补强结构可用补强元件、厚壁短管和补强圈，见图 10-3。

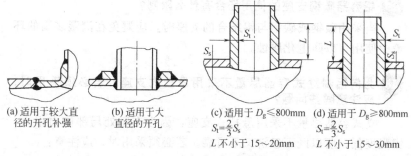

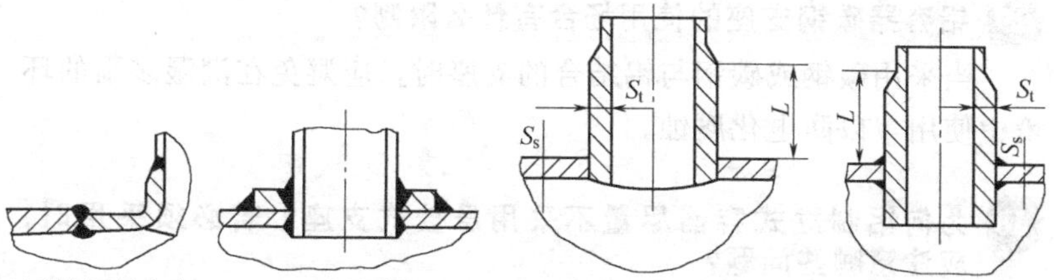

(a) 适用于较大直径的开孔补强　(b) 适用于大直径的开孔　(c) 适用于 $D_g \leqslant 800mm$　$S_t=\frac{2}{3}S_s$　L 不小于 15～20mm　(d) 适用于 $D_g \geqslant 800mm$　$S_t=\frac{2}{3}S_s$　L 不小于 15～30mm

图 10-3　开孔补强的结构形式

27 铝制夹套结构在设计时应注意什么问题？角形铝和半圆铝管夹套适用于什么场合？

① 夹套结构用于较小直径的设备，夹套内介质压力不宜过高，因铝强度低、刚性小，对承受外压不利，一般应尽量不采用，除非工艺上要求某些介质不能与钢接触，铝比其他材料更耐腐蚀时才采用。

② 整体夹套采用可拆卸的连接形式，其结构较复杂，只有在夹套材料不能与铝材焊接或操作条件差要求定期检查筒身外表面时才采用。

③ 夹套上、下部结构应根据设备内盛装介质的性质及设备的操作条件选择适当的形式。

④ 角形铝和半圆形铝管夹套，此种结构虽对夹套的受力情况有所改善，但因焊缝较多，焊接工作量大，制造麻烦。只有当夹套内介质压力较高，流速大，要求传热效率较高的场合才采用，尤其适用于局部加热。

28 卧式容器的鞍座通常采用什么材料？在其连接部位应如何处理？

卧式容器的鞍式支座应采用混凝土或碳钢制成。铝容器与鞍座直接接触部分涂白色氯乙烯或衬中性软垫，且应在鞍座支承区焊有衬板，并焊有走位板，限制容器的周向转动。

29 铝容器碳钢支座的使用场合有什么限制？

当采用碳钢或碳钢与铝结合的支座时，应避免在潮湿多雨的环境中使用，以防电化腐蚀。

30 为何铝制立式容器尽量不采用悬挂式支座？若必须采用时，应注意哪些问题？

立式容器尽量不采用悬挂式支座，因为支座处局部应力很大，铝强度低，所以既不经济又不可靠。若必须采用时，应注意：

① 一般耳式支座只适用于直径较小、重量较轻的设备；

② 直径较大、荷重量较大的设备，其支耳应增加筋板，支耳角焊缝不能与筒体焊缝太近，其距离宜大于20mm；

③ 当设备要固定于楼板或平台上，且设备壁厚又较薄时，可采用碳钢夹箍式支座，夹箍上部的铝筒体上焊以全圆周衬板式铝环或局部位置焊以半圆铝环，以使夹箍支承设备重量。

31 为什么铝制直立容器不宜直接采用铝制裙座？若采用裙座，应用何种结构？

因为铝强度低、刚性小，裙座承受的载荷大，其应力也大，因此铝制直立容器不宜直接采用铝制裙座。

若要用裙座时，应在直立铝容器上焊以带筋板的支承圈板，然后将钢制裙座与支承圈板用螺栓连接。

32 铝材的切割宜采用什么方法？应注意哪些问题？与钢材的切割有何不同？

铝材可用机械切割、等离子切割或电弧切割。不能采用切割钢用的氯乙炔、氧液化石油气或碳弧切割。采用高温切割方法时，切割边缘的线污染区应在切割后或进一步焊接加工之前，用磨、切削或其他机械方法除去，并将严重的槽痕、熔渣及氧化皮去掉。

33 相邻焊缝的距离有什么要求？

① 相邻圆筒A类焊缝的距离或封头A类焊缝的端点与相邻圆筒A类焊缝的距离应大于名义厚度的3倍，且不小于100mm；

② 同一筒节两相邻焊缝间弧长距离应不小于 200mm。

34 承受外压或真空的容器对圆度和常压容器的圆度各有什么要求？

承受外压及真空的容器，其圆度应符合《铝制焊接容器设计技术规定》中要求，可查其中的曲线图，而得到最大允许偏差值。

常压容器的圆度要求为：壳体同一截面上最大内径与最小内径之差 e，应不大于该断面公称直径的 1.5%。

35 铝材的焊接通常采用哪些方法？气焊适用于什么范围？

铝材的焊接方法可采用钨极氩弧焊、熔化极（包括附加脉冲电源）氩弧焊、等离子焊、气焊及通过试验可保证焊接质量的其他焊接方法。气焊必须用中性气焰，且只适用于下述范围：板厚不大于 5mm；使用温度不得低于 0℃，不得大于 50℃；使用压力不大于 0.1MPa；无毒、不易燃及无腐蚀介质；局部修补。

36 铝材焊接时，什么情况下要采用预热措施？

当焊件温度低于 0℃时，应考虑在施焊处 100mm 范围内预热到手触感觉温暖的温度（约 15℃）。

37 铝制焊接容器是否需做消除应力和焊后热处理？

铝制焊接容器一般不宜做消除应力和焊后热处理。如有特殊要求，应在图样上注明。

38 焊缝进行返修时，对返修焊缝的探伤有什么要求？返修最多为几次？

焊缝进行返修时，返修后的焊缝应采用原探伤方法重新检查，直至合格。

同一部位的返修次数不得大于两次。

39 夹套容器进行液压试验时，试压的顺序应如何考虑？

夹套容器进行液压试验时，先进行内筒液压试验，合格后再焊接或装配夹套，然后进行夹套内的液压试验。

40 气压试验时，其安全措施有哪些要求？

气压试验应有安全措施。即气压试验之前，需经试验单位总工程师批准，并在本单位安全部门检查与监督之下，采用干燥、洁净的空气、氮气或其他惰性气体进行。

41 气压试验压力与气密性试验压力有什么不同？气压试验能否代替气密性试验？

气压试验压力为 $1.10p\ [\sigma]/[\sigma]^t$，而气密性试验压力为 $1.0p$，p 为设计压力。

已经做过气压试验，并经检查合格的容器，可免做气密性试验。

42 检验合格完工的容器，其表面是否须进行表面处理？

全部检验合格后的完工容器，一般应进行内外表面酸洗处理，内外表面做酸洗处理的要求应在图样上注明，并按图样要求进行处理。

43 铝制容器的包装和运输应采取哪些不同于钢制容器的保护措施？

① 容器中的钢制零部件（不锈钢除外），除图样另有规定外，应除锈后涂以防锈剂；

② 活套钢法兰应包扎固定，铝零部件和钢零部件不应装在一起；

③ 运输中与容器接触的部分应衬以软物，不得用钢丝绳直接捆运或吊装，存放时不得与地面直接接触，应垫以软物。

第十一章 钢制管壳式余热锅炉

1 什么是余热锅炉？什么形式的余热锅炉称火管锅炉和水管锅炉？

利用工业过程中的余热以产生蒸汽的装置称为余热锅炉，其主要设备为锅炉本体和汽包，辅助设备有给水预热器、过热器等。对高温工艺气体流经管内，锅炉水流经管外而沸腾汽化的余热锅炉称为火管锅炉。对高温工艺气体流经管外，锅炉水流经管内而沸腾汽化的余热锅炉称为水管锅炉。

2 余热锅炉的安全监察和管理如何划属？

主要按余热锅炉在其工艺流程中的作用和结构类型的不同分别划属，即管壳式划属容器范畴，烟道式划属锅炉范畴。

3 常用余热锅炉的形式有哪几种？各有什么特点？

管壳式余热锅炉的结构类型较多，其分类可按使用条件，或按结构类型进行。

管壳式余热锅炉按结构类型可分为列管式、盘管式、插入管式、双套管椭圆集流管板式、U形管式、直流管式及其他形式。各大类又可根据壳体或换热器安放的形式以及管板形式不同分为若干类型。现分述如下。

(1) 列管式余热锅炉

① 普通列管式　这类余热锅炉通常都采用火管型。其特点是阻力小、结构简单、制造方便、管内结垢便于清理。典型设备有以

下几种。

a. 立式余热锅炉　这类锅炉采用直立安放，高温气体从底部进入该设备的管程，与壳程的水进行热交换，气体被冷却后从上部管箱离开设备。冷却水从壳程下部进入，产生水汽混合物经壳程上升管进入汽包，经汽水分离后产生蒸汽。

b. 卧式余热锅炉　它具有列管式余热锅炉的共同特点，与立式余热锅炉相比，管板冷却条件更好，操作更方便，便于检修，但其占地面积比立式大。

c. 斜置式余热锅炉　该锅炉属火管余热锅炉，列管倾斜角度一般取 5°～7°，斜置的目的在于减少蒸汽的停滞，尽量消除上管板背面空间形成的“死气层”，使管板免于过热而造成损坏。

② 新型管板列管式余热锅炉　所谓新型管板是指椭圆形、碟形和薄板形等管板，这类余热锅炉的特点是其管板厚度比一般薄，在操作条件下管板本身的温差应力也较小，管板的挠性变形比较容易，因此也称这类余热锅炉为挠性管板式余热锅炉。现分述如下。

a. 椭圆形管板余热锅炉　该锅炉管板应力分布合理，耐压强度高，与平管板比较，厚度可以减薄，管板的温差应力小；同时，由于管板较薄，形状又为曲线形，所以具有一定的弹性，可以吸收列管的一部分热变形。

b. 碟形管板余热锅炉　该锅炉结构特点是高温侧的管板采用厚度较薄的碟形结构，以降低管板的温差应力，下管板采用平管板，该锅炉用于砂子炉裂解原油制烯烃的生产装置中。

c. 薄管板余热锅炉　该锅炉是一台火管型（薄管板）列管式余热锅炉，高温气体入口端的管板是薄管板，为使管板自身的温差应力尽量降低。

(2) 盘管式余热锅炉　该锅炉结构简单、操作方便且便于安装和检修。它适应的介质参数范围较广泛。由于采用盘管结构，免除了壳体与管子之间因膨胀差而产生的热应力，运行可靠。盘管余热锅炉一般采用火管型，设计时应考虑到每盘管的规格、长度（更确切地说应是当量长度）要大致相同，使之阻力相同，以确保气体分布均匀。为了改善水循环，提高对受热面的水流速度，有利于传热，壳体内设有中心管，同时该中心管又可供盘管固定用。

(3) 插入管式余热锅炉　该余热锅炉适合于产汽量大、蒸汽压力较高以及热介质为高温高压流量的操作条件。插入管式的最大优点是在高温区域没有厚管板，不需要补偿因温差产生相对伸长量，它本身能自由伸缩，受热面换热均匀，同时结构简单，安装维护方便。

(4) 双套管椭圆集流管板式余热锅炉　该锅炉主要用于石油裂解制乙烯的装置中。为了尽可能地减少其他不必要的副产品，防止主要产品的质量恶化，并考虑产生 8.9MPa 的高压蒸汽这一特点，在结构设计时，应注意以下两点。

① 管子长度的选择问题　在工艺过程中对通过裂解气体的蒸发管长有一定的限制，它不能太长，不然会增加气体的阻力，同时使气体的出口温度降得过低，造成在出口处发生结焦现象。

② 双套管集流截面形式　该形式由直立的内管与外管组成。高压水通过套管环隙与内管裂解气进行间接换热，产生高压蒸汽，两管分别与集流管相焊，通过集流管可以吸收内、外套管间的热膨胀，集流管相当于一挠性薄管板，弹性好、温差应力低、结构材料要求也低、容易制造。内、外套管可以检修或更换。

(5) U 形管式余热锅炉　U 形管式余热锅炉的结构特点是受热后管子可以自由伸长，当管子和壳体之间有温差存在时，管子可在壳体内自由伸缩，从结构上解决了热补偿的问题，它适用于干净的工艺气体。

U 形管余热锅炉按支承方式可分为卧式和立式、倒 U 形 3 种。

① 卧式 U 形管余热锅炉　这种余热锅炉由于 U 形管为卧置的，如水进管内则水循环较差，易出故障，故不宜采用水。

② 立式 U 形管余热锅炉　该锅炉为年产 30 万吨合成氨中二段转化炉后的余热锅炉。它的结构比较简单，水走管内，工艺气体走管间，壳体上设有气体引出副线，用以实现调节工艺气体的出口温度。

③ 倒 U 形管余热锅炉　该锅炉为合成氨装置的合成气余热锅炉。系采用一个厚管板支撑 U 形管，厚管板管子设计成辐射状，

热端在中心，冷端在周围，以保证径向应力分布均匀。

(6) 直流管式余热锅炉　直流管式余热锅炉它是强制循环水管式锅炉的一种特殊形式，没有汽包、下降管和上升管等构件，制造、安装比较简单；金属材料耗量可比同样参数的自然循环余热锅炉节省约20%～30%；操作时开、停车速度快，可节省燃料，炉内水属于强制流动，受热管可以任意布置，结构比较紧凑，可适用于副产超高压蒸汽。

直流式余热锅炉按结构可分为3种。

① 螺旋上升管形结构　该锅炉受热管为螺旋倾斜布置在炉膛周围壁上，受热均匀，热偏差少，相互间热膨胀差也小。

② 水平螺旋盘管形　这类结构在炉膛内的受热管采用水平螺旋盘管，盘旋方式是先从外周向中心盘绕，再从中心向外盘出，这样盘进绕出作为一层，受热管进出口均在外围。受热管全部为对流传热，效率高、结构紧凑、受热均匀、热偏差少、热膨胀的性能也好。由于螺旋盘管间隙小，因此只适用于干净气体。受热管支架和定位隔块材料的耐热性能要求高。

③ 垂直悬吊受热管形　受热管垂直布置，可以在顶部悬吊，下部联箱和上部联箱可布置在受热管的外侧。该种形式又可分为一次上升和多次下降、上升两种悬吊式结构。

(7) 其他形式　除了上述余热锅炉外，还有其他形式，如浮头式和组合式等，就组合式而言，有采用直管与盘管组合，有多组盘管组合，有整体管板等。

浮头式余热锅炉是新开发用以取代插入管式余热锅炉，用在转化气余热锅炉上，该锅炉为直立式水管换热方式，水循环性能好，有效地防止了局部传热恶化，大大地提高了运行可靠性。利用大口径膨胀节吸收管、壳间温差应力，同时采用了多孔套筒式分配器，使高温工艺气入口分配均匀，管束可拆，一旦管子失效，可较方便地进行维修。

4 管壳式余热锅炉中管子与管板的连接方式有哪几种形式？

管子与管板的连接是余热锅炉设计和制造中的关键之一，由于接头处在十分苛刻的条件下工作，因此对其质量要求也特别高。在操作过程中，连接接头反复遭受热变形、热冲击、拉脱作用以及高温气体的腐蚀，容易产生破坏。余热锅炉通常不采用一般换热器中单一的胀接或焊接的结构，而采用胀焊并用方法。图 11-1 示出了几种典型的连接形式，现分述如下。

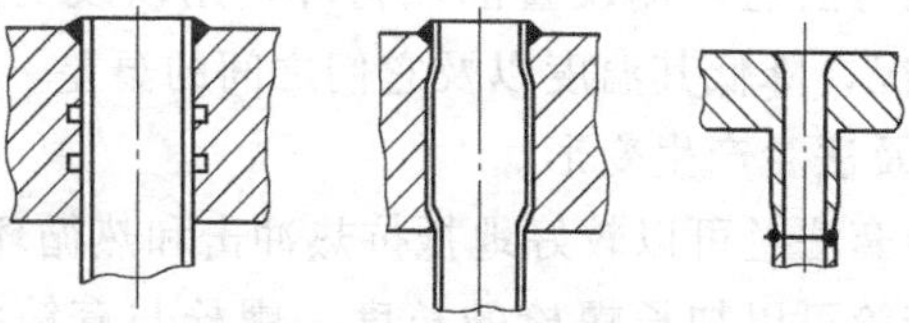

图 11-1 管子与管板的连接形式

(1) 胀接加密封焊 是单纯胀接的一种补充和改进。所谓密封焊是仅保证严密性，而不作强度要求。它通常用于温度不太高而压力却较高（如 350℃、7MPa）或介质极易渗漏以及要求绝对不漏的情况。

(2) 强度焊加贴胀强度焊 即对连接接头施加多层焊接，以保证严密性和连接强度，为了消除间隙腐蚀和提高焊缝的抗疲劳性能，再加以轻度胀接，这种连接方法广泛地应用在余热锅炉的结构中。

(3) 内孔焊和全深焊接 是近十几年来发展起来的新的连接方法。内孔焊通常用钨极气体保护焊，它能得到很好的接头质量，属对接接头，不易发生裂纹和气孔。接头的强度也较高，从疲劳观点考虑，这种结构较好，它可以消除切口效应，减少热冲击，从根本上消除间隙腐蚀。

5 火管余热锅炉气体进口处热端管板的结构特点及设计要求是什么？

火管余热锅炉在高温气体进口处热端管板一般处于高温高压条件下，既要承受压力，又要受高温、高速气体的冲击和磨蚀。因此设计时要全面考虑使管板既保证一定强度，且温度梯度要小，具有挠性，管子间距要适当地保证管间流体的流动，管子与管板的连接要可靠；管束的分布区要保证管束的边缘与壳体间有足够的环隙，使汽水混合物流动畅通；热端管板还要绝热保护，以降低管板内外两侧的温差等。

6 如何防止法兰密封在高温下失效？

① 在垫片与法兰内侧设置隔热衬环，用以改变法兰、螺栓及垫片的受热情况，降低其温度以及它们之间的温差，避免螺栓达到屈服和蠕变以及法兰产生变形。

② 采用活套法兰可以较好地抵抗热冲击和热循环载荷。

③ 采用套筒可以加长螺栓的长度　螺栓与套筒之总长能起到补偿热应力的作用，它允许法兰有较大的轴向热膨胀位移而螺栓应力达不到屈服限，因而起到保护密封垫片不致超负荷的作用。

④ 螺栓加弹性垫圈　它具有吸收膨胀的作用，但由于弹性垫圈的刚度较套筒小得多，不能承受过大的密封垫片预紧力，容易压平，故在高压下不适用，同时弹性垫圈的使用温度不能太高，以免回火而失去弹性。

⑤ 避免在法兰周向上产生温差，特别是在有纵向隔板的情况下，在高温侧要衬隔热衬里或装设水夹套，使其周向温度趋于接近。

⑥ 垫片的材质选择应根据温度、压力的高低确定。

⑦ 尽量减小筒体与法兰之间的温差，以免加大垫片预紧力而引起垫片疲劳和螺栓松弛，以致造成泄漏。

7 余热锅炉排污有几种方式？它们的作用分别是什么？

排污有两种方式：定期排污及连续排污。定期排污就是依靠装设在锅炉最低处的排污装置，定期地排放出积聚在锅炉底部从炉水中析出的盐类和泥垢。连续排污就是不断地把炉水蒸发面附近一部分高浓度盐类和杂质的炉水放出，以使炉水的含盐量和碱度保持在所规定的标准之内。总之排污管的作用是排走含盐浓度较大的炉水，使炉水含盐量维持在允许范围内，以减小炉水膨胀、泛沫、减少蒸汽的湿度和含盐量，并可减少蒸发管内的结垢。

8 余热锅炉的实际换热面积如何选取？

对于一般余热锅炉，根据传热基本方程式初步计算传热面积后，考虑计算公式中所取系数误差等原因，实际面积应大于计算传热面积10%～20%。

9 余热锅炉的壳体、管子、管板等元件的壁温计算有何意义？

① 计算确定元件的壁温后，就可以根据温度选取合适的结构材料或者校核材料是否在允许的温度范围内工作，是否安全可靠，并根据元件的工作温度及材质，选定许用应力和进行强度校核。进行校核时，取金属壁的最高温度作为校核温度。

② 元件的壁温或温度场是计算温差应力和设计热补偿结构的基础。在计算刚性连接的各元件之间的温度差及热应力后，进而校核强度或做热补偿的结构设计，或采取其他办法避免过大的热应力。

③ 壁温是避免元件遭受腐蚀的分析依据。元件（如管子、管板）的壁温（无垢层时）或垢面温度（有垢层时）必须高于气体中腐蚀组分的露点。这样，则不致在壁面（或垢面）形成腐蚀液膜，致使元件遭受腐蚀。

④ 壳壁的外表面温度是决定热损失和环保卫生的参数，壳壁温度过高，不但热损失大，浪费能源，而且污染大气，影响操作工人健康。

10 余热锅炉的汽水流动方式可分为几类？各类汽水流动推动力是依靠什么？

按汽水流动方式，基本上可分3类，即自然循环、强制循环、直流无循环。

（1）自然循环　汽水介质是依靠水与汽水混合物的重度差而循环流动的。中、低压余热锅炉的水与汽水混合物的重度差较大，自然循环就较安全可靠，故余热锅炉多采用此循环形式。

（2）强制循环　余热锅炉的汽水流动，主要依靠循环系统中泵的机械作用来维持所需的推动压力，可用于蒸汽压力达20MPa的锅炉。

(3) 直流无循环　直流无循环式余热锅炉，水与汽水混合物和蒸汽完全依靠泵的动力作用而进行流动，进入受热管的水，经过余热锅炉的不断吸热汽化，出口有一定比例的水转为蒸汽。直流式余热锅炉无汽包，不受汽水重度差的限制，可以用于超高压的锅炉。

11 自然水循环的基本原理是什么？

其循环原理是循环回路中装有水，汽包液面至联箱中心的高度为 H。余热锅炉投入生产前系统内的水为冷态，是静止不动的。在集箱中心平面的连接管上假定有一个很薄的截面 A—A，此时来自上升管与下降管两侧的压力相等（同一个液柱 H），故 A—A 平面左右两侧压力处于平衡状态，$\Delta p_{左}=\Delta p_{右}$。余热锅炉投入生产后，炉体内部上升管内的水被加热沸腾并部分汽化成蒸汽，成为汽水混合物。由于蒸汽密度比水小，所以混合物的密度比水小，受热段 H_c 管内液柱重量减少，平面 A—A 的右面液柱静压力开始比左面小，左右两侧产生压力差，左面压力较高，下降管内的水开始向右面压力较低的上升管推动。由于炉中上升管 H_c 段不断地吸热，不断地汽化成为汽水混合物，其密度一直处在较小的状态，所以下降管的水就不断往上升管流动，上升管的汽水混合物不断地被输送到汽包，在汽包中经过汽水分离后的炉水又进入下降管，不断地在回路中流动起来，这就产生了自然循环。

12 设计压力大于或等于 0.6MPa 的管壳式余热锅炉对接焊缝的探伤比例有何要求？

《固容规》规定：设计压力大于或等于 0.6MPa 的管壳式余热锅炉，其对接焊缝必须进行百分之百射线或超声波探伤。

13 如何根据余热锅炉的操作条件合理地选用金属材料？

余热锅炉用金属材料目前尚无具体的规定和标准，按《压力容器安全技术监察规程》规定，将余热锅炉列为二、三类容器，设计时可根据余热锅炉的具体操作条件和 GB 150 及冶金部有关标准选用合适材料。具体要求如下。

① 当余热锅炉处于高温高压而又有腐蚀工况下工作时，除应对余热锅炉工艺、操作条件及结构形式给予相应保证外，对其所用金属材料，必须在高温下具有较高的强度和一定的耐腐蚀性能。

② 如果进入余热锅炉的气体温度不同，单从压力的角度来考虑选材，则一般可以采用优质碳钢或低合金钢。

③ 当余热锅炉处在高温高压条件下操作，而介质又含有氢、氮、氨时，通常应选用合金钢，以满足强度和耐氢腐蚀的要求。

14 试说明余热锅炉用水中对 pH 值、总碱度、相对碱度为什么有一定要求？

水中的 pH 值对金属腐蚀产生很大影响，一般给水中的 pH 值大于 7，才能使给水系统形成较稳定的金属氧化保护膜，使腐蚀缓慢下来。炉水的 pH 值应不低于 9。炉水要求较高的 pH 值，可减轻炉水对钢材的腐蚀（主要是氧和二氧化碳的腐蚀），可抑制炉水中硅酸盐的水解，从而减少硅酸在蒸汽中溶解携带，特别是用磷酸盐进行防垢处理时，没有较高的 pH 值就不可能生成容易排除的水渣。但炉水的 pH 值过高会使锅炉金属引起苛性脆化和恶化蒸汽品质。合适的 pH 值应在 10～12 范围内。

总碱度是指水中的氢氧根 OH^-、碳酸根 CO_3^{2-}、碳酸氢根 HCO_3^- 及其他一些弱酸阴离子的总和。炉水保持适当的碱度。可以防止垢生长和减缓氧和二氧化碳对金属的腐蚀。但碱度过高，则易引起金属苛性脆化，炉水起沫，恶化蒸汽品质。

相对碱度是指炉水中的总碱度减去盐碱度后，换算成以氢氧化钠表示的总碱度与溶解固形物（或含盐量）的质量比。

中低压锅炉的炉水相对碱度一般应控制在 0.2 以下。因为当相对碱度小于 0.2 时，炉水中含盐量相对地增多，中性盐在金属晶体缝隙中将晶体边缘遮蔽，可避免产生苛性脆化。

第十二章 设计管理

1 什么样的单位可以从事压力容器的设计？可从事设计的范围有哪些？

压力容器设计单位必须取得国家质量监督检验检疫总局（以下简称国家质检总局）颁发的《特种设备设计许可证》，在全国范围内从事许可范围内的设计工作。

2 化工系统压力容器设计单位的设计资格是怎样归口进行受理、审批和发证的？

设计许可按照分级管理的原则，分别由国家质检总局和省级质量技术监督部门负责审批。

压力容器 A 级、C 级和 SAD 级设计单位由国家质检总局负责受理和审批；D 级设计单位由省级质量技术监督部门负责受理和审批。

3 压力容器设计的单位应具备哪些条件？

申请压力容器设计的单位应具备以下条件。

① 有企业法人营业执照或者分公司性质的营业执照，或者事业单位法人证书。

② 有中华人民共和国组织机构代码证。

③ 有与设计范围相适应的设计、审批人员。

A 级、C 级压力容器设计单位专职设计人员总数一般不少于 10 名，其中设计审批人员不少于 2 名；D 级压力容器设计单位专职设计人员总数一般不少于5名，其中审批人员不少于2名；SAD级压力容器设计单位的专职设计人员除满足A级、C级或D级设计单位的人员要求外，其中专职分析设计人员一般不少于3名，专职SAD级压力容器设计审批人员不少于2名。

④ 有健全的质量保证体系和程序性文件（管理制度）及其设计技术规定。

⑤ 有与设计范围相适应的法规、安全技术规范、标准。

⑥ 有专门的设计工作机构、场所。

⑦ 有必要的设计装备和设计手段，具备利用计算机进行设计、计算、绘图的能力，利用计算机辅助设计和计算机出图达到100%，具备在互联网上传递图样和文字所需的软件和硬件。

⑧ 有一定的设计经验和独立承担设计的能力。

4 申请设计许可的单位在申请前应对本单位进行自查，形成自查报告，自查报告的内容包括哪些？

自查报告包括以下内容：

① 申请单位的综合情况（包括机构设置、人员情况）；

② 设计历史及其现状；

③ 质量保证体系的建立和实施情况；

④ 试设计文件及其相关材料；

⑤ 各级设计人员及其设计业绩情况；

⑥ 执行有关法规、安全技术规范、标准的情况；

⑦ 对复用设计文件的清理及处置情况；

⑧ 存在的问题及改进措施。

5 对申请压力容器设计资格的单位进行鉴定评审，应包括哪些内容？

① 听取申请单位的基本概况介绍，核对《申请书》内容的真实性；

② 核查营业执照或者事业单位法人证书（原件）；

③ 核查设计工作机构、工作场所、设计手段和设计装备以及

技术力量；

④ 检查质量保证体系的建立及实施情况；

⑤ 考察各级设计人员的配备情况，对设计人员，包括负责校核工作的设计人员进行基础知识的书面考试；

⑥ 检查实际设计水平和质量，审查（试）设计文件，进行（试）设计文件答辩。

6 对于申请设计许可的单位的试设计文件有何要求？

试设计文件应当覆盖所申请设计许可类别、品种范围、级别，并且具有代表性。压力容器每个级别试设计文件数量不少于 2 套，每名从事压力容器设计的人员至少准备 1 套试设计文件。

试设计文件不能用于制造和安装。

7 压力容器设计单位的日常管理应做哪些工作？

① 在《设计许可证》有效期内从事批准范围内的设计，不得随意扩大设计范围，禁止在外单位设计的图纸上加盖本单位的特种设备设计许可印章；

② 对本单位设计的设计文件质量负责；

③ 进行技术培训，有计划地安排设计人员深入制造、安装、使用现场，结合设计学习有关实践知识，不断提高各级设计人员能力和技术水平；

④ 落实各级设计人员责任制；

⑤ 建立设计工作档案；

⑥ A 级、C 级、SAD 级压力容器主要设计文件进行设计、校核、审核、批准 4 级签署，D 级压力容器主要设计文件进行设计、校核、审核 3 级签署；

⑦ 设计工作能够遵循有关法规、安全技术规范、标准；

⑧ 对设计、校核人员，每年进行有关法规、安全技术规范、标准以及本职工作应具备知识和能力等方面的培训考核，具备相应能力后，方可独立工作；

⑨ 设计审批人员工作单位变动时，能够办理相关的变更手续；

⑩ 按照要求向国家质检总局和质量技术监督部门报送设计工作情况。

8 压力容器设计单位何时换证？

设计单位在《设计许可证》有效期满6个月前，应当向许可实施机关提交换证《申请书》。

受约请的鉴定评审机构应当在设计单位的《设计许可证》有效期满2个月前完成评审工作（由于设计单位原因不能完成的除外）。

9 压力容器设计单位《设计许可证》换证时要鉴定评审哪些内容？

① 听取设计单位的基本概况介绍，核对《申请书》内容；

② 核查营业执照或者事业单位法人证书（原件）；

③ 核查设计工作机构、工作场所、设计手段和设计装备以及技术力量；

④ 检查质量保证体系的运行和改进情况；

⑤ 核查设计工作遵循有关法规、安全技术规范、标准的情况；

⑥ 检查特种设备设计许可印章的使用管理情况；

⑦ 审查设计回访工作和用户反馈意见处理情况；

⑧ 从完整的设计文件清单（台账）中，抽查有效期内设计文件档案，每个级别至少抽查1套有代表性的设计文件，检查压力容器类别、级别划分是否正确，是否存在超范围设计，检查实际设计水平和质量；

⑨ 审阅《设计许可证》有效期内的设计项目和数量；

⑩ 审查设计的审核记录；

⑪ 检查各级设计人员配备及变动情况，人员培训、考核情况，组织设计、校核人员进行专业考试和设计文件答辩；

⑫ 检查《设计许可证》有效期内，主要设计项目出现问题后的处理情况；

⑬ 核查每年向许可实施机关所报送的年度综合报告；

⑭ 核查上次换证（取证）时，鉴定评审组所提意见的整改

情况。

10 压力容器设计单位名称、产权（所有制）、主要资源条件或者单位地址等发生变更时，设计许可应如何办理变更手续？

① 设计单位应当在变更1个月内向许可实施机关提交《特种设备许可（核准）变更申请表》，并且提交与变更有关的证明文件。

② 许可实施机关应当在5个工作日内，确定是否需要进行确认审查或者直接确认变更，告知设计单位。对资源条件和质量保证体系发生变化，一般应当由鉴定评审机构进行现场确认审查；对单位名称改变、地址变化（一般指整体迁移）等，资源条件和质量保证体系未发生变化的，许可实施机构可以直接认可办理变更手续。确认审查由设计单位约请鉴定评审机构按相关要求进行，鉴定评审机构针对变更项目上报确认的鉴定评审报告，许可实施机关在接到鉴定评审报告后，按照规定程序进行审批。

③ 变更后需要更换《设计许可证》的，由许可实施机关换发新证；不需要更换《设计许可证》的许可实施机关在《特种设备许可（核准）变更申请表》上签署意见，一份返回申请单位，另一份交许可实施机关下一级的质量技术监督部门。

11 压力容器设计许可级别如何分类？

(1) A级

A1级，指超高压容器、高压容器（注明单层、多层）；

A2级，指第Ⅲ类低、中压容器；

A3级，指球形储罐；

A4级，指非金属压力容器。

(2) C级

C1级，指铁路罐车；

C2级，指汽车罐车、长管拖车；

C3级，指罐式集装箱。

(3) D级

D1级，指第Ⅰ类压力容器；

D2 级，指第Ⅱ类压力容器。

（4）SAD 级 指压力容器应力分析设计。

12 化工压力容器设计单位的压力容器设计技术负责人应由什么人担任？

由设计单位主管设计工作的负责人担任，具有压力容器相关专业知识，了解法规、安全技术规范、标准的有关规定，对重大技术问题能够做出正确决定。

13 压力容器设计的审核和批准人员应符合什么条件？

审核人员具有的条件：

① 能够认真贯彻执行国家的有关技术方针、政策，工作责任心强，具有较全面的相应设计专业技术知识，能保证设计质量；

② 能够指导设计、校核人员正确执行有关法规、安全技术规范、标准，能解决设计、安装和生产中的技术问题；

③ 具有审查计算机设计的能力；

④ 具有 3 年以上相应设计校核经历；

⑤ 具有中级以上（含中级）技术职称；

⑥ 经压力容器设计审批人员专业考核合格。

批准人员具有的条件：

① 从事本专业工作，而且具有较全面的相应设计专业技术知识；

② 能够正确运用有关法规、安全技术规范、标准，并且能够组织、指导各级设计人员贯彻执行；

③ 熟知相应设计工作和国内外有关技术发展情况，具有综合分析和判断能力，在关键技术问题上能做出正确决断；

④ 具有 3 年以上相应设计审核经历；

⑤ 具有高级技术职称；

⑥ 经压力容器设计审批人员专业考核合格。

14 压力容器设计人员应符合什么条件？

压力容器设计人员分为设计和校核两类。

(1) 设计人员应具备的条件

a. 具有一定的相应设计专业知识；

b. 贯彻执行有关规程、安全技术规范、标准；

c. 能在审核人员的指导下独立完成设计工作，并且能够使用计算机进行设计；

d. 具有初级（含初级）技术职称和一年以上的设计经历。

(2) 校核人员应具备的条件

a. 能够运用有关法规、安全技术规范、标准，指导设计人员的设计工作；

b. 具有相应设计专业知识，有相应的压力容器设计成果，并且已投入制造、使用；

c. 具有应用计算机进行设计的能力；

d. 具有 3 年以上相应设计经历；

e. 具有初级以上（含初级技术职称）。

15 压力容器设计人员的职责是什么？

压力容器设计人员的职责如下：

① 在专业组长和专业负责人（或设备分项负责人）的领导下，承担具体的设计任务，对设计质量和设计进度负责；

② 接受任务后，认真收集有关资料，进行必要的调查研究，积极采用先进技术，提出压力容器的主要结构、材质选择、技术条件等设计方案，取得校审人员的事前指导；

③ 认真贯彻执行国家、行业标准、规范、《固定式压力容器安全技术监察规程》以及工程项目的统一技术规定；

④ 认真核查接受的设计条件，依据条件进行设计，向顾客提交的设计文件应清晰、正确、完整，经校审后正确提出；

⑤ 正确运用压力容器设计基础资料、数据、计算方法、计算公式、“容委会”颁发的标准的计算程序，做好受压元件的应力计算和分析；

⑥ 按规定进行设计文件的编制工作，做到制图比例合适、视图投影正确、图面清晰、尺寸、数字、符号、图例准确无误，文字

叙述通顺、简练、切题、字迹端正，有条件的单位设计人应尽量采用CAD软件进行设计；

⑦ 负责校审后图纸的修改，做好设计图纸和计算书、说明书的整理，按规定进行图纸、设计文件的签署和汇签，通过专业分项负责人审查后归档；

⑧ 对承担的设计负责到底，根据需要认真处理在施工、试车、生产中的设计问题；

⑨ 设计代表应将处理制造、安装、生产中设计问题的技术文件及时完整的归档，并进行信息反馈。

16 压力容器设计校核人的职责是什么？

校核人的职责如下：

① 会同设计人商讨设计方案、结构和材料选择，帮助设计人解决设计中的一般技术问题；

② 全面校核压力容器设计文件（包括图纸、计算书、技术条件、说明书），校核设计是否符合设计条件，是否符合设计、制造、生产的要求，是否符合技术先进、安全可靠和经济合理的原则，对所校核的设计文件的质量和完整无误负责；

③ 校核压力容器设计是否执行了国家标准、行业标准的规定、《固定式压力容器安全技术监察规程》、项目设计统一规定、各种规章制度等；

④ 校核受压元件的强度计算书，包括设计条件、基础数据、计算公式、计算结果；

⑤ 校核图样的比例、视图选择是否正确，图面布置是否匀称，投影、剖面是否准确，尺寸、符号、零件数量等是否齐全正确；

⑥ 校核设计文件是否完整齐全，标准图、复用图的选用是否恰当；

⑦ 校核技术条件是否完整、恰当，文字叙述是否通顺、简练、切题；

⑧ 校核向有关专业返回或提出的条件；

⑨ 校核中发现的问题应与设计人充分讨论，妥善处理，若不

能统一时，则提请审核人或主任（副）工程师决定；

⑩ 校核的设计文件应按规定认真填写《设计文件校审记录》，供设计人修改及审核人审查补充。

17 压力容器设计审核人的职责是什么？

审核人应具备如下职责：

① 审核人应参与设计原则和主要技术问题的讨论研究，帮助设计人和校核人解决疑难问题，对主要技术问题和设计方案的正确合理负责；

② 审核压力容器设计原则是否符合设计条件的要求、是否技术先进、安全可靠、经济合理、切合实际，应对主要技术问题和技术方案的正确合理负责；

③ 设计过程中应及时处理好设计和校核之间在技术问题上的分歧意见；

④ 审核压力容器设计是否执行有关的国家标准、行业标准的规定、《固定式压力容器安全技术监察规程》、项目设计统一规定、各种规章制度等；

⑤ 审核压力容器的主要结构、主要材料的选用、主要结构的加工要求是否正确；

⑥ 审核主要的基础数据计算公式（或软件的选用）、计算结果是否正确；

⑦ 审核主要的装配尺寸和关键零部件尺寸是否正确，选用的标准图、复用图是否恰当；

⑧ 审核技术条件是否正确、完整、明确；

⑨ 认真填写《设计文件校审记录》，做好设计质量评定，评写设计质量等级，按规定签署设计文件。

18 压力容器设计批准人的职责是什么？

批准人的职责：

① 参加重大设计原则和设计方案的讨论及审查，决定重大的结构设计、计算方法、材料选择和技术条件；

② 对设计指导思想、设计原则、技术方案是否符合方针政策，上级批准的设计文件和审批意见的要求是否切合实际，技术先进、经济合理、安全可靠等重大原则问题负主要责任；

③ 对设计、校核、审核人之间的设计技术分歧意见作出最后决定，必要时组织中间审查，避免设计返工；

④ 审定主要计算公式、基础数据、主要结构方案、材料选用等关键性技术问题。

19 设计单位的压力容器设计技术负责人的职责是什么？

主要职责如下：

① 主持制定压力容器的设计原则、重要技术措施及管理制度；

② 协助单位技术负责人考核审批人员；

③ 负责组织安排压力容器设计人员的技术培训、考核及业务技术交流工作；

④ 协调批准人员之间的技术难题；

⑤ 负责批准定型设计和新设计的重要压力容器的总图；

⑥ 批准外单位送审的外来压力容器设计图纸。

20 压力容器设计单位的技术负责人的职责是什么？

单位的技术负责人的主要职责如下：

① 在院长（经理）的领导下，负责单位的技术工作，对设计质量和重大技术问题负主要责任；

② 主持设计原则、设计方案和重要技术措施的制定，组织中间审查，及时研究解决设计中存在的重大技术问题；

③ 负责组织学习和贯彻执行国家的建设方针、政策，贯彻执行主管部门对压力容器设计单位的各项规定和文件要求，对本单位的压力容器设计资格和资格印章的正确使用负责。

21 压力容器设计单位应健全哪些压力容器设计管理制度？其主要内容是什么？

化工压力容器设计单位除应健全通用的各项技术管理制度外，为加强压力容器设计的管理，确保压力容器设计质量，必须健全的压力容器设计管理制度及其主要内容为：

①《压力容器各级设计人员条件》规定了各级设计人员应具备的共同条件，以及各级设计人员应符合的各级具体条件；

②《各级设计人员的业务考核》规定了对压力容器设计人员业务考核的考核内容、考核方法、各级设计人员资格的评定权限；

③《压力容器各级设计人员技术岗位责任制》规定了各级压力容器设计人员的职责；

④《压力容器设计工作程序》规定了基础工程设计（或初步设计）阶段及施工图设计阶段压力容器设计工作程序；

⑤《压力容器设计条件的编制与审查规定》规定了压力容器设计条件（图）是压力容器的基础文件，对确保压力容器的设计质量至关重要，本制度规定了设计条件的编制与签署、设计条件的审查、设计条件的修改与签署，以及设计条件的使用与保存；

⑥《压力容器设计文件签署的规定》规定了压力容器设计文件签署人的资格、签署文件的范围以及签署的具体要求；

⑦《设计质量评定制度》规定了评定的依据、设计错误的分类、设计质量评定等级、错误的统计原则以及有关质量评定问题的规定；

⑧《压力容器设计文件管理制度》规定了压力容器设计文件的种类、设计文件的编号、设计文件的签署、设计文件的归档、设计文件的备案、设计文件的发送、设计文件的修改以及压力容器设计文件的复用等问题的规定；

⑨《标准化工作制度》规定了压力容器标准化的范围和内容、各类标准应遵循的准则、标准编制必须遵守的规定、标准的制订与修订、标准的审查、标准的承继、标准贯彻执行等方面的内容；

⑩《旧有压力容器设计文件的复用规定》规定了旧有压力容器设计文件复用的具体办法和要求。

22 压力容器设计单位应向用户提供哪些设计文件？

压力容器的设计文件包括强度计算书或者应力分析报告、设计图样、制造技术条件、风险评估报告（适用于第Ⅲ类压力容器），必要时还应当包括安装与使用维修说明；对于装设安全阀、爆破片装置的压力容器，设计文件还应当包括压力容器安全泄放量、安全阀排量和爆破片泄放面积的计算书，无法计算时，设计单位应当会同设计委托单位或者使用单位，协商选用超压泄放装置。

23 压力容器设计的总图上应盖什么印章？

压力容器设计总图上必须加盖特种设备（压力容器）设计许可印章，印章一定要盖在蓝图上，而不能盖在底图上。设计资格印章中应注明设计单位名称、技术负责人姓名、压力容器设计许可证编号及批准日期。

24 压力容器设计的总图上应注明哪些内容？

压力容器的设计总图上至少应注明下列内容。

① 压力容器的名称、类别，设计、制造所依据的主要法规、标准。

② 工作条件，包括工作压力、工作温度、介质毒性和爆炸危害程度。

③ 设计条件，包括设计温度、设计载荷（包含压力在内的所有应当考虑的载荷）、介质（组分）、腐蚀裕量、焊接接头系数、自然条件等，对储存液化气体的储罐应当注明装量系数，对有应力腐蚀倾向的储存容器应当注明腐蚀介质的限定含量。

④ 主要受压元件材料牌号与标准。

⑤ 主要特性参数（如压力容器容积、换热器换热面积与程数等）。

⑥ 压力容器设计使用年限（疲劳容器标明循环次数）。

⑦ 特殊制造要求。

⑧ 热处理要求。

⑨ 无损检测要求。

⑩ 耐压试验和泄漏试验要求。

⑪ 预防腐蚀的要求。

⑫ 安全附件的规格和订购特殊要求（工艺系统已考虑的

除外）。

⑬ 压力容器铭牌的位置。

⑭ 包装、运输、现场组焊和安装要求。

⑮ 特殊要求：

a. 多腔压力容器分别注明各腔的试验压力，有特殊要求时注明共用元件两侧运行的压力差值，以及试验步骤和试验要求；

b. 装有催化剂的压力容器和装有充填物的压力容器，注明使用过程中定期检验的技术要求；

c. 由于结构原因不能进行内部检验的压力容器，注明计算厚度、使用过程中定期检验的技术要求；

d. 不能进行耐压试验的压力容器，注明计算厚度和制造与使用的特殊要求；

e. 有隔热衬里的压力容器，注明防止受压元件超温的技术措施；

f. 要求保温或者保冷的压力容器，提出保温或者保冷措施。

25 压力容器设计文件的归档有什么要求？

压力容器设计文件归档的要求如下。

① 压力容器设计完成后，其设计文件必须按规定编号归档，不得自行保管。

② 压力容器的全部设计文件，包括图纸、计算书、说明书、技术条件等必须同时归档。压力容器的计算书应以能复制的成品归档。

③ 压力容器设计文件归档时，资料档案部门必须认真履行检查手续，如文件不齐或审查签署不全的应拒绝接收入库。

④ 压力容器设计文件以外的其他有关的压力容器工程技术资料归档办法按以下要求：

a. 压力容器设计条件图、设计过程中的校审卡片、来往函件、备忘录、文件资料等由项目专业负责人整理后，由总负责人按工程统一归档，并应在设计文件归档后及时完成；

b. 压力容器设计修改的来往函件、联络笺、专用变更通知单等可待竣工后由设计代表（或项目专业负责人）整理后交总负责人统一归档。

⑤ 压力容器设计文件归档份数、密级等事项按各单位有关规定执行。

⑥ 压力容器设计文件的最短保存时间，一般为设备投入使用后 3～5 年，视设备的重要性而定。

第十三章 安全防护

1 哪些是易爆介质？

爆炸危险介质系指其气体或液体的蒸汽、薄雾与空气混合形成爆炸混合物，且其爆炸下限小于10%，或爆炸上限与下限的差值大于或等于20%的介质，详见表13-1。

表13-1 爆炸危险介质

序号	名称	序号	名称
1	一甲胺(甲胺)	15	乙烯
2	一氧化碳	16	乙烯基乙炔
3	一氯二氟乙烷	17	乙烯基乙基醚
4	乙二醇(甘醇)	18	乙烯基甲苯
5	乙炔(电石气)	19	乙烷
6	乙胺(一乙胺)	20	乙硫醇
7	乙基乙二醇	21	乙腈(甲基氰)
8	乙基丙基醚	22	乙酰乙酸乙酯(乙酸醋酸乙酯)
9	乙基丙酮	23	乙酰二甲胺
10	5-乙基-2-甲基吡啶	24	乙酸(醋酸)
11	乙基环丁烷	25	乙酸乙烯酯
12	乙基环己烷	26	乙酸乙酯(醋酸乙酯)
13	乙基环戊烷	27	乙酸丁酯
14	乙苯	28	乙酸异丁酯(醋酸异丁酯)

续表

序号	名称	序号	名称
29	乙酸仲丁酯	56	邻二甲苯
30	乙酸叔丁酯	57	间二甲苯
31	乙酸丙酯	58	二甲胺
32	乙酸异丙酯	59	二甲基二氯硅烷
33	乙酸甲酯(醋酸甲酯)	60	2,2-二甲基丁烷(新己烷)
34	乙酸戊酯	61	2,3-二甲基丁烷
35	乙酸异戊酯	62	2,2-二甲基丙烷
36	乙酸环己酯	63	2,3-二甲基戊烷
37	乙酸酐	64	二甲基甲酰胺
38	乙醇(酒精)	65	*N*,*N*-二甲基苯胺
39	乙醇乙酸乙酯	66	二甲基肼(不对称)
40	二甲亚胺	67	二甲硫醚
41	乙醛	68	二甲醚(甲醚)
42	乙醚(二乙醚)	69	二苯醚(联苯醚)
43	二乙氧基乙烷	70	1,1-二氟乙烯
44	二乙胺	71	1,1-二氟乙烷
45	3,3-二乙基戊烷	72	二氧六环
46	对二乙基苯	73	二硫化碳
47	*N*,*N*-二乙基苯胺(二乙基替苯胺)	74	1,1-二氯乙烯(偏二氯乙烯)
48	二乙基硒	75	1,2-二氯乙烯(顺)(均二氯乙烯)
49	间二乙烯苯	76	1,2-二氯乙烯(反)(均二氯乙烯)
50	二乙烯醚(乙烯醚)	77	1,2-二氯乙烷(二氯化乙烯)
51	二丁胺	78	1,3-二氯丙烯
52	二异丁基甲酮	79	1,2-二氯丙烷
53	二丙酮醇	80	二氯甲烷(甲叉二氯)
54	二异丙醚(异丙醚)	81	邻二氯苯
55	对二甲苯	82	二硼烷

续表

序号	名称	序号	名称
83	十二烷	110	异丁醇
84	正十四烷	111	仲丁醇
85	十氢萘	112	叔丁醇
86	1,3-丁二烯	113	正丁醛
87	1,3-丁二醇	114	异丁醛
88	正丁苯	115	丁醚
89	异丁苯	116	三乙胺
90	2-丁炔	117	三甘醇
91	丁胺	118	三甲胺
92	叔丁胺	119	2,2,5-三甲基己烷
93	丁基乙二醇	120	2,2,3-三甲基戊烷
94	仲丁基苯	121	2,2,4-三甲基戊烷
95	叔丁基苯	122	3,5,5-三甲基-2-环己烯-1-酮
96	丁基锂(溶于乙烷溶液)	123	1,2,4-三甲基苯
97	丁基锂(溶于戊烷溶液)	124	三氯乙烯
98	丁基锂(溶于庚烷溶液)	125	三氯乙烷
99	1-丁烯	126	1,2,3-三氯丙烷
100	异丁烯	127	三氯硅烷
101	2-丁烯(顺)	128	三聚乙醛
102	2-丁烯(反)	129	1,4-己二烯
103	丁烯醛	130	1-己烯
104	正丁烷	131	正己烷
105	异丁烷	132	异己烷
106	丁腈	133	2-己酮
107	丁酮[甲(基)乙(基甲)酮]	134	无水肼
108	丁酸	135	天然气
109	正丁醇	136	1-壬烯

续表

序号	名称	序号	名称
137	正壬烷	164	丙醛
138	双戊烯	165	石油醚
139	水煤气	166	异戊二烯(2-甲基丁二烯-[1,3])
140	1,2-丙二醇	167	戊胺
141	丙苯	168	1-戊烯
142	异丙苯	169	2-戊烯
143	丙胺	170	正戊烷
144	异丙胺	171	异戊烷(2-甲基丁烷)
145	对异丙基甲苯	172	2-戊酮
146	丙炔(甲基乙炔)	173	3-戊酮
147	丙烯	174	正戊醇(伯正戊醇)
148	丙烯胺	175	3-戊醇
149	异丙烯基苯	176	叔戊醇
150	丙烯腈	177	伯异戊醇(异戊醇)
151	丙烯酸乙酯	178	仲异戊醇
152	丙烯酸正丁酯	179	甲乙醚
153	丙烯酸甲酯	180	甲苯
154	丙烯碳酸酯	181	甲苯二异氰酸酯
155	丙烯醇(烯丙醇)	182	3-甲氧基乙酸丁酯
156	丙烯醛	183	邻甲(苯)酚
157	丙烷	184	间甲(苯)酚
158	丙腈(乙基腈)	185	对甲(苯)酚
159	丙酮	186	甲基乙二醇
160	丙酸乙酯	187	甲基乙二醇乙酯
161	丙酸甲酯	188	甲基乙烯甲酮
162	正丙醇	189	甲基二氯硅烷
163	异丙醇	190	甲基异丁基(甲)酮

续表

序号	名称	序号	名称
191	3-甲基-1-丁烯	218	四甲基锡
192	甲基三氯硅烷	219	四氢呋喃
193	甲基丙烯酸乙酯	220	四氢糠醇
194	甲基丙烯酸甲酯	221	四羰基镍
195	2-甲基丙烯醛	222	发生炉煤气
196	2-甲基戊-2,4-二醇	223	亚硝酸乙酯
197	2-甲基戊烷	224	杂醇油
198	3-甲基戊烷	225	道生(联苯与联苯醚混合物)
199	2-甲基吡啶(α-甲基吡啶)	226	呋喃[氧(杂)茂]
200	3-甲基吡啶(β-甲基吡啶)	227	吡啶[氮(杂)苯]
201	甲基环已烷	228	1-辛烯
202	甲基环戊二烯	229	正辛烷
203	甲基环戊烷	230	汽油
204	甲基肼	231	环丁烷
205	甲烷	232	环已烷
206	甲硫醇	233	环已酮
207	甲酸(蚁酸)	234	环丙烷
208	甲酸乙酯	235	环戊烷
209	甲酸正丁酯	236	环氧乙烷(氧化乙烯、噁烷)
210	甲酸异丁酯	237	1,2-环氧丁烷
211	甲酸正戊酯	238	环氧丙烷
212	甲酸异戊酯	239	环氧氯丙烷
213	甲酸甲酯	240	苯
214	甲醇(木精)	241	苯乙烯
215	甲醛	242	苯(甲)酸乙酯
216	四乙基铅	243	苯甲醛(苦杏仁油)
217	四甲基铅	244	苯胺(阿尼林油)

续表

序号	名称	序号	名称
245	乳酸乙酯	269	氯乙酸
246	乳酸甲酯	270	氯乙醇
247	1-庚烯	271	2-氯丁二烯[1,3]
248	正庚烷	272	氯丁烯
249	异庚烷	273	1-氯-2-丁烯
250	氢	274	氯丁烷
251	1-癸烯	275	氯异丁烷
252	癸烷	276	氯化苄
253	烟碱(尼古丁)	277	氯丙烯
254	液化石油气(压凝汽油)	278	2-氯丙烯
255	联环己基	279	氯正丙烷
256	硝基乙烷	280	氯异丙烷
257	1-硝基丙烷	281	氯戊烷
258	2-硝基丙烷	282	氯异戊烷
259	硝基甲烷	283	3-氯-2-甲基丙烯
260	硝基苯	284	氯甲烷
261	硝酸乙酯	285	氯苯
262	硝酸正丙酯	286	焦炉煤气(焦炉气)
263	硫化氢	287	溴乙烷(乙基溴)
264	喹啉[氮(杂)萘]	288	溴正丁烷
265	氰	289	溴丙烯
266	氰化氢(氰氢酸)	290	溴苯
267	氯乙烯	291	糠醇(呋喃甲醇、氧茂甲醇)
268	氯乙烷(乙基氯)	292	糠醛(呋喃甲醛)

压力容器中的介质为混合物质时，应以介质的组成和爆炸危险介质的划分原则，由设计单位的工艺设计或使用单位的生产技术部

门，决定是否属于爆炸危险介质。

2 介质的毒性程度如何分类？

化学介质毒性危害系指压力容器在生产过程中，因事故致使介质与人体大量接触，或因经常泄漏引起职业性慢性危害的严重程度。

化学介质的毒性危害程度是以GBZ 230—2010《职业性接触毒物危害程度分级》分为四级，详见表13-2。

为了确定压力容器的类别和致密性、密封性技术要求，《压力容器中化学介质毒性危害和爆炸危险程度分类》HG 20660—2000对介质的毒性危害和爆炸危险程度进行了分类。

用于确定压力容器的类别时，应根据事故状态，介质与人体大量接触所引起的危害程度，主要考虑急性毒性和最高容许浓度两项指标，并考虑其他指标的归属，综合分析，全面权衡进行分类。

当毒性危害程度的分类，用于确定化工压力容器的致密性、密封性能要求时，应根据事故状态和经常性的泄漏而引起的慢性潜在危害。因此，应考虑急性毒性、最高容许浓度两项指标外，还须考虑致癌性指标，并考虑其他指标的归属，综合分析后进行分类。对某些介质，则按其某一突出危害程度（如致癌性）进行分类。

当压力容器中的介质涉及多种化学介质时，应按介质组分中毒性危害程度最大的介质考虑；当某一危害性物质在介质中含量极少时，应按其危害程度及其含量综合考虑，按照HG 20660—2000标准的分类原则，由设计单位的工艺设计或使用单位的生产技术部门决定类别。

按HG 20660—2000《压力容器中化学介质毒性危害和爆炸危险程度分类》中常见的毒性程度为极度危害的化学介质见表13-3，常见的毒性程度为高度危害的化学介质见表13-4，常见的毒性程度为中度危害的化学介质见表13-5。

表 13-2 毒性危害程度分级依据

分项指标		极度危害	高度危害	中度危害	轻度危害
积分值		4	3	2	1
急性吸入 LC_{50}	气体 /(cm^3/m^3)	<100	≥100 ~<500	≥500 ~<2500	≥2500 ~<20000
	蒸气 /(mg/m^3)	<500	≥500 ~<2000	≥2000 ~<10000	≥10000 ~<20000
	粉尘和烟雾 /(mg/m^3)	<50	≥50 ~<500	≥500 ~<1000	≥1000 ~<5000
急性经口 LD_{50} /(mg/kg)		<5	≥5 ~<50	≥50 ~<300	≥300 ~<2000
急性经皮 LD_{50} /(mg/kg)		<50	≥50 ~<200	≥200 ~<1000	≥1000 ~<2000
刺激与腐蚀性		pH≤2 或 pH≥11.5;腐蚀作用或不可逆损伤作用	强刺激作用	中等刺激作用	轻刺激作用
致敏性		有证据表明该物质能引起人类特定的呼吸系统致敏或重要脏器的变态反应性损伤	有证据表明该物质能导致人类皮肤过敏	动物试验证据充分,但无人类相关证据	现有动物试验证据不能对该物质的致敏性做出结论
生殖毒性		明确的人类生殖毒性:已确定对人类的生殖能力、生育或发育造成有害效应的毒物,人类母体接触后可引起子代先天性缺陷	推定的人类生殖毒性:动物试验生殖毒性明确,但对人类生殖毒性作用尚未确定因果关系,推定对人的生殖能力或发育产生有害影响	可疑的人类生殖毒性:动物试验生殖毒性明确,但无人类生殖毒性资料	人类生殖毒性未定论:现有证据或资料不足以对毒物的生殖毒性作出结论
致癌性		Ⅰ组,人类致癌物	ⅡA 组,近似人类致癌物	ⅡB 组,可能人类致癌物	Ⅲ组,未归入人类致癌物

表 13-3 常见毒性程度为极度危害的化学介质

序号	名称	序号	名称
1	乙拌磷(敌死通)	11	甲基对硫磷(甲基 1605)
2	亚乙基亚胺(乙烯胺)	12	对硫磷(1605)
3	二甲基亚硝胺	13	光气(碳酰氯)
4	二硼烷(乙硼烷)	14	异氰酸甲酯
5	八甲基焦磷酰胺(八甲磷)	15	汞(水银)
6	三乙基氯化锡	16	苯并[a]芘
7	五硼烷(戊硼烷)	17	硫芥(芥子气)
8	内吸磷(1059)	18	氰化氢(氢氰酸)
9	四乙基铅	19	氯甲醚
10	甲拌磷(3911)	20	羰基镍

表 13-4 常见的毒性程度为高度危害的化学介质

序号	名称	序号	名称
1	二甲肼(不对称)	16	丙烯腈
2	二异氰酸甲苯酯(TDI)	17	丙烯酰胺
3	二氟化氧(一氧化氟)	18	丙烯醛
4	二硝基苯(间、邻、对)	19	丙酮氰醇(氰丙醇)
5	二硝基氯化苯	20	甲基内吸磷(甲基 1059)
6	1,2-二溴乙烷	21	甲醛
7	1,2-二溴氯丙烷	22	甲酸(蚁酸)
8	二氯四氟丙酮	23	正丁腈
9	二氯氧化硒(氮氧化硒)	24	对硝基苯胺
10	3-丁烯腈(烯丙基腈)	25	对硝基氯苯
11	十氟化硫	26	异丁腈
12	三氟化氯	27	苄基氯(氯化苄)
13	三硝基甲苯(TNT)	28	呋喃丹(虫螨威)
14	三氯化磷	29	邻硝基氯苯
15	五氯化磷	30	苯乙腈(苄基氰)

续表

序号	名称	序号	名称
31	苯胺	47	氯
32	肼(联氨)	48	氯丹(氯化茚)
33	环氧乙烷(氧化乙烯)	49	氯化苦(三氯硝基甲烷)
34	环氧氯丙烷	50	氯化氰
35	速灭威	51	β-氯丙腈
36	臭氧	52	氯代联苯
37	倍硫磷	53	氯甲烷(甲基氯)
38	敌百虫	54	氯萘
39	敌敌畏	55	氯酚
40	氟	56	氯甲酸三氯甲酯(双光气)
41	氟化氢(氢氟酸)	57	溴甲烷(甲基溴)
42	砷化氢	58	碘甲烷(甲基碘)
43	菸碱(烟碱、尼古丁)	59	碳酰氟(氟光气)
44	硒化氢	60	磷化氢
45	硫酸二甲酯	61	磷胺(福斯胺)
46	氰		

表 13-5 常见的毒性程度为中度危害的化学介质

序号	名称	序号	名称
1	一乙醇胺(氨基乙醇)	10	乙酸(醋酸)
2	一氧化碳	11	乙酸酐
3	一氯醋酸(氯乙酸)	12	2,6-二乙基苯胺
4	乙二胺	13	二甲胺
5	乙二酸二乙酯(草酸二乙酯)	14	二甲基乙酰胺
6	亚乙基降冰片烯	15	二甲基二氯硅烷
7	乙胺	16	二甲基甲酰胺
8	乙硫醇	17	二甲基苯胺
9	乙腈(甲基腈)	18	*N*,*N*-二甲基苯胺

续表

序号	名称	序号	名称
19	二氧化硫	46	甲基丙烯酸环氧丙酯
20	二氧化氮	47	甲硫醇
21	二硫化碳	48	甲醇(木醇)
22	1,1-二氯乙烯(偏二氯乙烯)	49	正丁硫醇
23	1,2-二氯乙烯(顺、反)	50	正丁醛(酪醛)
24	1,2-二氯乙烷(二氯化乙烯)	51	正硅酸甲酯
25	二氯乙烷	52	乐果(乐戈)
26	二氯乙醚(2,2-二氯乙醚)	53	叶蝉散(灭扑威)
27	二氯丙醇	54	环己酮
28	丁胺(正丁胺)	55	异丁醛(二甲基乙醛)
29	丁烯醛(巴豆醛)	56	西维因(胺甲萘)
30	三氧化硫	57	杀螟松(速灭虫)
31	三溴甲烷(溴仿)	58	吡啶(氮杂苯)
32	1,1,2-三氯乙烷	59	邻甲苯胺
33	1,1,2-三氯乙烯	60	邻硝基甲苯
34	1,2,4-三氯苯	61	邻硝基酚
35	三氯醋酸	62	苯
36	三酸氢硅(氯硅仿)	63	苯酚(石炭酸)
37	己二腈	64	苯醛
38	马拉硫磷(4049)	65	苯乙烯
39	五硫化二磷	66	间甲酚
40	1,1,2,2-四溴乙烷	67	间甲苯胺
41	四氯乙烷	68	间苯二酚(雷锁辛)
42	四氯化碳	69	间硝基甲苯
43	丙烯醇(烯丙醇)	70	间氯苯胺
44	丙硫醇	71	氟苯
45	甲胺(一甲胺)	72	氨

续表

序号	名称	序号	名称
73	偏二氯乙烯(1,1-二氯乙烯)	82	氯乙醇
74	萘	83	氯丁二烯
75	α-萘胺(1-萘胺,甲萘胺)	84	3-氯丙烯
76	α-萘酚(1-萘酚,甲萘酚)	85	氯化氢(盐酸)
77	硝基苯(人造苦杏仁油)	86	氯苯
78	硝酸	87	磷酸三丁酯
79	硫化氢	88	磷酸三对甲苯酯
80	硫酸	89	糠醛(呋喃甲醛)
81	氯乙烯	90	乙炔

3 压力容器安全操作的基本要求是什么?

正确、合理地操作和使用压力容器，是保证容器安全运行的重要措施，其基本要求是平稳操作，防止超压、超温和超载。

平稳操作主要是指缓慢地进行加载和卸载，以及运行时保持载荷的相对稳定。压力容器开始加载时，速度不宜过快，尤其要防止压力的突然升高。因为过高的加载速度可能使存在微小缺陷的容器在压力的快速冲击下发生脆性断裂。开停车和运行时的加热和冷却都应缓慢进行，以避免壳体温度的突然变化，减小壳体的温差应力。

当压力来源处的压力高于容器操作压力时，发生超压大多是由于操作失误引起的。例如，误将压力容器的出口阀门关闭，但仍然不断地向容器内送入介质；或者是误开不应开启的阀门；或由于减压阀失灵，使较高压力的介质进入容器内。

由容器内介质的化学反应而产生压力的容器，往往因加料过量或原料中混入杂质，使容器内化学反应失控而造成超压。

盛装液化气体的容器，如果因充装过量或者意外受热而造成容器内空间全部为它的液相所充满，在温度继续升高时，由于液体的膨胀，往往会造成容器内压力的急剧增高，它是造成这类压力容器发生爆炸的主要原因之一。

超温对压力容器安全造成的影响与超压一样严重，若长期超温运行，可以直接或间接地导致容器的破坏。

对于有衬里的容器，如降温、降压速度过快，可能会造成衬里"鼓包"。对于固定管板式换热器，如果温度急剧大幅度变化，可能会使管子与管板的连接部位或管子本身受到损坏。

为了做到平稳操作，防止容器在运行中发生超压、超温或超载，应注意以下事项：

a. 严格执行安全操作规程，保证工艺操作条件，提高操作时的工作责任心；

b. 在某些关键阀门和操作装置上挂安全操作牌，或者装设安全联锁装置，防止误操作；

c. 充装液化气体时应严格计量，严禁超装，防止意外受热；

d. 装设可靠的安全泄放装置和超压报警装置；

e. 操作工艺上的间隙操作和开停车，会造成压力、温度大幅度波动，但就操作而言，应尽量做到压力、温度的平稳升降，尽量避免不必要的开停车。

4 压力容器使用时应注意哪些安全防护？

由于压力容器的介质复杂，能量巨大，结构种类和用途繁多，且事故具有隐蔽性和突发性。因此必须加强安全防护工作，防止发生人身设备事故。压力容器使用时应注意以下问题。

① 现场作业人员应熟悉并掌握所操作的容器的介质特性和工艺条件，一旦容器发生"跑、冒、滴、漏"或事故时，应防止介质对人体的损伤。例如，毒性介质会造成人身中毒；惰性气体会造成呼吸窒息；腐蚀性介质会对皮肤产生腐蚀、烧伤等；高温介质会烧伤、烫伤人体；液氧等介质会使皮肤冻伤等。一旦容器发生事故而出现介质大量泄漏时，现场人员应尽快离开现场，往上风方向疏散。在现场处理事故的人员应根据介质特性要求配备防毒隔离面具和必需的防护用具。易燃易爆介质泄漏时现场应禁止一切火源，包括启动不防爆的电机和照明。

② 紧固螺栓数量较多的端盖等连接结构，禁止只采用部分紧固螺栓，且在螺栓缺少、密封性差的情况下将螺母过分拧紧以保证容器密封的做法。这样使螺体的预紧载荷过大，当容器承压后，可能造成螺栓断裂或端盖飞出的事故。并且禁止在有压力的容器上进行任何修理和紧固螺栓，以防发生意外事故。

③ 安全阀发生不正常泄漏时，禁止采用压死安全阀弹簧或关闭其根部截止阀的方法进行处理，而应及时修理、更换安全阀。

④ 对以水为介质产生蒸汽的压力容器，为了防止由于水垢、水渣腐蚀等引起部件损坏或发生事故，必须做好水质管理工作，其水质应符合图样或有关标准的规定。

⑤ 在进行排液、排气和排污操作时，应缓慢开启阀门，操作人员应站在管口的侧后方向，防止介质冲出伤人。开启端盖、釜盖或拆卸阀门时，人应站在侧面，防止器内余压将盖或阀门冲开伤人。

⑥ 气瓶、槽罐车和储罐等均应禁止超量充装，以免发生超压爆炸事故。

⑦ 不得使用超期未进行定期检验的容器和气瓶以及未经安检合格的安全装置和计量器具。

⑧ 禁止在气瓶有压力的情况下敲击、碰撞、抛摔，不得用电磁起重机搬运气瓶。禁止将气瓶放在烈日下曝晒或放在明火、热源处。气瓶内的气体不能用尽，必须留有一定的剩余压力。未经清洗置换合格的气瓶禁止改装其他介质。盛装有毒气体的气瓶，或者所装介质互相接触后能引起燃烧爆炸的气瓶、不能存放在同一库房内。液化石油气钢瓶、溶解乙炔气瓶等使用时必须直立放置。氧气瓶、乙炔气瓶等的瓶阀不得沾有油脂。气瓶使用时，应根据使用要求在出口管线上装设必要的安全装置，例如减压阀、回火防止器等防止介质倒灌的装置。

5 压力容器检修时应注意哪些安全防护?

压力容器检修时应注意下列安全防护事项。

① 检修时要听从现场安全技术人员提出的意见和要求，遵守

现场作业的安全管理规定，配备符合要求的劳保护具。

检修前应仔细了解介质特性、现场工艺用阀门和电源开关的位置，以便在发生意外情况时配合现场人员及时进行妥善处理，避免事态扩大。同时，还应了解现场是否可以动火和动火要求，如果有必要，应办理动火手续。

应切断与容器有关的电源，并拆除保险丝，设置明显的安全作业标志。

对于可以移动的槽（罐）车等，应采用措施防止车辆滑动。对于可转动或有可动部件的容器，应将电气开关切断，或者拆除保险丝，锁住开关，并且可靠地固定。

高温或低温条件下运行的容器，应按照操作法要求缓慢降温或升温，防止容器造成损伤。

对检修用的各种仪器、设备、工器具和辅助用具，应认真进行性能检查，选用型号及其安全性、稳定性等应符合有关标准的要求，并在有效检定期内。

② 压力容器检验、修理人员进入压力容器内部工作前，使用单位必须按《压力容器定期检验规则》的要求，做好准备和清理工作，达不到要求的，工作人员不得进入。

进入容器内作业前必须将内部介质排除干净，并确认已无压力。采用足够强度的盲板隔断所有液体、气体或蒸汽的来源，设置明显的隔离标志。

盛装易燃、助燃、毒性程度为极度、高度、中度危害介质或窒息性介质的容器，应进行认真的置换或蒸煮、中和、清毒、清洗处理后，容器空间中易燃、助燃或毒性介质取样分析的结果应符合GBZ 1—2010《工业企业设计卫生标准》和GBZ 230—2010《职业性接触毒物危害程度分级》规定的标准。取样分析的间隔时间，应在使用单位的有关制度中作出具体规定。盛装可燃、易燃、易爆介质的容器，禁止采用空气直接进行置换。处理合格后，才能打开人孔和检查孔，用机械吹风清除容器死角中可能残存的易燃、有毒、有害气体。并取样分析容器内的氧含量，达到18%～23%（体积分数）后才能进入容器内进行检修。必要时，还应配备通风、安全救护等设施。

在容器内作业时，使用的灯具和工具的电源、电压应符合 GB/T 3805—2008《特低电压（ELV）限值》的规定。低压防爆灯的电压不应超过 12V。检修仪器和工具的电源电压超过 36V 时，应采用橡胶绝缘的软线进入容器内，与容器器壁接触的部分不得有接头，并应有可靠的接地线，作业人员应穿绝缘鞋、戴绝缘手套。在容器内禁止使用明火照明。

当容器内的温度超过 50℃时，不得进入容器内作业。

在容器内有人工作时，应有专人监护，并有可靠的联络措施。监护人员应注意器内人员的动态，不得擅自离开岗位。

如果需要乘坐吊篮进入塔内进行作业，应仔细检查起吊用的器具，其绳索应有足够的强度，刹车装置应灵敏可靠，吊篮的外径应比塔体的内径小 200mm 以上，以防吊篮卡在塔内无法上下。如果吊篮万一被卡在塔内时，不得冒险强行起吊，以免将绳索拉断，吊篮拉坏，造成人员坠落事故。起吊检修用的仪器、设备用的绳索和工具也应牢固可靠，并应防止仪器、设备从空中坠落。

③ 人员登高 4m 以上时应使用安全带，上下交叉作业时应戴安全帽。搭设的脚手架应牢固可靠，脚手架上铺设的钢（木）板两端都要固定，脚手架上下层之间的间隔应能方便检修人员作业。

④ 压力容器进行水压试验、气压试验或气密性试验等压力试验时，应严格遵守试验工艺，试验场地周围应设置安全警戒标志，无关人员不要进入试验区。进行气压试验的容器，必须符合有关安全制度的规定，并采取可靠的安全防护措施。试验系统至少应配置两块量程相同并经校验的压力表。

压力试验前应将容器法兰等部件的紧固螺栓配备齐全，紧固妥当。封闭管、孔用的盲板必须有足够的强度。在试验过程中禁止带压调整紧固螺母或进行检修，以免发生事故。

置换、清洗不符合要求的盛装易燃、易爆介质的容器，禁止用空气作为试验介质。

试验过程中如果发现异常情况，应立即停止试验，处理后才能继续进行。

⑤ 在现场进行射线探伤时，必须符合安全防护的有关规定，在有效防护距离外设置明显的安全警戒标志，采取严格的防护措施，只有在确认警戒区内安全无人后，才能开始探伤作业。

⑥ 在容器内进行电焊修理时，不得采用无绝缘的简易焊钳，以防止发生短路而造成意外事故。焊工可以采用橡胶绝缘衬垫进一步保证绝缘。焊接时应配置抽风机更换容器内的空气，防止焊工中毒或由于高温昏倒在容器内。

在容器内应尽量避免采用氧-乙炔气焊（割）等明火焊接作业。如果采用气焊（割）而工作暂未完成时，禁止将焊（割）炬放在容器内，以防止焊（割）炬或气阀、胶管漏气而在容器内积存大量乙炔和氧气，一旦遇火容易引起燃烧爆炸。

采用手动砂轮进行打磨作业时，应注意防止砂轮片意外伤人。

6 盛装液化气体的压力容器设计储存量应如何确定？

盛装液化气体的压力容器设计储存量不得超过下式的计算值：

$$W=\phi V\rho_t$$

式中 W——储存量，kg；

V——压力容器的容积，m^3；

ϕ——装量系数，一般取 0.9，容积经实际测定者，可取大于 0.9，但不得大于 0.95；

ρ_t——设计温度下的饱和液体密度，kg/m^3。

7 液化气体过量充装有什么危害性？为什么？

当液化气体过量充装时，容器内的气相空间小于规定值。通常，液化气体的体积膨胀系数较大；当温度升高，液体则膨胀，当膨胀到液体充满容器后，如果温度继续升高，液体就会产生很高的压力。例如过量充装的液氯钢瓶，满液时温度每升高 1℃，瓶内压力约增加 1～2MPa，当温度再升高时，就会导致爆炸。所以，液化气体过量充装是十分危险的。

8 快开门式压力容器的安全联锁功能有什么要求？

快开门式压力容器应当具有满足以下要求的安全联锁功能：

① 当快开门达到预定关闭部位，方能升压运行；

② 当压力容器的内部压力完全释放，方能打开快门。

9 压力容器发生哪些异常现象时，操作人员应立即采取紧急措施？

压力容器发生下列异常现象之一时，操作人员应立即采取紧急措施，并按规定的报告程序，及时向本单位有关部门报告。

① 压力容器工作压力、介质温度或者壁温超过规定值，采取措施仍不能达到有效控制；

② 压力容器的主要受压元件发生裂缝、鼓包、变形、泄漏、衬里层失效等危及安全的现象；

③ 安全附件失灵、损坏等不能起到安全保护的情况；

④ 接管、紧固件损坏，难以保证安全运行；

⑤ 发生火灾等直接威胁到压力容器安全运行；

⑥ 过量充装；

⑦ 液位异常，采取措施仍不能得到有效控制；

⑧ 压力容器与管道发生严重振动，危及安全运行；

⑨ 真空绝热压力容器外壁局部存在严重结冰、介质压力和温度明显上升；

⑩ 其他异常情况。

10 带压压力容器需进行紧固螺栓工作时应如何处理？

压力容器内部有压力时，不得进行任何修理或紧固工作。对于特殊的生产工艺过程，需要带温带压紧固螺栓的设备，使用单位必须按设计规定提出有效的操作要求和防护措施，并经使用单位技术负责人批准。在实际操作时，使用单位安全部门应派人进行现场监督。

11 压力容器的安全状况等级如何划分？

按《压力容器使用登记管理规则》，压力容器的安全状况划分为五个等级。

(1) 1级　压力容器出厂技术资料齐全，设计、制造质量符合有关法规和标准的要求；在法规规定的定期检验周期内，在设计条件下能安全使用。

（2）2级

① 新压力容器　出厂技术资料齐全；设计、制造质量基本符合有关法规和标准的要求，但存在某些不危及安全，且难以纠正的缺陷；出厂时已取得设计单位、用户和用户所在地劳动部门锅炉压力容器安全监察机构同意；在法规规定的定期检验周期内，在设计条件下能安全使用。

② 在用压力容器　出厂技术资料基本齐全；设计、制造质量基本符合有关法规和标准的要求；根据检验报告，存在某些不危及安全可不修复的一般性缺陷；在法规规定的定期检验周期内，在规定的操作条件下能安全使用。

（3）3级　出厂技术资料不够齐全；主体材料、强度、结构基本符合有关法规和标准的要求；对于制造时存在某些不符合法规或标准的问题或缺陷，根据检验报告，未发现由于使用而发展或扩大；焊接质量存在超标的体积性缺陷，经检验确定不需要修复；在使用过程中造成的腐蚀、磨损、损伤、变形等缺陷，其检验报告确定为能在规定的操作条件下，按法规规定的检验周期安全使用；对经安全评定的，其评定报告确定为能在规定的操作条件下，按法规规定的检验周期安全使用。

（4）4级　出厂技术资料不全；主体材料不符合有关规定，或材质不明，或虽选用正确，但已有老化倾向；强度经校核尚满足使用要求；主体结构有较严重的不符合有关法规和标准的缺陷，根据检验报告，未发现由于使用因素而发展或扩大，焊接质量存在线性缺陷；在使用过程中造成的腐蚀、磨损、损伤、变形等缺陷，其检验报告确定为不能在规定的操作条件下，按法规规定的检验周期安全使用；对经安全评定的，其评定报告确定为不能在规定的操作条件下，按法规规定的检验周期安全使用，必须采取有效措施，进行妥善处理，改善安全状况等级，否则只能在限定的条件下使用。

（5）5级　缺陷严重，难于或无法修复，无修复价值或修复后仍难以保证安全使用的压力容器，应予以报废。

安全状况等级中所述缺陷，是指该压力容器最终存在的状态。如缺陷已消除，则以消除后的状态确定该压力容器的安全状况等级。

技术资料不全的，按有关规定补充后，并能在检验报告中作出结论的，则可按技术资料基本齐全对待。

安全状况等级中所述的问题与缺陷，只要具备其中之一的，即可确定该压力容器的安全状况等级。

12 在用压力容器的安全状况等级如何评定？

按《压力容器定期检验规则》规定，压力容器的安全状况等级应根据压力容器检验结果综合评定，以其中评定项目等级最低者，作为评定级别。

① 主要受压元件材质与原设计不符、材质不明或材质劣化时，按照以下要求进行安全状况等级评定。

a. 用材与原设计不符，如材质清楚、强度校核合格，经检验未查出新生缺陷（不包括正常的均匀腐蚀），检验人员认为可以安全使用的，不影响定级；如使用中产生缺陷，并确认是用材不当所致，可定为 4 级或 5 级。

b. 材质不明，对于经检验未查出新生缺陷（不包括正常的均匀腐蚀），强度校核合格的（按照同类材料的最低强度进行），在常温下工作的一般压力容器，可定为 3 级或 4 级；罐车和液化石油气储罐，定为5级。

c. 材质劣化，发现存在表面脱碳、渗碳、石墨化、蠕变、回火脆化、高温氢腐蚀等材质劣化现象并且已经产生不可修复的缺陷或者损伤时，根据材质的劣化程度，定为 4 级或 5 级；如果劣化程度轻微，能够确认在规定的操作条件下和检验周期内安全使用的，可以定为 3 级。

② 有不合理结构的，按照以下要求评定安全状况等级。

a. 封头主要参数不符合相应制造标准，但经检验未查出新生缺陷（不包括正常的均匀腐蚀），可定为 2 级或 3 级；如有缺陷，可根据相应的条款进行安全状况等级评定。

b. 封头与筒体的连接，如采用单面焊对接结构，且存在未焊透时，罐车定为5级；其他压力容器根据未焊透情况，按照第⑨的规定定级；采用搭接结构，可定为4级或5级；不等厚度板（锻件）对接接头，未按规定进行削薄处理，经检验未查出新生缺陷（不包括正常的均匀腐蚀），可定为3级，否则定为4级或5级。

c. 焊缝布置不当（包括采用“十”字焊缝），或焊缝间距不符合相应标准的要求，经检验未查出新生缺陷（不包括正常的均匀腐蚀），可定为3级；如查出新生缺陷，并确认是由于焊缝布置不当引起的，则定为4级或5级。

d. 按规定应采用全焊透结构的角接焊缝或接管角接焊缝，而没有采用全焊透结构的，如未查出新生缺陷（不包括正常的均匀腐蚀），可定为3级，否则定为4级或5级。

e. 如开孔位置不当，经检查未查出新生缺陷（不包括正常的均匀腐蚀），对于一般压力容器，可定为2级或3级；对于有特殊要求的压力容器，可定为3级或4级。如开孔的几何参数不符合相应标准的要求，其计算和补强结构经过特殊考虑的，不影响定级；未作特殊考虑的，可定为4级或5级。

③ 内、外表面不允许有裂纹。如有裂纹，应当打磨消除，打磨后形成的凹坑在允许范围内的，不影响定级；否则，应当补焊或者进行应力分析，经过补焊或者应力分析结果表明不影响安全使用的，可定为2级或3级。

④ 变形、机械接触损伤，工卡具焊迹、电弧灼伤等，按照以下要求评定安全状况等级。

a. 变形不处理不影响安全的，不影响定级；根据变形原因分析，不能满足强度和安全要求的，可定为4级或者5级。

b. 机械接触损伤、工卡具焊迹、电弧灼伤等，打磨后按照第③条规定定级。

⑤ 咬边 内表面焊缝咬边深度不超过0.5mm，咬边连续长度不超过100mm，且焊缝两侧咬边总长度不超过该焊缝长度的10%，外表面焊缝咬边深度不超过1.0mm，连续长度不超过100mm，且焊缝两侧咬边总长度不超过该焊缝长度的15%，按照以下要求评定其安全状况等级。

a. 一般压力容器不影响定级，超过时应当予以修复。

b. 罐车或者有特殊要求的压力容器，检验时如果未查出新生缺陷（例如焊趾裂纹），可以定为 2 级或者 3 级；查出新生缺陷或者超过本条要求的，应当予以修复。

⑥ 腐蚀　受腐蚀的压力容器，按照以下要求评定安全状况等级。

a. 分散的点腐蚀，如果腐蚀深度不超过壁厚（扣除腐蚀裕量）的 1/3，不影响定级；如果在任意 200mm 直径的范围内，点腐蚀的面积之和不超过 $4500mm^2$，或者沿任一直径点腐蚀长度之和不超过 50mm，不影响定级。

b. 均匀腐蚀，如按剩余壁厚（实测壁厚最小值减去至下次检验期的腐蚀量），强度校核合格的，不影响定级；经补焊合格的，可定为 2 级或 3 级。

c. 局部腐蚀，腐蚀深度超过壁厚余量的，应当确定腐蚀坑形状和尺寸，并且充分考虑检验周期内腐蚀坑尺寸的变化，可以按照第③条规定定级。

d. 对内衬和复合板压力容器，腐蚀深度不超过衬板或者覆材厚度 1/2 的不影响定级，否则应当定为 3 级或者 4 级。

⑦ 存在环境开裂倾向或者产生机械损伤现象的压力容器，发现裂纹，应当打磨消除，并且按照第③条的要求进行处理，可以满足在规定的操作条件下和检验周期内安全使用要求的，定为 3 级，否则定为 4 级或者 5 级。

⑧ 错边量和棱角度超出相应制造标准，根据以下具体情况综合评定安全状况等级。

a. 错边量和棱角度尺寸在表 13-6 范围内，压力容器不承受疲劳载荷并且该部位不存在裂纹、未熔合、未焊透等缺陷时，可以定为 2 级或者 3 级。

b. 错边量和棱角度不在表 13-6 范围内或者在表 13-6 范围内的压力容器承受疲劳载荷或者该部位伴有未熔合、未焊透等缺陷时，应当通过应力分析，确定能否继续使用；在规定的操作条件下和检验周期内，能按期使用的定为 3 级或者 4 级。

表 13-6 错边量和棱角度尺寸范围 单位：mm

对口处钢材厚度 t	错边量	棱角度[①]
$t \leqslant 20$	$\leqslant 1/3t$，且$\leqslant 5$	$\leqslant (1/10t+3)$，且$\leqslant 8$
$20 < t \leqslant 50$	$\leqslant 1/4t$，且$\leqslant 8$	
$t > 50$	$\leqslant 1/6t$，且$\leqslant 20$	
对所有厚度锻焊压力容器		$\leqslant 1/6t$，且$\leqslant 8$

① 测量棱角度所用样板按照相应制造标准的要求选取。

⑨ 相应制造标准允许的焊缝埋藏缺陷，不影响定级；超出相应制造标准的，按照以下要求评定安全状况等级。

a. 单个圆形缺陷的长径大于壁厚的 1/2 或大于 9mm，定为 4 级或 5 级；圆形缺陷的长径小于壁厚的 1/2 并且小于 9mm，其相应的安全状况等级评定见表 13-7 和表 13-8。

表 13-7 规定要求局部无损检测的压力容器（不包括低温压力容器）圆形缺陷与相应的安全状况等级

安全状况等级	评定区/mm					
	10×10		10×20		10×30	
	实测厚度/mm					
	$t \leqslant 10$	$10 < t \leqslant 15$	$15 < t \leqslant 25$	$25 < t \leqslant 50$	$50 < t \leqslant 100$	$t > 100$
	缺陷点数					
2 级或者 3 级	6～15	12～21	18～27	24～33	30～39	36～45
4 级或者 5 级	>15	>21	>27	>33	>39	>45

表 13-8 规定要求 100%无损检测的压力容器（包括低温压力容器）圆形缺陷与相应的安全状况等级

安全状况等级	评定区/mm					
	10×10		10×20		10×30	
	实测厚度/mm					
	$t \leqslant 10$	$10 < t \leqslant 15$	$15 < t \leqslant 25$	$25 < t \leqslant 50$	$50 < t \leqslant 100$	$t > 100$
	缺陷点数					
2 级或者 3 级	3～12	6～15	9～18	12～21	15～24	18～27
4 级或者 5 级	>12	>15	>18	>21	>24	>27

b. 非圆形缺陷与相应的安全状况等级评定，见表13-9和表13-10。

表13-9 一般压力容器非圆形缺陷与相应的安全状况等级

缺陷位置	缺陷尺寸			安全状况等级
	未熔合	未焊透	条状夹渣	
球壳对接焊缝；圆筒体纵焊缝，以及与封头连接的环焊缝	$H \leqslant 0.1t$ 且 $H \leqslant 2mm$；$L \leqslant 2t$	$H \leqslant 0.15t$ 且 $H \leqslant 3mm$；$L \leqslant 3t$	$H \leqslant 0.2t$ 且 $H \leqslant 4mm$；$L \leqslant 6t$	3级
圆筒体环焊缝	$H \leqslant 0.15t$ 且 $H \leqslant 3mm$；$L \leqslant 4t$	$H \leqslant 0.2t$ 且 $H \leqslant 4mm$；$L \leqslant 6t$	$H \leqslant 0.25t$ 且 $H \leqslant 5mm$；$L \leqslant 12t$	

表13-10 有特殊要求的压力容器非圆形缺陷与相应的安全状况等级

缺陷位置	缺陷尺寸			安全状况等级
	未熔合	未焊透	条状夹渣	
球壳对接焊缝；圆筒体纵焊缝，以及与封头连接的环焊缝	$H \leqslant 0.1t$ 且 $H \leqslant 2mm$；$L \leqslant t$	$H \leqslant 0.15t$ 且 $H \leqslant 3mm$；$L \leqslant 2t$	$H \leqslant 0.2t$ 且 $H \leqslant 4mm$；$L \leqslant 3t$	3级或者4级
圆筒体环焊缝	$H \leqslant 0.15t$ 且 $H \leqslant 3mm$；$L \leqslant 2t$	$H \leqslant 0.2t$ 且 $H \leqslant 4mm$；$L \leqslant 4t$	$H \leqslant 0.25t$ 且 $H \leqslant 5mm$；$L \leqslant 6t$	

⑩ 母材有分层的，按照以下要求评定安全状况等级。

a. 与自由表面平行的分层，不影响定级。

b. 与自由表面夹角小于10°的分层，可定为2级或3级。

c. 与自由表面夹角大于或等于10度的分层，检验人员可以采取其他检测或者分析方法进行综合判定，确认分层不影响压力容器安全使用的，可以定为3级，否则定为4级或5级。

⑪ 使用过程中产生的鼓包，应查明原因，并判断其稳定状况，如果能查清鼓包的起因并且确定其不再扩展，而且不影响压力容器安全使用的，可定为3级；无法查清起因时，或者虽查明原因但是仍然会继续扩展的，定为4级或5级。

⑫ 固定式真空绝热压力容器，真空度及日蒸发率测量结果在表 13-11 范围内，不影响定级；大于表 13-11 规定指标，但不超出 2 倍时，可以定为 3 级或者 4 级，否则定为 4 级或者 5 级。

表 13-11 真空度及日蒸发率测量

绝热方式	真空度		日蒸发率测量
	测量状态	数值/Pa	
粉末绝热	未装介质	≤65	实测日蒸发率数值小于 2 倍额定日蒸发率指标
	装有介质	≤10	
多层绝热	未装介质	≤20	
	装有介质	≤0.2	

⑬ 属于压力容器本身原因，导致耐压试验不合格的，可以定为 5 级。

13 压力容器的安全附件主要有哪些？

压力容器的安全附件包括直接连接在压力容器上的安全阀、爆破片装置、紧急切断装置、安全联锁装置、压力表、液位计和测温仪表。

14 压力容器的安全附件应符合哪些规定？

压力容器的安全附件应符合《固定式压力容器安全技术监察规程》的规定，同时还应符合相应标准的规定。“相应标准”包括两部分：即压力容器产品标准中对安全附件的要求，如 GB 150.1—2011《压力容器 第 1 部分：通用要求》的附录 B；安全附件标准的要求，如 GB/T 12243—2005《弹簧直接载荷式安全阀》。这两方面要求都要满足。

15 对安全附件的装设有何要求？

①《固定式压力容器安全技术监察规程》适用范围内的压力容器，应根据设计要求装设安全阀或爆破片。若压力源来自压力容器外部，并且得到可靠控制时，可以不直接安装在压力容器上，可装在进口管道上，但排放量应满足要求。

② 采用爆破片装置与安全阀装置组合结构时，应当符合 GB 150.1—2011 的有关规定，凡串联在组合结构中的爆破片在动作时不允许产生碎片。

③ 对易爆介质或者毒性程度为极度、高度或者中度危害介质的压力容器，应当在安全阀或者爆破片的排出口装设导管，将排放介质引至安全地点，并且进行妥善处理，不得直接排入大气。

④ 压力容器工作压力低于压力源压力时，在通向压力容器进口的管道上应当装设减压阀，如因介质条件减压阀无法保证可靠工作时，可用调节阀代替减压阀，在减压阀或者调节阀的低压侧，应当装设安全阀和压力表。

16 安全阀和爆破片各有什么特点？在什么情况下应采用爆破片？

安全阀是多次使用的安全排放装置，能随压力的变化自动启闭。爆破片是一次性使用，每次超压不爆或爆破后需要更换新的爆破片。

爆破片动作惯性小，在压力迅速增长达到规定值的情况下能及时爆破，迅速泄压。经常用于易爆、有毒介质或反应速度随温度升高而容积急剧增加、气体压力迅速增加的反应容器上。在这种工况下，采用安全阀就满足不了迅速泄压的要求。

通常安全阀不能可靠工作时，装设爆破片或同时装设安全阀与爆破片。

当容器采用的爆破片爆破后，虽能立即泄压，但容器内介质将有较大损失；而安全阀泄压后会自动关闭，因此容器内介质损失较小。

正常操作时，安全阀不可避免总有一些泄漏，爆破片则无泄漏。

在下列情况下必须采用爆破片泄压：

a. 压力快速增长（如增加分子量的化学反应、化学爆炸、爆燃等）；

b. 对密封有较高要求；

c. 容器内的物料会导致安全阀失效；

d. 安全阀不能适应的其他情况。

17 安全阀的整定压力如何确定？

安全阀的整定压力一般不大于该压力容器的设计压力。设计图样或者铭牌上标注有最高允许工作压力的，也可以采用最高允许工作压力确定安全阀的整定压力。

18 安全阀的铭牌上应有哪些内容？

① 安全阀制造许可证编号及标志；
② 制造单位名称；
③ 安全阀型号；
④ 制造日期及其产品编号；
⑤ 公称压力（压力级）；
⑥ 公称通径；
⑦ 流道直径或者流道面积；
⑧ 整定压力；
⑨ 阀体材料；
⑩ 额定排量系数或者对某一流体保证的额定排量。

19 安全阀的质量证明文件上应包含哪些内容？

① 制造许可证编号；
② 制造单位名称；
③ 产品名称；
④ 安全阀型号；
⑤ 产品编号；
⑥ 制造日期；
⑦ 公称通径；
⑧ 流道直径或者流道面积；
⑨ 公称压力（压力级）；
⑩ 整定压力（冷态试验差压力）；
⑪ 排放压力；
⑫ 开启高度；

⑬ 启闭压差（或者回座压力）；

⑭ 适用温度；

⑮ 适用介质；

⑯ 阀体材料；

⑰ 背压力（适用时）；

⑱ 额定排量系数或者某一流体保证的额定排量；

⑲ 制造依据的标准；

⑳ 出厂检验报告；

㉑ 其他特殊要求；

㉒ 检查人员签章以及制造单位检验章。

20 在安全阀上应设有哪些安全装置？

杠杆式安全阀应当有防止重锤自由移动的装置和限制杠杆越出的导架；弹簧式安全阀应当有防止随便拧动调整螺钉的铅封装置；静重式安全阀应当有防止重片飞脱的装置。

21 安全阀的装运有什么要求？

① 安全阀出厂前，除法兰面以外的所有外表面都必须涂有油漆（耐腐蚀材料除外），法兰面进行油封以防止腐蚀；

② 螺纹孔用保护塞封堵，临时用的堵塞能够同永久性的金属塞明显区分开；

③ 安全阀的进出口法兰都加装堵盖保护，以防止装运中法兰面受到损伤，并且防止杂物进入；

④ 安全阀用箱包装，运输中能够始终保护竖直状态，并且不晃动，严禁推倒搬运。

22 安全阀的安装有什么要求？

① 安全阀应当铅直安装在压力容器液面以上的气相空间部分，或者装设在与压力容器气相空间连接的管道上。

② 压力容器与安全阀之间的连接管和管件的通孔，其截面积不得小于安全阀的进口截面积，其接管应当尽量短而直。

③ 压力容器一个连接口上装设两个或者两个以上的安全阀时，

则该连接口入口的截面积，应当至少等于这些安全阀的进口截面积总和。

④ 安全阀与压力容器之间一般不宜装设截止阀门；为实现安全阀的在线校验，可在安全阀与压力容器之间装设爆破片装置；对于盛装毒性程度为极度、高度、中度危害介质，易爆介质，腐蚀、黏性介质或者贵重介质的压力容器，为便于安全阀的清洗与更换，经过使用单位主管压力容器安全技术负责人批准，并且制定可靠的防范措施，方可在安全阀（爆破片装置）与压力容器之间装设截止阀门，压力容器正常运行期间截止阀门必须保持全开（加铅封或者锁定），截止阀门的结构和通径不得妨碍安全阀的安全泄放。

⑤ 新安全阀应当校验合格后才能安装使用。

23 安全阀的选用有哪些要求？

① 安全阀适用于清洁、无颗粒、低黏度的流体；

② 全启式安全阀适用于排放气体、蒸汽或者液体介质，微启式安全阀一般适用于排放液体介质，排放有毒或者可燃性介质时必须选用封闭式安全阀。

24 安全阀在线检查和检测的含义及内容是什么？

安全阀在线检查和检测是指在在线状态下（安全阀安装在设备上受压或不受压状态下）对安全阀进行的检查和检测。

在线检查包括以下内容：

① 安全阀安装是否正确；

② 安全阀的资料是否齐全（铭牌、质量证明文件、安装号、校验记录及报告）；

③ 安全阀外部调节机构的铅封是否完好；

④ 有无影响安全阀正常功能的因素；

⑤ 必须设置截断阀的情况时，其安全阀进口前和出口后的截断阀铅封是否完好并且处于正常开启位置；

⑥ 安全阀有无泄漏；

⑦ 安全阀外表有无腐蚀情况；

⑧ 为波纹管设置的泄出孔应当敞开和清洁；

⑨ 提升装置（扳手）动作有效，并且处于适当位置；

⑩ 安全阀外部相关附件完整无损并且正常。

25 安全阀和爆破片装置并联组合时应注意什么？

安全阀与爆破片装置并联组合时，爆破片的动作压力应不大于1.05倍设计压力。安全阀的动作压力应不大于设计压力。

26 安全阀入口和容器之间串联安装爆破片装置时有什么要求？

当安全阀进口容器之间串联安装爆破片装置时，应满足下列要求：爆破片爆破时不允许有碎片，爆破片装置与安全阀之间的腔体应设置压力表、排气口及报警指示器等。

27 当安全阀出口侧串联安装爆破片装置时有什么要求？

当安全阀出口侧串联安装爆破片装置时，应满足下列要求：安全阀应采用特殊结构形式（如平衡式安全阀）以保证安全阀与爆破片安全装置之间出现累积背压时安全阀仍能在整定压力下开启。同时，爆破片安全装置与安全阀之间的腔体应设置排气口或排液口。

28 安装在压力容器上的压力表的选用有什么要求？

对压力表的选用有如下要求：

① 选用的压力表，应当与压力容器内的介质相适应；

② 设计压力小于1.6MPa的压力容器使用的压力表的精度不得低于2.5级，设计压力大于或者等于1.6MPa的压力容器使用的压力表的精度不得低于1.6级；

③ 压力表盘刻度极限值应当为工作压力的1.5～3.0倍。

29 压力表的校验和维护有何要求？

压力表的校验和维护应符合国家计量部门的有关规定，压力表安装前应进行校验，在刻度盘上应划出指示工作压力的红线，注明下次校验日期。压力表校验后应加铅封。

30 压力表的安装有何要求？

压力表的安装要求如下：

① 装设位置应便于操作人员观察和清洗，并且应避免受到辐射热、冻结或者震动的不利影响；

② 压力表与压力容器之间，应当装设三通旋塞或者针形阀（三通旋塞或者针形阀上应有开启标记和锁紧装置），并且不得连接其他用途的任何配件或者接管；

③ 用于水蒸气介质的压力表，在压力表与压力容器之间应装有存水弯管；

④ 用于具有腐蚀性或者高黏度介质的压力表，在压力表与压力容器之间应当装设能隔离介质的缓冲装置。

31 压力容器用液位计有什么要求？

压力容器用液位计除应符合有关标准的规定外，还应符合下列要求：

① 根据压力容器的介质、最高允许工作压力（或者设计压力）和设计温度选用；

② 在安装使用前，设计压力小于 10MPa 的压力容器用液位计，以 1.5 倍的液位计公称压力进行液压试验，设计压力大于或者等于 10MPa 的压力容器用液位计，以 1.25 倍液位计公称压力进行液压试验；

③ 储存 0℃以下介质的压力容器，选用防霜液位计；

④ 寒冷地区室外使用的液位计，选用夹套型或者保温型结构的液位计；

⑤ 用于易爆、毒性程度为极度或者高度危害介质、液化气体压力容器上的液位计，有防止泄漏的保护装置；

⑥ 要求液面指示平稳的，不允许采用浮子（标）式液位计。

32 液位计的安装应注意哪些事项？

液位计应当安装在便于观察的位置，否则应当增加其他辅助设施。大型压力容器还应当有集中控制的设施和警报装置。液位计上最高和最低安全液位，应做出明显的标志。

33 压力容器在什么情况下须安装壁温测试仪表？对壁温测试仪表的管理应注意什么？

需要控制壁温的压力容器，应当装设测试壁温的测温仪表（或者温度计）。测温仪表应定期校验，以保持测温的正确性。

34 压力容器的接地应如何考虑？

为防止压力容器及其附件上产生静电聚集，在压力容器下部焊有接地板，用导线和地极相连，其对地电阻不得大于10Ω。为避免生锈电阻增大，接地板一般用不锈钢制作。

对易燃、易爆、助燃危险大的介质，压力容器法兰连接处常用铜片或铜线将两法兰连接以减少电阻，避免静电聚集。并把避雷接地和静电接地分开，液化气站避雷接地和静电接地的地线距离应大于3m。

35 压力容器使用单位的主要职责是什么？

① 按照《压力容器使用管理规则》和其他有关安全技术规范的要求设置安全管理机构，配备安全管理负责人和安全管理人员；

② 建立并且有效实施岗位责任、操作规程、年度检查、隐患治理、应急救援、人员培训管理、采购验收等安全管理制度；

③ 定期召开压力容器使用安全管理会议，督促、检查压力容器安全工作；

④ 保障压力容器安全必要的投入。

36 压力容器使用单位的安全管理负责人的主要职责是哪些？

安全管理负责人是指使用单位最高管理层中主管本单位压力容器使用安全的人员，按照有关规定协助最高管理者履行本单位压力容器安全领导职责，确保本单位压力容器安全使用。

安全管理人员作为具体负责压力容器使用管理的人员，其主要职责如下：

① 贯彻执行国家有关法律、法规和安全技术规范，组织编制

并且适时更新安全管理制度；

② 组织制定压力容器安全操作规程；

③ 组织开展安全教育培训；

④ 组织压力容器验收、办理压力容器使用登记和变更手续；

⑤ 组织开展压力容器定期安全检查和年度检查工作；

⑥ 编制压力容器的年度定期检验计划，督促安排落实定期检验和隐患治理；

⑦ 组织制定压力容器应急预案并且组织演练；

⑧ 按照压力容器事故应急预案，组织、参加压力容器事故救援；

⑨ 按照规定报告压力容器事故，协助进行事故调查和善后处理；

⑩ 协助质量技术监督部门实施安全监察，督促施工单位履行压力容器安装改造维修告知义务；

⑪ 发现压力容器事故隐患，立即进行处理，情况紧急时，可以决定停止使用压力容器，并且报告本单位有关负责人；

⑫ 建立压力容器技术档案；

⑬ 纠正和制止压力容器操作人员的违章行为。

37 压力容器操作人员有何要求？

压力容器操作人员应当按照规定持有相应的特种设备作业人员证，其主要职责如下：

① 严格执行压力容器有关安全管理制度并且按照操作规程进行操作；

② 按照规定填写运行、交接班等记录；

③ 参加安全教育和技术培训；

④ 进行日常维护保养，对发现的异常情况及时处理并且记录；

⑤ 在操作过程中发现事故隐患或者其他不安全因素，应当立即采取紧急措施，并且按照规定的程序，及时向单位有关部门报告；

⑥ 参加应急演练，掌握相应的基本救援技能，参加压力容器

事故救援。

38 压力容器使用单位的安全管理工作主要包括哪些方面？

主要包括以下内容：

① 贯彻执行《固定式压力容器安全技术监察规程》和压力容器有关的安全技术规范；

② 建立健全压力容器安全管理制度，制定压力容器安全操作规程；

③ 办理压力容器使用登记，建立压力容器技术档案；

④ 负责压力容器的设计、采购、安装、使用、改造、维修、报废等全过程管理；

⑤ 组织开展压力容器安全检查，至少每月进行一次自行检查，并且作出记录；

⑥ 实施年度检查并且出具检查报告；

⑦ 编制压力容器的年度定期检验计划，督促安排落实特种设备定期检验和事故隐患的整治；

⑧ 向主管部门和当地质量技术监督部门报送当年容器数量和变更情况的统计报表，压力容器定期检验计划的实施情况，存在的主要问题及处理情况等；

⑨ 按照规定报告压力容器事故，组织、参加压力容器事故的救援、协助调查和善后处理；

⑩ 组织开展压力容器作业人员的教育培训；

⑪ 制定事故救援预案并且组织演练。

39 压力容器使用单位建立的压力容器技术档案包括哪些方面？

压力容器技术档案应当包括以下内容：

① 特种设备使用登记证；

② 压力容器登记表；

③《固定式压力容器安全技术监察规程》中规定的压力容器设计制造技术文件和资料；

④ 压力容器年度检查、定期检验报告，以及有关检验的技术

文件和资料；

⑤ 压力容器维修和技术改造的方案、图样、材料质量证明书、施工质量证明文件等技术资料；

⑥ 安全附件校验、修理和更换记录；

⑦ 有关事故的记录资料和处理报告。

40 压力容器使用单位申请办理压力容器使用登记时，应向登记机关提交哪些资料？

压力容器使用单位应当对压力容器逐台向登记机关提交以下资料，并且对其真实性负责：

①《使用登记表》（一式两份）；

② 使用单位组织机构代码证或者个人身份证明（适用于公民个人所有的压力容器）；

③ 压力容器产品合格证（含产品数据表）；

④ 压力容器监督检验证书（适用于需要监督检验的）；

⑤ 压力容器按照质量证明资料；

⑥ 压力容器投入使用前验收资料；

⑦ 移动时压力容器车辆走行部分行驶证；

⑧ 医用氧舱设置批准书。

41 压力容器使用单位对压力容器本体及其运行状况年度检查的主要内容有哪些？

压力容器本体及其运行状况的检查至少包括以下内容：

① 压力容器的产品铭牌、漆色、标志、标注的使用登记证编号是否符合有关规定；

② 压力容器的本体接口（阀门、管路）部位、焊接接头等有无裂纹、过热、变形、泄漏、机械接触损伤等；

③ 外表面有无腐蚀，有无异常结霜、结露等；

④ 隔热层有无破损、脱落、潮湿、跑冷；

⑤ 检漏孔、信号孔有无漏液、漏气，检漏孔是否畅通；

⑥ 压力容器与相邻管道或者构件有无异常振动、响声或者相

互摩擦；

⑦ 支撑或者支座有无损坏，基础有无下沉、倾斜、开裂，紧固螺栓是否齐全、完好；

⑧ 排放（疏水、排污）装置是否完好；

⑨ 运行期间是否有超压、超温、超量等现象；

⑩ 罐体有接地装置的，检查接地装置是否符合要求；

⑪ 监控使用的压力容器，监控措施是否有效实施；

⑫ 快开门式压力容器安全联锁功能是否符合要求。

42 压力容器定期检验怎样实施？定期检验的内容包括哪些方面？

压力容器使用单位应当于压力容器定期检验有效期届满前 1 个月向特种设备检验机构提出定期检验要求，检验机构接到定期检验要求后，应当及时进行检验。检验机构应当严格按照核准的检验范围从事压力容器的定期检验工作，检验检测人员应当取得相应的特种设备检验检测人员证书。检验机构应当接受质量技术监督部门的监督，并且对压力容器定期检验结论的正确性负责。

定期检验的内容如下：检验机构应当根据压力容器的使用情况、失效模式制定检验方案。定期检验的方法以宏观检查、壁厚测定、表面无损检测为主，必要时可以采用超声检测、射线检测、硬度测定、金相检验、材质分析、电磁检测、强度校核或者应力测定、耐压试验、声发射检测、泄漏试验等。

43 压力容器定期检验周期如何确定？

定期检验是指在压力容器停机时进行的检验和安全状况等级评定。压力容器一般应当于投用后 3 年内进行首次定期检验。下次的检验周期，由检验机构根据压力容器的安全状况等级，按照以下要求确定。

① 安全状况等级为 1、2 级的，一般每 6 年一次。

② 安全状况等级为 3 级的，一般 3～6 年一次。

③ 安全状况等级为 4 级的，应当监控使用，其检验周期由检验机构确定，累计监控使用时间不得超过 3 年。

④ 安全状况等级为5级的，应当对缺陷进行处理，否则不得继续使用。

⑤ 压力容器安全状况等级的评定按照《压力容器定期检验规则》进行，符合其规定条件的，可以适当缩短或者延长检验周期。

⑥ 对于应用基于风险的检验（RBI）技术的压力容器，定期检验周期按以下规定：

a. 参照《压力容器定期检验规则》的规定，确定压力容器的安全状况等级和检验周期，可以根据压力容器风险水平延长或者缩短检验周期，但最长不得超过9年；

b. 以压力容器的剩余使用年限为依据，检验周期最长不超过压力容器剩余使用年限的一半，并且不超过9年。

44 对压力容器安装、改造、维修单位有何要求？

① 从事压力容器安装改造维修的单位应当是以取得相应的制造许可证或者安装改造维修许可证的单位；

② 安装改造维修单位应当按照相关安全技术规范的要求建立压力容器质量保证体系并且有效运行，单位法定代表人必须对压力容器安装、改造、维修的质量负责；

③ 安装改造维修单位应当严格执行法规、安全技术规范及其相应标准；

④ 安装改造维修单位应当向使用单位提供安装、改造、维修图样和施工质量证明文件等技术资料。

45 在改造与重大维修过程中需要进行耐压试验的压力容器有哪些？

① 用焊接方法更换主要受压元件的；

② 主要受压元件补焊深度大于1/2厚度的；

③ 改变使用条件，超过原设计参数并且经过强度校核合格的；

④ 需要更换衬里的（耐压试验在更换衬里前进行）。

参考文献

[1] 中华人民共和国特种设备安全法（2013年6月29日第十二届全国人民代表大会常务委员会第三次会议通过）.

[2] 设备安全监察条例（中华人民共和国国务院令第549号）.

[3] TSG R0001—2004 非金属压力容器安全技术监察规程.

[4] TSG R0002—2005 超高压容器安全技术监察规程.

[5] TSG R0003—2007 简单压力容器安全技术监察规程.

[6] TSG R0004—2009 固定式压力容器安全技术监察规程.

[7] GB 150—2011 压力容器.

[8] GB 151 管壳式换热器.

[9] GB 12337 钢制球形储罐.

[10] GB/T 324 焊缝符号表示法.

[11] GB/T 985.1 气焊、焊条电弧焊、气体保护焊和高能束焊的推荐坡口.

[12] GB/T 9019 压力容器公称直径.

[13] GB/T 17261 钢制球形储罐型式与基本参数.

[14] HG/T 3145～3154 普通碳素钢和低合金钢储罐标准系列.

[15] HG/T 20580～20585 钢制化工容器设计、材料、强度、结构和制造.

[16] JB 4732 钢制压力容器——分析设计标准（2005确认版）.

[17] JB/T 4710 钢制塔式容器.

[18] JB/T 4711 压力容器涂敷与运输包装.

[19] JB/T 4714 浮头式换热器和冷凝器型式与基本参数.

[20] JB/T 4715 固定管板式换热器型式与基本参数.

[21] JB/T 4716 立式热虹吸式重沸器型式与基本参数.

[22] JB/T 4717 U形管式换热器型式与基本参数.

[23] JB/T 4722 管壳式换热器用螺纹换热管基本参数与 技术条件.

[24] JB/T 4730 承压设备无损检测.

[25] JB/T 4731 钢制卧式容器.

[26] JB/T 4734 铝制焊接容器.

[27] JB/T 4745 钛制焊接容器.

[28] NB/T 47003.1 钢制焊接常压容器.

[29] NB/T 47014 承压设备焊接工艺评定.

[30] NB/T 47015 压力容器焊接规程.

[31] NB/T 47016 承压设备产品焊接试件的力学性能检验.

[32] GB 567 爆破片与爆破片装置.

[33] GB 16749 压力容器波形膨胀节.

[34] GB/T 1224 安全阀 一般要求.

[35] GB/T 12243 弹簧直接载荷式安全阀.
[36] GB/T 12353 拱形金属爆破片装置分类与安装尺寸.
[37] GB/T 14566 正拱形金属爆破片型式与参数.
[38] GB/T 14567 反拱形金属爆破片型式与参数.
[39] HG 21506 补强圈.
[40] HG/T 20592～20635 钢制管法兰、垫片、紧固件.
[41] HG/T 21514 钢制人孔和手孔的类型与技术条件.
[42] HG/T 21515～21535 容器人孔和手孔.
[43] HG/T 21537 填料箱.
[44] HG/T 21550 防霜液面计.
[45] HG/T 21588 玻璃板液面计标准系列及技术条件.
[46] HG/T 21589 透光式玻璃板液面计.
[47] HG/T 21590 反射式玻璃板液面计.
[48] HG/T 21591 视镜式玻璃板液面计.
[49] HG/T 21592 玻璃管液面计标准系列及技术条件.
[50] JB 4700 压力容器法兰分类与技术条件.
[51] JB 4701 甲型平焊法兰.
[52] JB 4702 乙型平焊法兰.
[53] JB 4703 长颈对焊法兰.
[54] JB 4704 非金属软垫片.
[55] JB 4705 缠绕垫片.
[56] JB 4706 金属包垫片.
[57] JB 4707 等长双头螺栓.
[58] JB 4721 外头盖侧法兰.
[59] JB/T 4712 容器支座.
[60] JB/T 4718 管壳式换热器用金属包垫片.
[61] JB/T 4719 管壳式换热器用缠绕垫片.
[62] JB/T 4720 管壳式换热器用非金属垫片.
[63] JB/T 4736 钢制压力容器用封头.
[64] GB 713 锅炉和压力容器用钢板.
[65] GB 3087 低中压锅炉用无缝钢管.
[66] GB 3531 低温压力容器用低合金钢钢板.
[67] GB 19189 压力容器用调质高强度钢板.
[68] GB 24511 承压设备用不锈钢钢板及钢带.
[69] GB/T 699 优质碳素结构钢.
[70] GB/T 912 碳素结构钢和低合金结构钢热轧薄钢板和钢带.
[71] GB/T 1220 不锈钢棒.

[72] GB/T 3274 碳素结构钢和低合金结构钢热轧厚钢板和钢带．
[73] NB/T 47002 压力容器用爆炸焊接复合板．
[74] NB/T 47008 承压设备用碳素钢和合金钢锻件．
[75] NB/T 47009 低温承压设备用低合金钢锻件．
[76] NB/T 47010 承压设备用不锈钢和耐热钢锻件．
[77] 化学工业部基本建设司，中国五环化学工程公司．化工压力容器设计技术问答．武汉：《氮肥设计》编辑部，1993.
[78] 李景辰等．压力容器基础知识．北京：劳动人事出版社，1986.
[79] 寿比南．中、美压力容器标准的对比分析．中国锅炉压力容器安全，1999，15(1)：27-30.
[80] 刘鸿文．板壳理论．杭州：浙江大学出版社，1987.
[81] 吴泽炜．化工容器设计．武汉：湖北科学技术出版社，1985.
[82] 黄嘉琥．压力容器材料实用手册：特种材料．北京：化学工业出版社，1997.
[83] 黄载生．化工机械力学基础．北京：化学工业出版社，1990.
[84] 王志文．化工容器设计．北京：化学工业出版社，1990.
[85] 陈偕中．化工容器设计．上海：上海科学技术出版社，1987.
[86] 李世玉，桑如苞．压力容器工程师设计指南．北京：化学工业出版社，1995.
[87] 谢铁军等．压力容器应力分布图谱．北京：北京科学技术出版社，1994.
[88] 贺匡国．压力容器分析设计基础．北京：机械工业出版社，1995.
[89] 王宽福．压力容器焊接结构工程分析．北京：化学工业出版社，1998.
[90] 潘家祯．压力容器材料实用手册——碳钢及合金钢．北京：化学工业出版社，2000.
[91] 霍立兴．焊接结构的断裂行为及评定．北京：机械工业出版社，2000.
[92] 郑津洋．陈志平．特殊压力容器．北京：化学工业出版社，1997.
[93] 左景伊等．腐蚀数据与选材手册．北京：化学工业出版社，1995.
[94] 卓震．化工容器及设备．北京：中国石化出版社，1998.
[95] 王嘉麟．球形储罐建造技术．北京：中国建筑工业出版社，1990.
[96] 丁伯民．钢制压力容器——设计、制造与检验．上海：华东化工学院出版社，1992.
[97] 余国琮等．化工容器及设备．天津：天津大学出版社，1988.
[98] 丁窘果．化工容器及设备设计．杭州：浙江大学出版社，1996.
[99] HG 20582—1998 钢制化工容器强度计算规定．
[100] 张石铭．钢制压力容器——设计理论基础及安全监察要求．武汉：湖北科学技术出版社，1993.
[101] 蔡仁良．化工容器设计例题、习题集．北京：化学工业出版社，1996.
[102] 朱国辉，郑津洋．新型绕带式压力容器．北京：机械工业出版社，1995.
[103] 朱秋尔．高压设备设计．上海：上海科学技术出版社，1988.

[104] 聂清德．化工设备设计．北京：化学工业出版社，1991.
[105] 机械工业部．机械工程手册．第2版//第10篇．混合机械．北京：机械工业出版社，1997.
[106] 王凯，冯连芳．混合设备设计．北京：机械工业出版社，2000.
[107] 陈国理．压力容器及化工设备．第2版．广州：华南理工大学出版社，1994.
[108] 曲文海等．压力容器与化工设备实用手册（下册）．北京：化学工业出版社，2000.
[109] 蔡仁良，顾伯勤，宋鹏云．过程装备密封技术．北京：化学工业出版社，2002.
[110] 宋继红．特种设备法规体系现状及总体框架思路．中国锅炉压力容器安全，2005（3）．
[111] 徐英，杨一凡，朱萍等．化工设备设计全书——球罐和大型储罐．北京：化学工业出版社，2005.
[112] 吴元欣等．新型反应器与反应器工程中的新技术．北京：化学工业出版社，2006.